高等学校计算机应用规划教材

# SQL Server 2019 数据库教程

主　　编　于晓鹏
副主编　于　萍　于　淼
　　　　　孙启隆　齐长利

清华大学出版社

北　京

# 内 容 简 介

本书从 SQL Server 2019 的基本概念出发，由浅入深地讲述了该数据库系统的安装过程、服务器的配置技术、Transact-SQL 语言、系统安全机制、数据库管理、各种数据库对象的管理，以及索引技术、数据更新技术、数据完整性技术、数据复制技术、数据互操作性技术、性能监视和调整技术、并发性技术等内容。在讲述 SQL Server 的各种技术时，运用了丰富的实例，注重培养学生解决问题的能力并快速掌握 SQL Server 的基本操作技术。

本书内容丰富、结构合理、思路清晰、语言简练流畅、实例翔实。每章正文结合所讲述的关键技术和难点，精选极富价值的示例；每章末尾都安排了有针对性的习题，以巩固所学基本概念，培养学生的实际动手能力，增强对基本概念的理解和实际应用能力。

本书主要面向数据库初学者，可作为高等院校的数据库课程教材，也可作为数据库培训班的培训教材，还可作为数据库应用程序开发人员的参考资料。

**图书在版编目(CIP)数据**

SQL Server 2019 数据库教程 / 于晓鹏　主编. —北京：清华大学出版社，2020.6（2021.11重印）
高等学校计算机应用规划教材
ISBN 978-7-302-55439-4

Ⅰ. ①S…　Ⅱ. ①于…　Ⅲ. ①关系数据库系统－高等学校－教材　Ⅳ. ①TP311.132.3

中国版本图书馆 CIP 数据核字(2020)第 082351 号

责任编辑：王　定
封面设计：孔祥峰
版式设计：思创景点
责任校对：成凤进
责任印制：丛怀宇

出版发行：清华大学出版社
网　　　址：http://www.tup.com.cn，http://www.wqbook.com
地　　　址：北京清华大学学研大厦 A 座　　　　　　　　邮　编：100084
社 总 机：010-62770175　　　　　　　　　　　　　　邮　购：010-62786544
投稿与读者服务：010-62776969，c-service@tup.tsinghua.edu.cn
质 量 反 馈：010-62772015，zhiliang@tup.tsinghua.edu.cn

印 装 者：三河市金元印装有限公司
经　　销：全国新华书店
开　　本：185mm×260mm　　　印　张：16.75　　　字　数：387 千字
版　　次：2020 年 7 月第 1 版　　　印　次：2021 年 11 月第 2 次印刷
定　　价：58.00 元

产品编号：077584-01

# 前　言

信息技术的飞速发展大力推进了社会的进步，也逐渐改变了人类的生活、工作和学习方式。数据库技术和网络技术是信息技术中的两大重要支柱。自 20 世纪 70 年代以来，数据库技术的发展使得信息技术的应用从传统的计算方式转变到现代化的数据管理方式。在当前热门的信息系统开发领域，如管理信息系统、企业资源计划、供应链管理系统和客户关系管理系统等，都可以看到数据库技术应用的影子。

作为一个关系型数据库管理系统，SQL Server 不断采纳新技术来满足用户日益增长和变化的需要，产品的功能越来越强大，用户使用起来越来越方便，系统的可靠性也越来越高，从而使得该产品的应用越来越广泛。在我国，SQL Server 的应用已经深入银行、邮电、电力、铁路、气象、公安、军事、航天、税务、教育等众多行业和领域。SQL Server 为用户提供了完整的数据库解决方案，可以帮助用户建立自己的商务体系，增强用户对外界变化的敏捷反应能力，以提高用户的竞争力。

本书从 SQL Server 2019 的基本概念出发，由浅入深地讲述了该系统的安装过程、服务器的配置技术、Transact-SQL 语言、系统安全机制、数据库管理、各种数据库对象的管理，以及索引技术、数据更新技术、数据完整性技术、数据复制技术、数据互操作性技术、性能监视和调整技术、并发性技术等内容。

在讲述 SQL Server 的各种技术时，运用了丰富的实例，注重培养学生解决问题的能力并快速掌握 SQL Server 的基本操作技术。

本书内容丰富、结构合理、思路清晰、语言简练流畅、实例翔实。在每一章的正文中，结合所讲述的关键技术和难点，精选极富价值的示例。每一章末尾都安排了有针对性的习题，以巩固所学基本概念，培养学生的实际动手能力，增强对基本概念的理解和实际应用能力。

本书主要面向数据库初学者，可作为高等院校的数据库课程教材，也可作为数据库培训班的培训教材，还可作为数据库应用程序开发人员的参考资料。

本书由吉林师范大学于晓鹏主编，负责全书的策划、编写、统稿和定稿工作。参与本书编写的还有于萍、于淼、孙启隆、齐长利等，其中，第 1、2 章由于晓鹏编写，第 3~5 章由于萍编写，第 6~8 章由于淼编写，第 9~10 章由齐长利编写，第 11~12 章由孙启隆编写。

由于编者水平有限，时间仓促，本书难免存在疏漏之处，敬请读者指正。

本书课件、习题参考答案下载地址：

课件

习题参考答案

编　者

2020 年 3 月

# 目　　录

# 第1章 数据库基础

随着科学技术和社会经济的飞速发展，人们掌握的信息量急剧增加，要充分地开发和利用这些信息资源，就必须有一种新技术，能对大量的信息进行识别、存储、处理与传播。随着计算机软硬件技术的发展，20世纪60年代末，数据库技术应运而生，并从20世纪70年代起得到了迅速的发展和广泛的应用。

数据库是数据管理的有效技术，是计算机科学的重要分支。如今，信息资源已成为各个部门的重要财富和资源，建立一个满足各级部门信息处理要求的行之有效的信息系统也成为一个企业或组织生存和发展的重要条件。因此，作为信息系统核心和基础的数据库技术得到越来越广泛的应用，从小型单项事务处理系统到大型信息系统，从联机事务处理(On-Line Transaction Processing，OLTP)到联机分析处理(On-Line Analysis Processing，OLAP)，从一般企业管理到计算机辅助设计与制造(Computer Aided Design，CAD/Compter Aided Manufacturing，CAM)、计算机集成制造系统(Computer Integrated Manufacturing System，CIMS)、电子政务(e-Government)、电子商务(e-Commerce)、地理信息系统(Geographic Information System，GIS)等，越来越多的应用领域采用数据库技术来存储和处理信息资源。特别是随着互联网的发展，广大用户可以直接访问并使用数据库，例如通过网络订购图书、日用品、机票、火车票，通过网上银行转账存款取款、检索和管理账户等。数据库已经成为每个人生活中不可缺少的部分。

数据库技术主要研究如何科学地组织和存储数据，如何高效地获取和处理数据。数据库技术作为数据管理的最新技术，目前已被广泛应用于各个领域。如今，数据库的建设规模、数据库信息量的大小和使用频度，已经成为衡量一个国家信息化程度的重要标志。

## 1.1 数据库系统基本概念

本节主要介绍有关数据库的信息、数据、数据处理、数据库、数据库管理系统和数据库系统等概念。

### 1.1.1 信息

信息是人脑对现实世界中的客观事物及事物之间联系的抽象反映，它向人们提供了关于现实世界实际存在的事物及其联系的有用知识。

### 1.1.2 数据

数据是人们用各种物理符号，把信息按一定格式记载下来的有意义的符号组合。数据是数据库中存储的基本对象。数据在大多数人头脑中的第一个反应就是数字，例如93、

1000、99.5、−330.86、￥60、\$726 等。其实数字只是最简单的一种数据，是对数据的传统和狭义的理解。广义的理解认为数据的种类很多。例如，文本(text)、图形(graph)、图像(image)、音频(audio)、视频(video)、学生的档案记录、货物的运输情况等都是数据。

可以对数据做如下定义：描述事物的符号记录被称为数据。描述事物的符号可以是数字，也可以是文字、图形、图像、音频、视频等。数据有多种表现形式，它们都可以经过数字化后存入计算机。

在现代计算机系统中，数据的概念是广义的。早期的计算机系统主要用于科学计算，处理的数据是数值型数据，如整数、实数、浮点数等。现在计算机存储和处理的对象十分广泛，表示这些对象的数据也随之变得越来越复杂。

数据的表现形式还不能完全表达其内容，需要经过解释，数据和关于数据的解释是不可分的。例如，88 是一个数据，它可以是一个学生某门课的成绩，也可以是某个人的体重，还可以是某个班的学生人数。数据的解释是指对数据含义的说明，数据的含义称为数据的语义，数据与其语义是不可分的。

在日常生活中，人们可以直接用自然语言(如汉语)来描述事物。例如，日常生活中我们这样描述某校软件工程专业一位学生的基本情况：张三，男，1999 年 5 月生，吉林省四平市人，2018 年入学。这在计算机中常常如下描述：

(张三，男，199905，吉林省四平市，软件工程，2018)

即把学生的姓名、性别、出生年月、出生地、所在专业、入学时间等组织在一起，构成一个记录。这里的学生记录就是描述学生的数据，这样的数据是有结构的。记录是计算机中表示和存储数据的一种格式或一种方法。

### 1.1.3　数据处理

数据处理是指对各种形式的数据进行收集、整理、加工、存储和传播的一系列活动的总和。其目的之一是从大量的原始数据中提取出对人们有价值的信息，作为行动和决策的依据；目的之二是借助计算机科学地保存和管理大量的复杂数据，以便人们能利用这些信息资源。

### 1.1.4　数据库

数据库(Database，DB)，顾名思义，是存放数据的仓库。只不过这个仓库是在计算机存储设备上，而且数据是按一定的格式存放的。

人们收集并抽取出一个应用所需要的大量数据之后，应将其保存起来，以供进一步加工处理，抽取有用信息。在科学技术飞速发展的今天，人们的视野越来越广，数据量急剧增加。过去人们把数据存放在文件柜里，现在人们借助计算机和数据库技术科学地保存和管理大量复杂的数据，以便能方便而充分地利用这些宝贵的信息资源。

严格地讲，数据库是长期储存在计算机内、有组织的、可共享的大量数据的集合。数据库中的数据按一定的数据模型组织、描述和储存，具有较小的冗余度(redundancy)、较高的数据独立性(data independency)和易扩展性(scalability)，并可为各种用户共享。

概括地讲，数据库数据具有永久存储、有组织和可共享 3 个基本特点。

## 1.1.5　数据库管理系统

数据库管理系统(Database Management System，DBMS)是一种系统软件，介于应用程序和操作系统之间，用于帮助人们管理输入计算机中的大量数据。例如，用于创建数据库，向数据库中存储数据，修改数据库中的数据，从数据库中提取信息，等等。具体来说，一个数据库管理系统应具备如下功能。

(1) 数据定义功能。数据库管理系统提供数据定义语言(Data Definition Language，DDL)，用户通过它可以方便地对数据库中的数据对象的组成与结构进行定义。

(2) 数据组织、存储和管理。数据库管理系统要分类组织、存储和管理各种数据，包括数据字典、用户数据、数据的存取路径等。用户要确定以何种文件结构和存取方式在存储器上组织这些数据，如何实现数据之间的联系。数据组织和存储的基本目标是提高存储空间利用率和方便存取，提供多种存取方法(如索引查找、hash 查找、顺序查找等)来提高存取效率。

(3) 数据操纵功能。数据库管理系统还提供数据操纵语言(Data Manipulation Language，DML)，用户可以使用它操纵数据，实现对数据库的基本操作，如查询、插入、删除和修改等。

(4) 数据库的事务管理和运行管理。数据库在建立、运用和维护时由数据库管理系统统一管理和控制，以保证事务的正确运行，保证数据的安全性、完整性、多用户对数据的开发使用及发生故障后的系统恢复。

(5) 数据库的建立和维护功能。包括数据库初始数据的输入、转换功能，数据库的转储、恢复功能，数据库的重组织功能和性能监视、分析功能等。这些功能通常是由一些实用程序或管理工具完成的。

(6) 其他功能。包括数据库管理系统与网络中其他软件系统的通信功能，一个数据库管理系统与另一个数据库管理系统或文件系统的数据转换功能，异构数据库之间互访和互操作功能，等等。

数据库管理系统在计算机系统中的地位如图 1-1 所示。它运行在一定的硬件和操作系统平台上。人们可以使用一定的开发工具，利用 DBMS 提供的功能，创建满足实际需求的数据库应用系统。

图 1-1　数据库管理系统在计算机系统中的地位

　　根据对信息的组织方式的不同，数据库管理系统可以分为关系、网状和层次 3 种类型。目前使用最多的数据库管理系统是关系型数据库管理系统(RDBMS)。例如，SQL Server、Oracle、Sybase、Visual FoxPro、DB2、Informix、Ignres 等都是常见的关系数据库管理系统。

### 1.1.6　数据库系统

　　数据库系统(Database System，DBS)是由数据库、数据库管理系统(及其应用开发工具)、应用程序和数据库管理员(Database Administrator，DBA)组成的存储、管理、处理和维护数据的系统。应当指出的是，数据库的建立、使用和维护等工作只靠一个数据库管理系统远远不够，还要有专门的人员来完成，这些人被称为数据库管理员。

　　在数据库系统中，数据库提供数据的存储功能，数据库管理系统提供数据的组织、存取、管理和维护等基础功能，数据库应用系统根据应用需求使用数据库，数据库管理员负责全面管理数据库系统。

## 1.2　数据管理技术的发展

　　数据库技术是应数据管理任务的需要而产生的。数据管理是指对数据进行分类、组织、编码、存储、检索和维护，它是数据处理的中心问题。

　　在应用需求的推动下，在计算机硬件、软件发展的基础上，数据管理技术经历了人工管理、文件系统、数据库系统 3 个阶段。

### 1.2.1　人工管理阶段

　　20 世纪 50 年代中期以前，计算机主要用于科学计算。当时的硬件状况是：外存只有纸带、卡片、磁带，没有磁盘等直接存取存储设备；软件状况是：没有操作系统，没有管理数据的专门软件；数据处理方式是批处理。批处理(Batch)是一种简化的脚本语言，它应用于 DOS 和 Windows 系统中，是由 DOS 或者 Windows 系统内嵌的命令解释器(通常是 COMMAND.COM 或者 CMD.EXE)解释运行，类似于 UNIX 中的 Shell 脚本。批处理文件具有.bat 或者.cmd 的扩展名，其最简单的例子是逐行书写在命令行中用到的各种命令。更复杂的情况，它需要使用 if、for、goto 等命令控制程序的运行过程，如同 C、BASIC 等高级语言一样。如果需要实现更复杂的应用，利用外部程序是必要的，这包括系统本身提供的外部命令和第三方提供的工具或者软件。批处理程序虽然是在命令行环境中运行，但不仅能使用命令行软件，任何 32 位的 Windows 程序都可以放在批处理文件中运行。人工管理数据具有如下特点。

　　(1) 数据不保存。由于当时计算机主要用于科学计算，一般不需要将数据长期保存，只是在计算某一课题时将数据输入，用完就撤走。它不仅对用户数据如此处置，对系统软件有时也是这样。

　　(2) 应用程序管理数据。数据需要由应用程序自己设计、说明(定义)和管理，没有相应的软件系统负责数据的管理工作。应用程序中不仅要规定数据的逻辑结构，而且要设计物理结构，包括存储结构、存取方法、输入方式等。因此，程序员负担很重。

(3) 数据不共享。数据是面向应用程序的，一组数据只能对应一个程序。当多个应用程序涉及某些相同的数据时必须各自定义，无法互相利用、互相参照，因此程序与程序之间有大量的冗余数据。

(4) 数据不具有独立性。数据的逻辑结构或物理结构发生变化后，必须对应用程序做相应的修改，数据完全依赖于应用程序，称之为数据缺乏独立性，这就加重了程序员的负担。

在人工管理阶段，应用程序与数据之间的一一对应关系如图 1-2 所示。

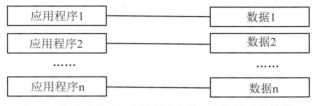

图 1-2　人工管理阶段应用程序与数据之间的对应关系

## 1.2.2　文件系统阶段

20 世纪 50 年代后期到 60 年代中期，这时硬件方面已有了磁盘、磁鼓等直接存取存储设备；软件方面，操作系统中已经有了专门的数据管理软件，一般称其为文件系统；处理方式上不仅有了批处理，而且能够联机实时处理。

### 1. 文件系统优点

使用文件系统管理数据具有如下优点。

(1) 数据可以长期保存。由于计算机大量用于数据处理，数据需要长期保留在外存上反复进行查询、修改、插入和删除等操作。

(2) 由文件系统管理数据。由专门的软件即文件系统进行数据管理，文件系统把数据组织成相互独立的数据文件，利用"按文件名访问，按记录进行存取"的管理技术，提供了对文件进行打开与关闭、对记录读取和写入等存取方式。

### 2. 文件系统的缺点

文件系统实现了记录内的结构性。但文件系统仍存在以下缺点。

(1) 数据共享性差，冗余度大。在文件系统中，一个(或一组)文件基本上对应于一个应用程序，即文件仍然是面向应用的。当不同的应用程序具有部分相同的数据时，也必须建立各自的文件，而不能共享相同的数据，因此数据的冗余度大，浪费存储空间。同时由于相同数据的重复存储、各自管理，容易造成数据的不一致性，给数据的修改和维护带来了困难。

(2) 数据独立性差。文件系统中的文件是为某一特定应用服务的，文件的逻辑结构是针对具体的应用来设计和优化的,因此要想对文件中的数据再增加一些新的应用会很困难。而且，当数据的逻辑结构改变时，应用程序中文件结构的定义必须修改，应用程序中对数据的使用也要改变，因此数据依赖于应用程序，缺乏独立性。可见，文件系统仍然是一个不具有弹性的无整体结构的数据集合，即文件之间是孤立的，不能反映现实世界事物之间的内在联系。

在文件系统阶段，应用程序与数据之间的关系如图 1-3 所示。

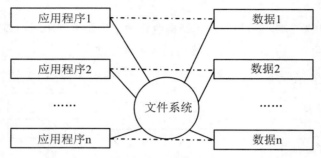

图 1-3　文件系统阶段应用程序与数据之间的关系

## 1.2.3　数据库系统阶段

20 世纪 60 年代后期以来，计算机管理的对象规模越来越大，应用范围越来越广，数据量急剧增长，同时多种应用、多种语言互相覆盖地共享数据集合的要求越来越强烈。

这时硬件已有大容量磁盘，硬件价格下降；软件则价格上升，为编制和维护系统软件及应用程序所需的成本相对增加；在处理方式上，联机实时处理要求更多，并开始提出和考虑分布处理。在这种背景下，以文件系统作为数据管理手段已经不能满足应用的需求，于是为解决多用户、多应用共享数据的需求，使数据为尽可能多的应用服务，数据库技术便应运而生，出现了统一管理数据的专门软件系统——数据库管理系统。

用数据库系统来管理数据比文件系统具有明显的优点，从文件系统到数据库系统标志着数据管理技术的飞跃。数据库系统阶段使用数据库技术来管理数据。数据库技术发展至今已经是一门非常成熟的技术，它克服了文件系统的不足，并增加了许多新功能。在这一阶段，数据由数据库管理系统统一控制，数据不再面向某个应用而是面向整个系统，因此数据可以被多个用户、多个应用共享，概括起来具有以下主要特征。

(1) 数据库能够根据不同的需要按不同的方法组织数据，最大限度地提高用户或应用程序访问数据的效率。

(2) 数据库不仅能够保存数据本身，还能保存数据之间的相互联系，保证了对数据修改的一致性。

(3) 在数据库中，相同的数据可以共享，从而降低了数据的冗余度。

(4) 数据具有较高的独立性，数据的组织和存储方法与应用程序相互独立，互不依赖，从而大大降低了应用程序的开发代价和维护代价。

(5) 提供了一整套的安全机制来保证数据的安全、可靠。

(6) 可以给数据库中的数据定义一些约束条件来保证数据的正确性(也称完整性)。

在数据库系统阶段，应用程序和数据库之间的关系如图 1-4 所示。

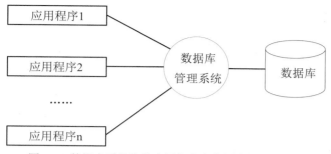

图 1-4　数据库系统阶段应用程序和数据库之间的关系

# 1.3　数　据　模　型

　　数据库技术是计算机领域中发展最快的技术之一。数据库技术的发展是沿着数据模型的主线推进的。模型，特别是具体模型，对人们来说并不陌生。一张地图、一组建筑设计沙盘、一架精致的航模飞机都是具体的模型，一眼望去就会使人联想到真实生活中的事物。

　　模型是对现实世界中某个对象特征的模拟和抽象。例如，航模飞机是对生活中飞机的一种模拟和抽象，它可以模拟飞机的起飞、飞行和降落，它抽象了飞机的基本特征——机头、机身、机翼、机尾。

　　数据模型(Data Model)也是一种模型，它是对现实世界数据特征的抽象。也就是说，数据模型是用来描述数据、组织数据和对数据进行操作的。

　　数据库是某个企业、组织或部门所涉及数据的综合，它不仅要反映数据本身的内容，而且要反映数据之间的联系。由于计算机不可能直接处理现实世界中的具体事物，所以人们必须事先把具体事物转换成计算机能够处理的数据。在数据库技术中，使用数据模型来抽象表示现实世界中的数据和信息。

　　现实世界中的数据要进入数据库中，需要经过人们的认识、理解、整理、规范和加工。可以把这一过程划分成 3 个主要阶段，即现实世界阶段、信息世界阶段和机器世界阶段。现实世界中的数据经过人们的认识和抽象，形成信息世界；信息世界中用概念模型来描述数据及其联系，概念模型按用户的观点对数据和信息进行建模，不依赖于具体的机器，独立于具体的数据库管理系统，是对现实世界的第一层抽象；根据所使用的具体机器和数据库管理系统，需要对概念模型进行进一步转换，形成在具体机器环境下可以实现的数据模型，称为逻辑模型。对现实世界数据的抽象过程，如图 1-5 所示。

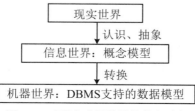

图 1-5　对现实世界数据的抽象过程

### 1.3.1　现实世界

在现实世界阶段，把现实世界中客观存在并可以相互区分的事物称为实体。实体可以是实际存在的东西，也可以是抽象的。例如，学生、课程、零件、仓库、项目、案件、选课等都是实体。

每一个实体都具有一定的特征。例如，对于"学生"实体，它具有学号、姓名、性别、生日等特征；对于"零件"实体，它具有名称、规格型号、生产日期、单价等特征。

具有相同特征的一类实体的集合构成实体集。例如，所有的学生构成"学生"实体集；所有的课程构成"课程"实体集；所有的部门构成"部门"实体集等。

在一个实体集中，用于区分实体的特征被称为标识特征。例如，对于学生实体，学号可以作为其标识特征，因为通过不同的学号可以区分不同的学生实体，而性别则不能作为其标识特征，因为通过性别"男"或"女"并不能识别出具体是哪个学生。

### 1.3.2　信息世界

人们对现实世界的对象进行抽象，并对其进行命名、分类，在信息世界用概念模型来对其进行描述。信息世界涉及的主要概念如下。

#### 1. 实体(Entity)

客观存在并可相互区别的事物被称为实体。实体可以是具体的人、事、物，也可以是抽象的概念或联系，例如，一个职工、一个学生、一个部门、一门课、学生的一次选课、部门的一次订货、教师与院系的工作关系(即某位教师在某院系工作)等都是实体。

#### 2. 属性(Attribute)

实体所具有的某一特性被称为属性。一个实体可以由若干个属性来刻画。例如，学生实体可以由学号、姓名、性别、出生年月、所在院系、入学时间等属性组成，属性组合(201315121，张山，男，199505，计算机系，2013)即表征了一个学生。

#### 3. 域(Domain)

属性的取值范围被称为该属性的域。例如，姓名的域为字符串集合；年龄的域为不小于零的整数；性别的域为(男，女)。

#### 4. 码(Key)

唯一标识实体的属性集被称为码。例如，学号是学生实体的码。

#### 5. 实体型(Entity Type)

具有相同属性的实体必然具有共同的特征和性质。用实体名及其属性名集合来抽象和刻画同类实体，被称为实体型。例如，学生(学号，姓名，性别，出生年月，所在院系，入学时间)就是一个实体型。

6. 实体集(Entity Set)

同一类型实体的集合被称为实体集。例如,全体学生就是一个实体集。

7. 联系(Relationship)

现实世界中的事物之间通常是有联系的,这些联系在信息世界中反映为实体内部的联系和实体之间的联系。实体内部的联系通常指组成实体的各属性之间的联系;实体之间的联系通常指不同实体集之间的联系。这些联系总的来说可以划分为一对一联系、一对多(或多对一)联系以及多对多联系。

(1) 一对一联系。如果对于实体集 A 中的每一个实体,实体集 B 中至多有一个(也可以没有)实体与之联系,反之亦然,则称实体集 A 与实体集 B 具有一对一联系(表示为 1∶1)。

例如,"班级"是一个实体集,"班长"也是一个实体集。如果按照语义,一个班级只能有一个班长,而一个班长只能管理某一个班级,则"班级"和"班长"实体集之间的联系就是一对一的联系。这种关系可以用图 1-6 来表示,这里把班级和班长之间的关系称为"管理"关系。

(2) 一对多联系。如果实体集 A 与实体集 B 之间存在联系,并且对于实体集 A 中的任意一个实体,在实体集 B 中可以有多个实体与之对应;而对于实体集 B 中的任意一个实体,在实体集 A 中至多只有一个实体与之对应,则称实体集 A 到实体集 B 的联系是一对多的联系(表示为 1∶n)。

例如,"部门"是一个实体集,"职工"也是一个实体集。如果按照语义,一个部门可以有多个职工,而一个职工只能归属于一个部门,则"部门"实体集和"职工"实体集的联系就是一对多的联系,如图 1-7 所示。

(3) 多对多联系。如果实体集 A 与实体集 B 之间存在联系,并且对于实体集 A 中的任意一个实体,在实体集 B 中可以有多个实体与之对应;而对于实体集 B 中的任意一个实体,在实体集 A 中也可以有多个实体与之对应,则称实体集 A 与实体集 B 的联系是多对多的联系(表示为 m∶n)。

例如,"学生"是一个实体集,"课程"也是一个实体集,"学生"实体集和"课程"实体集的联系就是多对多的联系。因为一个学生可以学习多门课程,而一门课程又可以有多个学生来学习,它们之间的关系如图 1-8 所示。这里把课程和学生之间的关系称为"选修"关系。

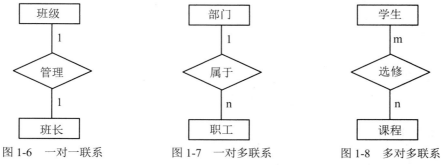

图 1-6  一对一联系        图 1-7  一对多联系        图 1-8  多对多联系

两个以上的实体之间也存在一对一、一对多和多对多的联系,这里不再介绍。

#### 8. 概念模型

概念模型是对信息世界的建模，因此，概念模型能够方便、准确地表示出上述信息世界中的常用概念。概念模型有多种表示方法，其中，最常用的是"实体-联系方法"(Entity Relationship Approach)，简称 E-R 方法。E-R 方法用 E-R 图来描述现实世界的概念模型，E-R 图提供了表示实体、属性和联系的方法，具体如下。

(1) 实体型。用矩形表示，在矩形内写明实体名。如图 1-9 所示为学生实体和课程实体。

(2) 属性。用椭圆形表示，并用无向边将其与实体连接起来。例如，学生实体及其属性的 E-R 图表示如图 1-10 所示。

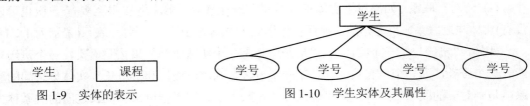

图 1-9　实体的表示　　　　　　　图 1-10　学生实体及其属性

(3) 联系。用菱形表示，在菱形框内写明联系的名称，并用无向边将其与有关的实体连接起来，同时在无向边旁标上联系的类型。例如，图 1-6、图 1-7 和图 1-8 分别表示了一对一、一对多和多对多的联系。需要注意的是，联系本身也是一种实体型，也可以有属性。如果一个联系具有属性，则这些属性也要用无向边与该联系连接起来。例如，图 1-11 表示了学生实体和课程实体之间的联系，即"选修"联系，每个学生选修某一门课程会产生一个成绩，因此，"选修"联系有一个属性"成绩"，学生和课程实体之间是多对多的联系。

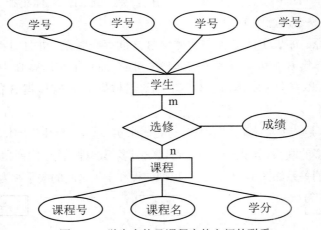

图 1-11　学生实体及课程实体之间的联系

用 E-R 图表示的概念模型独立于具体的 DBMS 所支持的数据模型，是各种数据模型的共同基础，因此比数据模型更一般、更抽象、更接近现实世界。

### 1.3.3　机器世界

当信息进入计算机后，则进入机器世界范畴。概念模型是独立于机器的，需要转换成具体的 DBMS 所能识别的数据模型才能将数据和数据之间的联系保存到计算机上。在计算机中可以用不同的方法来表示数据与数据之间的联系，把表示数据与数据之间的联系的方法称为数据模型。数据库领域常见的数据模型有以下 4 种。

(1) 层次模型(Hierarchical Model)。

(2) 网状模型(Network Model)。

(3) 关系模型(Relational Model)。

(4) 面向对象模型(Object Oriented Model)。

其中，关系模型是目前使用最广泛的数据模型，其他数据模型在 20 世纪 70 年代至 80 年代初比较流行，现在已经逐步被关系模型的数据库系统所取代。因此，本书将只讨论关系模型。需要注意的是，以下介绍的关系模型是用户能够直接看到的数据模型，实际上关系模型是可以在某种 DBMS 的支持下用某种语言进行描述的，通过 DBMS 提供的功能实现对其进行存储和实施各种操作。把支持关系模型的数据库管理系统称为关系数据库管理系统，简称 RDBMS。

# 1.4　关系数据库

关系数据库，是创建在关系模型基础上的数据库，借助于集合代数等数学概念和方法来处理数据库中的数据。现实世界中的各种实体以及实体之间的各种联系均用关系模型来表示。关系模型是由埃德加·科德(E. F. Codd)于 1970 年首先提出的，并配合"科德十二定律"。现如今虽然对此模型有一些批评意见，但它还是数据存储的传统标准。标准数据查询语言 SQL 就是一种基于关系数据库的语言，这种语言执行对关系数据库中数据的检索和操作。

## 1.4.1　关系模型

关系模型是最重要的一种数据模型。关系数据库系统采用关系模型作为数据的组织方式。

1970 年，美国 IBM 公司 San Jose 研究室的研究员埃德加·科德首次提出了数据库系统的关系模型，开创了数据库关系方法和关系数据理论的研究，为数据库技术奠定了理论基础。由于埃德加·科德的杰出工作，他于 1981 年获得 ACM 图灵奖。

20 世纪 80 年代以来，计算机厂商新推出的数据库管理系统几乎都支持关系模型，非关系系统的产品也大都加上了关系接口。数据库领域当前的研究工作也都是以关系方法为基础。关系模型由关系数据结构、关系操作集合和关系的完整性约束 3 部分组成。

### 1. 关系数据结构

关系模型与以往的模型不同，它是建立在严格的数学概念的基础上的。这里只简单勾画关系模型。从用户观点看，关系模型由一组关系组成。每个关系的数据结构是一张规范化的二维表。下面以学生登记表(如表 1-1 所示)为例，介绍关系模型中的一些术语。

表 1-1　学生登记表

| 学号 | 姓名 | 性别 | 生日 | 入学成绩 | 专业 | 政治面貌 | 籍贯 | 民族 |
|---|---|---|---|---|---|---|---|---|
| 2015410101 | 刘　聪 | 男 | 1996-02-05 | 487 | 计算机科学与技术 | 党员 | 吉林 | 汉族 |
| 2015410102 | 王腾飞 | 男 | 1997-12-03 | 498 | 计算机科学与技术 | 团员 | 辽宁 | 回族 |
| 2015410103 | 张　丽 | 女 | 1996-03-09 | 482 | 计算机科学与技术 | 团员 | 黑龙江 | 朝鲜族 |
| 2015410201 | 李云霞 | 女 | 1996-06-15 | 456 | 软件工程 | 党员 | 河北 | 汉族 |
| 2015410202 | 马春雨 | 女 | 1997-12-11 | 487 | 软件工程 | 团员 | 吉林 | 汉族 |

(1) 关系(Relation)。一个关系对应于一张二维表，每个关系都有一个关系名。如表 1-1 所示的学生登记表可以取名为"学生信息"。

(2) 元组(Tuple)。表中的一行称为一个元组，对应于存储文件中的一个记录。

(3) 属性(Attribute)。表中的一列称为一个属性，给每个属性起一个名字，并称其为属性名。属性对应于存储文件中的字段。

(4) 候选码(Candidate Key)。如果在一个关系中，存在多个属性(或属性组合)都能用来唯一标识该关系的元组，这些属性(或属性组合)被称为该关系的候选码(或候选关键字)。例如，假设以上"学生登记"关系中的姓名没有重名现象，则学号和姓名都是候选码。

(5) 主码(Primary Key)。在一个关系的若干个候选码中指定作为码的属性(或属性组合)称为该关系的主码(或主关键字)。例如，可以将以上"学生信息"关系的学号作为该关系的主码。

(6) 主属性(Primary Attribute)。包含在候选码中的属性称为主属性。例如，学号和姓名(假设无重名)都是主属性。

(7) 非主属性(Nonprimary Attribute)。不包含在任何候选码中的属性称为非码属性或非主属性。例如，性别和生日都是非主属性。

(8) 关系模式(Relation Schema)。对关系的描述称为关系模式，一般表示如下：

关系名(属性 1，属性 2，…，属性 n)

例如，上面的关系模式可描述为：

学生登记(学号，姓名，性别，生日，入学成绩，专业，政治面貌，籍贯，民族)

(9) 全码(All-key)。如果一个关系模型的所有属性一起构成这个关系的码，则称其为全码。

(10) 域(Domain)。域是一组具有相同数据类型的值的集合。属性的取值范围来自某个域。如人的年龄一般为 1~120 岁，大学生年龄属性的域是(15~45 岁)，性别的域是(男，女)，系名的域是一个学校所有系名的集合。

(11) 分量(Component)。元组中的一个属性值称为分量，如表 1-1 中的"张丽"。

可以把关系和现实生活中的表格所对应的术语做一个粗略的对比，如表 1-2 所示。

表 1-2　术语对比

| 关 系 术 语 | 一般表格术语 |
| --- | --- |
| 关系名 | 表名 |
| 关系模式 | 表头(表格的描述) |
| 关系 | (一张)二维表 |
| 元组 | 记录或行 |
| 属性名 | 列名 |
| 属性值 | 列值 |
| 分量 | 一条记录中的一个列值 |
| 非规范关系 | 中有表(大表中嵌有小表) |

在关系模型中，实体和实体之间的联系都是用关系来表示的。例如，图 1-11 所表示的概念模型中的学生、课程和选修关系可以表示为以下 3 个关系模式：

- 学生信息(学号，姓名，性别，年龄)
- 课程(课程号，课程名，学分)
- 选修(学号，课程号，成绩)

### 2. 关系操作集合

关系操作主要包括查询、插入、修改和删除数据，这些操作的操作对象和操作结果都是关系，也就是元组的集合。

### 3. 关系的完整性约束

关系的完整性约束主要包括 3 类：实体完整性，参照完整性和用户定义的完整性。其中，实体完整性和参照完整性是关系模型必须满足的完整性约束条件，用户定义的完整性是指针对具体应用需要自行定义的约束条件。

(1) 实体完整性。一个基本关系通常对应于现实世界的一个实体集。例如，学生关系对应于学生的集合。现实世界中的实体是可区分的，即它们具有某种唯一性标识。相应地，关系模型中以主码作为唯一性标识。主码中的属性即主属性不能取空值。所谓空值就是"不知道"或"无意义"的值。如果主属性取空值，就说明存在某个不可标识的实体，即存在不可区分的实体，这与现实世界的应用环境相矛盾，因此这个实体一定不是一个完整的实体。这就是实体的完整性规则。

实体完整性定义：若属性 A 是基本关系 R 的主属性，则属性 A 不能取空值。

(2) 参照完整性。在关系模型中，实体及实体间的联系都是用关系来描述的，这就需要在关系与关系之间通过某些属性建立起它们之间的联系。

例如，对于以下 3 个关系模式：

- 学生信息(学号，姓名，性别，年龄)
- 课程(课程号，课程名，学分)
- 选修(学号，课程号，成绩)

"学生信息"关系的主码是学号，"课程"关系的主码是课程号，而"选修"关系的主码是(学号，课程号)，"选修"关系中的学号必须是一个在"学生信息"关系中存在的学号，而"选修"关系中的课程号也必须是一个在"课程"关系中存在的课程号。

参照完整性定义：设 F 基本关系 R 的一个或一组属性，但不是关系 R 的码，如果 F 与基本关系 S 的主码 Ks 相对应，则称 F 是基本关系 R 的外码(Foreign Key)，并称基本关系 R 为参照关系(Referencing Relation)，基本关系 S 为被参照关系(Referenced Relation)。关系 R 和 S 不一定是不同的关系。

选修关系的"学号"属性与学生关系的主码"学号"相对应；选修关系的"课程号"属性与课程关系的主码"课程号"相对应，因此"学号"和"课程号"属性是选修关系的外码。这里学生关系和课程关系均为被参照关系，选修关系为参照关系。

参照完整性规则就是定义外码与主码之间的引用规则。

参照完整性规则：若属性(或属性组)F 是基本关系 R 的外码，它与基本关系 S 的主码 Ks 相对应(基本关系 R 和 S 不一定是不同的关系)，则对于 R 中每个元组在 F 上的值必须：

- 或者取空值(F 的每个属性值均为空值)。
- 或者等于 S 中某个元组的主码值。

按照参照完整性规则，"学号"和"课程号"属性也可以取两类值：空值或目标关系中已经存在的值。但由于"学号"和"课程号"是选修关系中的主属性，按照实体完整性规则，它们均不能取空值，所以选修关系中的"学号"和"课程号"属性实际上只能取相应被参照关系中已经存在的主码值。

(3) 用户定义的完整性。任何关系数据库系统都应该支持实体完整性和参照完整性，这是关系模型所要求的。除此之外，不同的关系数据库系统根据其应用环境的不同，往往还需要一些特殊的约束条件。用户定义的完整性就是针对某一具体关系数据库的约束条件，它反映某一具体应用所涉及的数据必须满足的语义要求。例如，某个属性必须取唯一值、某个非主属性不能取空值等。如在学生关系中，若按照应用的要求学生不能没有姓名，则可以定义学生姓名不能取空值；某个属性(如学生的年龄)的取值范围可以定义在 15～30 之间等。

### 4. 关系的性质

上面提到，在用户观点下，关系模型中数据的逻辑结构是一张二维表，但并不是所有的二维表都是关系，关系数据库对关系是有一定限制的，归纳起来有以下几个方面。

(1) 表中的每一个数据项必须是单值的，每一个属性必须是不可再分的基本数据项。这是关系数据库对关系最基本的限制。例如，表 1-3 就是一个不满足该要求的表，因为工资不是最小的数据项，它还可以再分解为基本工资、薪级工资和津贴。

(2) 每一列中的数据项具有相同的数据类型，来自同一个域。

(3) 每一列的名称在一个表中是唯一的。

(4) 列次序可以是任意的。

(5) 表中的任意两行(即元组)不能相同。

(6) 行次序可以是任意的。

表 1-3　职工工资表

| 职 工 编 号 | 姓　　名 | 工　　资 | | |
|---|---|---|---|---|
| | | 基 本 工 资 | 薪 级 工 资 | 津　　贴 |
| 01 | 李元太 | 3000 | 2000 | 1000 |
| 02 | 张志民 | 2800 | 1800 | 900 |
| 03 | 王之之 | 3500 | 2300 | 1200 |

## 1.4.2　关系数据库的规范化理论

数据库设计的问题可以简单描述为：如果要把一组数据存储到数据库中，如何为这些数据设计一个合适的逻辑结构呢？如在关系数据库系统中，针对一个具体问题，应该构造几个关系？每个关系由哪些属性组成？使数据库系统无论是在数据存储方面，还是在数据操纵方面都有较好的性能，这就是关系数据库规范化理论要研究的主要问题。

E-R 模型的方法讨论了实体与实体之间的数据联系，而关系规范化理论主要讨论实体内部属性与属性之间的数据的联系，其目标是要设计一个"好"的关系数据库模型。

### 1. 问题的提出

设有以下"学生"关系：

学生(学号，姓名，性别，所在系，系主任，课程号，课程名称，成绩)

该关系表示了学生选修各门课程的成绩信息，记录内容如表 1-4 所示。

表 1-4　"学生"关系

| 学　　号 | 姓　　名 | 性　　别 | 所在系 | 系主任 | 课程号 | 课程名称 | 成　　绩 |
|---|---|---|---|---|---|---|---|
| 2015410101 | 刘　聪 | 男 | 计科 | 王冬 | 101 | C 语言 | 78 |
| 2015410102 | 王腾飞 | 男 | 计科 | 王冬 | 102 | Java 语言 | 89 |
| 2015410103 | 张　丽 | 女 | 计科 | 王冬 | 103 | 操作系统 | 85 |
| 2015410201 | 李云霞 | 女 | 软件 | 刘迎 | 104 | 数据库 | 79 |
| 2015410201 | 李云霞 | 女 | 软件 | 刘迎 | 101 | C 语言 | 90 |
| 2015410201 | 李云霞 | 女 | 软件 | 刘迎 | 102 | Java 语言 | 78 |

可以看出，"学生"关系的主码应为(学号，课程号)。该关系存在以下问题。

(1) 数据冗余。所谓数据冗余，就是数据的重复出现。当一个学生选修多门课程时，学生信息重复出现，导致数据冗余的现象。例如，以上关于李云霞的信息就出现了 3 次；同样，一门课程有多个学生选修，也导致该课程信息的冗余。例如，C 语言课程被刘聪和李云霞选修了，因此，其课程名称出现了 2 次。显然，数据冗余会导致数据库存储性能的下降，同时还会带来数据的不一致性问题。

(2) 不一致性。由于存在数据冗余，因此，如果某个数据需要修改，则可能会因为其多处存在而导致在修改时未能全部修改过来而产生数据的不一致。例如，假设有 40 名学生选修了 C 语言这门课，则在关系表中就会有 40 条记录包含课程名称 C 语言，如果该课程名称需要改成 C 语言程序设计，则可能会只修改了其中的一些记录，而其他记录没有修改。这就是数据的不一致，也叫更新异常。

(3) 插入异常。如果新生刚刚入校，还没有选修课程，则学生信息就无法插入表中，因为课程号为空，而主码为(学号，课程号)，根据关系模型的实体完整性规则，主码不能为空或部分为空，因此无法插入新生数据，这就是插入异常。又如，学校计划下学期开一门新课计算机组成原理，该课程信息也不能马上添加到表中，因为还没有学生选修该课程，无法知道学生的信息。简单地说，插入异常就是该插入的数据不能正常插入。

(4) 删除异常。当学生毕业时，需要删除相关的学生记录，于是就会删除对应的课程号、课程名信息。这就是删除异常。例如，在学生关系表中要删除学生记录(2015410103，张丽，女，计科，王冬，103，操作系统，85)，则会丢失课程号为 103、课程名为操作系统的课程信息。简单来说，删除异常就是不该删除的数据被异常地删除了。一个系的所有学生都毕业了，则这个系的系主任信息也将被删除。

为了克服以上问题，可以将学生关系分解为如下 4 个关系。

- 学生基本信息(学号，姓名，性别，所在系)　　　　主码为学号
- 系信息(所在系，系主任)　　　　　　　　　　　主码为所在系
- 课程(课程号，课程名称)　　　　　　　　　　　主码为课程号
- 选修(学号，课程号，成绩)　　　　　　　　　　主码为(学号，课程号)

首先，这样分解后的关系在一定程度上解决了数据冗余。例如，一门课程被 100 个学生选修，则该课程名称在课程关系中只会出现一次(在选修关系中只需要存储这 100 名学生的学号和该课程的课程号及成绩信息，但课程名称不会重复出现)。数据的不一致性是由于数据冗余产生的，解决了数据的冗余问题，不一致性问题就自然解决了。

其次，由于学生基本信息和课程信息是分开存储的，如果新生刚刚入校，也可以将新生信息插入学生基本信息关系中，只是在选修关系中没有该学生的相应成绩记录，因此不存在插入异常问题。

同样，当学生毕业时，要删除相关的学生信息，则只需要删除学生基本信息关系中的相关记录和选修关系中的相关成绩记录，不会删除课程信息，因此解决了删除异常的问题。为什么对学生关系进行以上分解之后，可以消除所有异常呢?这是因为学生关系中的某些属性之间存在数据依赖，这种数据依赖会造成数据冗余、插入异常、删除异常等问题。数据依赖是对属性间数据的相互关系的描述。

### 2. 函数依赖

函数依赖是数据依赖的一种描述形式。

**定义 1.1** 设 R(U)是属性集 U 上的关系模式，X、Y 是 U 的子集。若对于 R(U)的任意一个可能的关系 r，r 中不可能存在两个元组在 X 上的属性值相等，而在 Y 上的属性值不等，则称 X 函数确定 Y 或 Y 函数依赖于 X，记作 X→Y。

简单地说，如果属性 X 的值决定属性 Y 的值(如果知道 X 的值就可以获得 Y 的值)，则属性 Y 函数依赖于属性 X。

函数依赖和别的数据依赖一样是语义范畴的概念，只能根据语义来确定一个函数依赖。例如，"姓名→年龄"这个函数依赖只有在该部门没有同名人的条件下成立。如果允许有同名人，则年龄就不再函数依赖于姓名。

设计者也可以对现实世界作强制性规定，例如规定不允许同名人出现，因而使"姓名→年龄"函数依赖成立。这样当插入某个元组时这个元组上的属性值必须满足规定的函数依赖，若发现有同名人存在，则拒绝插入该元组。

注意，函数依赖不是指关系模式 R 的某个或某些关系满足的约束条件，而是指 R 的一切关系均要满足的约束条件。

下面介绍一些术语和记号。

(1) X→Y，但 Y⊈X，则称 X→Y 是非平凡的函数依赖。

(2) X→Y，但 Y⊆X，则称 X→Y 是平凡的函数依赖。对于任一关系模式，平凡函数依赖都是必然成立的，它不反映新的语义。若不特别声明，总是讨论非平凡的函数依赖。

(3) 若 X→Y，则 X 称为这个函数依赖的决定属性组，也称为决定因素(Determinant)。

(4) 若 X→Y，Y→X，则记作 X←→Y。

(5) 若 Y 不函数依赖于 X，则记作 X↛Y。

例如，设有以下关系模式：

商品(商品名称，价格)

如果知道商品名称，就可以知道该商品的价格，也就是说，不存在商品名称相同而价格不同的记录，则可以说，价格函数依赖于商品名称，即商品名称→价格。

又如，设有以下关系模式：

学生(学号，姓名，性别，所在系，系主任，课程号，课程名称，成绩)

"学生"关系中有唯一的标识号学号，每个学生有且只有一个所在系，则学号决定所在系的值，因此，所在系函数依赖于学号，也就是学号→所在系。

同样可以看出学号与课程号共同决定一个成绩，因此成绩函数依赖于属性组(学号，课程号)，也就是(学号，课程号)→成绩。

同样存在非平凡函数依赖：(学号，课程号)→成绩。存在平凡函数依赖：(学号，课程号)→学号；(学号，课程号)→课程号。

**定义 1.2** 在 R(U)中，如果 X→Y 并且对于 X 的任何一个真子集 X′，都有 X′↛Y，则称 Y 完全函数依赖于 X，记作：

$$X \xrightarrow{\ F\ } Y$$

若 X→Y，但 Y 不完全函数依赖于 X，则称 Y 对 X 部分函数依赖(partial functional dependency)，记作：

$$X \xrightarrow{\ P\ } Y$$

如表 1-4 关系所示，(学号，课号) $\xrightarrow{\ F\ }$ 成绩是完全函数依赖，(学号，课号) $\xrightarrow{\ P\ }$ 姓名是部分函数依赖，因为学号→姓名成立，而学号是(学号，课号)的真子集。

**定义 1.3** 在 R(U)中，如果 X→Y(Y⊈X)，Y↛X，Y→Z，Z⊈Y，则称 Z 对 X 传递函数依赖(transitive functional dependency)，记为 X $\xrightarrow{\text{传递}}$ Z。

设有如下关系：

学生(学号，姓名，性别，所在系，系主任，课程号，课程名称，成绩)

则有学号→所在系，所在系→系主任成立，所以学号 $\xrightarrow{\text{传递}}$ 系主任。

这里加上条件 Y↛X，是因为如果 Y→X，则 X←→Y，实际上是 X $\xrightarrow{\text{直接}}$ Z，是直接函数依赖而不是传递函数依赖。

### 3. 范式和规范化

规范化理论用于改造关系模式，通过分解关系模式来消除其中不合适的数据依赖，以解决数据冗余、插入异常、删除异常等问题。所谓规范化，就是用形式更为简洁、结构更加规范的关系模式取代原有关系的过程。要设计一个好的关系，必须使关系满足一定的约束条件，这种约束条件已经形成规范，分成几个等级，一级比一级要求更严格。满足最低一级要求的关系称为属于第一范式(Normal Form，NF)，在此基础上如果进一步满足某种约束条件，达到第二范式标准，则称该关系属于第二范式，以此类推，直到第五范式。显然，满足较高范式条件的关系必须满足较低范式的条件。一个较低的范式，可以通过关系的无损分解转换为若干个较高级范式的关系，这一过程被称为关系的规范化。

(1) 第一范式(1NF)。

**定义 1.4** 如果一个关系模式 R 的所有属性都是不可分的基本数据项，则 R 属于 1NF。记为：R∈1NF。

第一范式是对关系模式的最起码的要求。不满足第一范式的数据库模式不能称为关系数据库。

例如，表 1-4 的"学生"关系满足第一范式。

记为：

学生∈1NF

表 1-3 的职工工资表，其中工资分为 3 项：基本工资、薪级工资和津贴，所以不满足第一范式条件。

记为：

职工工资∉1NF

满足第一范式的关系模式不一定就是一个好的关系模式。例如，对于表 1-4 的"学生"关系，它存在数据冗余、插入异常、删除异常等问题。

(2) 第二范式(2NF)。

**定义 1.5** 若关系模式 R 是 1NF，并且每个非主属性都完全函数依赖于 R 的码，则 R 属于 2NF。记为：R∈2NF。

例如，有如下关系：

学生(学号，姓名，性别，所在系，系主任，课程号，课程名称，成绩)

已知该关系的码是(学号，课程号)，因此，学号、课程号是主属性，姓名、性别、所在系、系主任、课程名称、成绩是非主属性。该关系存在以下部分函数依赖：

(学号，课程号) $\xrightarrow{P}$ 姓名，(学号，课程号) $\xrightarrow{P}$ 性别，(学号，课程号) $\xrightarrow{P}$ 课程名称。

也就是存在非主属性对码的部分函数依赖，因此该关系不是 2NF。

记为：

学生 $\notin$ 2NF

改进的方法是对该关系进行分解，生成若干关系，以消除部分函数依赖。实际上，这里就是把描述不同主题的内容分别用不同的关系来表示，形成以下 3 个关系：

- 学生基本信息(学号，姓名，性别，所在系，系主任)　　　主码为学号
- 课程(课程号，课程名称)　　　　　　　　　　　　　　主码为课程号
- 选修(学号，课程号，成绩)　　　　　　　　　　　主码为(学号，课程号)

可以看出，在这 3 个关系中不存在部分函数依赖，因此问题得到了解决。

但是学生基本信息表仍然存在删除异常、冗余等问题，如计科系增加一个学生，系主任的名字就出现一次，这是由于存在传递依赖造成的。

(3) 第三范式(3NF)。

**定义 1.6** 如果关系模式 R 是第二范式，且每个非主属性都不传递函数依赖于主码，则 R 属于 3NF。记为：R∈3NF。

也可以说，如果关系 R 的每一个非主属性既不部分函数依赖于主码，也不传递函数依赖于主码，则 R 属于 3NF。

如下关系：

学生基本信息(学号，姓名，性别，所在系，系主任)　　　主码为学号

存在学号 $\xrightarrow{传递}$ 系主任，所以该关系不属于第三范式。

改进的方法是对该关系进行分解，生成若干关系，以消除传递依赖。实际上，这里就是把描述不同主题的内容分别用不同的关系来表示，形成以下 2 个关系：

- 学生信息(学号，姓名，性别，所在系)　　　　　　　主码为学号
- 专业信息(系名称，系主任)　　　　　　　　　　　主码为系主任

这里所在系和系名称是异名同义。

可以看出，分解后的关系解决了以上的插入异常、删除异常、数据冗余的问题。

在对关系进行规范化的过程中，一般要将一个关系分解为若干个关系。实际上，规范化的本质是把表示不同主题的信息分解到不同的关系中，如果某个关系包含两个或两个以上的主题，就应该将它分解为多个关系，使每个关系只包含一个主题。但是，在分解关系之后，关系数目增多，需要注意建立起关系之间的关联约束(参照完整性约束)。关系变得更加复杂，对关系的使用也会变得复杂，因此并不是分解得越细越好。一般来说，用户的

目标是第三范式(3NF)数据库，因为在大多数情况下，这是进行规范化功能与易用程度的最好平衡点。在理论上和一些实际使用的数据库中，有比 3NF 更高的等级，如 BCNF、4NF、5NF 等，但其对数据库设计的关心已经超过了对功能的关心，本书只讨论到 3NF。

# 1.5　数据库系统的体系结构

数据库系统的体系结构是数据库系统的一个总的框架。尽管实际的数据库系统软件产品多种多样，它们支持的数据模型也不一定相同，使用不同的数据库语言，建立在不同的操作系统之上，数据的存储结构也各不相同，但是绝大多数数据库系统在总的体系结构上都具有三级模式的结构特征。

## 1.5.1　数据库系统的三级模式结构

数据库系统的三级模式结构由外模式、模式和内模式组成，如图 1-12 所示。这三级模式是对数据的 3 个抽象级别，它把数据的具体组织留给 DBMS 管理，使用户能逻辑地、抽象地处理数据，而不必关心数据在计算机中的表示和存储。为了实现这 3 个抽象层次的联系和转换，数据库系统在这三级模式中提供了两层映像：外模式/模式映像，模式/内模式映像。

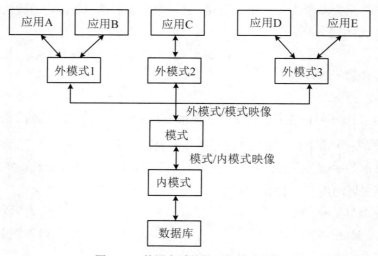

图 1-12　数据库系统的三级模式结构

### 1. 外模式

外模式也称子模式或用户模式，是数据库用户看到的数据视图，它是与某一应用有关的数据的逻辑表示。

外模式通常是模式的子集，它是各个用户的数据视图。由于不同的用户其需求不同，看待数据的方式不同，对数据的要求不同，使用的程序设计语言也可以不同，因此不同用户的外模式描述是不同的。即使对模式中的同一数据，在外模式中的结构、类型、长度、保密级别等都可以不同。

数据库管理系统提供外模式数据描述语言(外模式 DDL)来描述外模式。

### 2. 模式

模式也被称为逻辑模式，是数据库中全体数据的逻辑结构和特性的描述，是所有用户的公共数据视图。它是数据库系统模式结构的中间层，既不涉及数据的物理存储细节和硬件环境，也与具体的应用程序和开发工具无关。

模式实际上是数据库数据在逻辑级上的视图，一个数据库只有一个模式，数据库模式以某种数据模型为基础，综合考虑了所有用户的需求，并将这些需求有机地整合成一个逻辑整体。

模式不仅要定义数据的逻辑结构，而且要定义与数据有关的安全性、完整性要求；不仅要定义数据记录内部的结构，而且要定义这些数据项之间的联系，以及不同记录之间的联系。

数据库管理系统提供模式数据描述语言(模式 DDL)来描述模式。

### 3. 内模式

内模式是全体数据库数据的内部表示或者低层描述，用来定义数据的存储方式和物理结构。

内模式通常用内模式数据描述语言(内模式 DDL)来描述和定义。

## 1.5.2　数据库的二级映像与数据的独立性

### 1. 外模式/模式映像

对应于同一个模式，可以有任意多个外模式。外模式/模式的映像定义某一个外模式和模式之间的对应关系。当模式改变时，外模式/模式的映像要做相应的改变(由 DBA 负责)以保证外模式保持不变。

### 2. 模式/内模式映像

模式/内模式映像定义数据的逻辑结构和存储结构之间的对应关系，它说明逻辑记录和字段在内部是如何表示的。这样，当数据库的存储结构改变时，可相应修改模式/内模式的映像，从而使模式保持不变。

正是由于上述这二级映像功能，才使得数据库系统中的数据具有较高的逻辑独立性和物理独立性。数据库这种多层次的结构体系可进一步阐述如下。

(1) 在定义一个数据库的各层次结构时，全局逻辑结构(模式)应该首先定义，因为它独立于数据库的其他所有结构描述。

(2) 内模式(存储模式)是依赖于全局逻辑结构的，其目的是具体地将数据库模式中所定义的全部数据及其联系进行适当的组织并加以存储，以实现较高的时空运行效率。存储模式独立于任何一个用户的局部逻辑结构描述(外模式)。

(3) 用户的外模式独立于存储模式和存储设备，它必须在数据库的全局逻辑结构描述(模式)的基础上定义。子模式一旦被定义，则除非模式结构的变化使得子模式中的某些数据无法再从数据库中导出，否则子模式将不必改变。通过调整外模式/模式映像可实现这一点。这就是子模式对于模式的相对独立性，即逻辑数据独立性。

(4) 应用程序是在子模式的数据结构上编制的，因此，它必然依赖于特定的子模式。但是，在一个完善的数据库系统中，它是独立于存储设备和存储模式的，并且只要数据库全局逻辑模式的变化不导致其对应的子模式的改变,则应用程序也是独立于数据库模式的。

# 1.6　数据库系统设计简介

数据库系统的设计包括数据库的设计和数据库应用系统的设计。数据库设计是指设计数据库的结构特性，即为特定的应用环境构造最优的数据模型；数据库应用系统的设计是指设计出满足各种用户对数据库应用需求的应用程序。用户通过应用程序来访问和操作数据库。

按照规范设计的方法，考虑到数据库及其应用系统开发的全过程，将数据库设计分为以下 6 个阶段：①需求分析阶段；②概念结构设计阶段；③逻辑结构设计阶段；④物理结构设计阶段；⑤数据库实施阶段；⑥数据库运行和维护阶段。

需要指出的是，以上设计步骤既是数据库设计的过程，也包括数据库应用系统的设计过程。在设计过程中只有将这两方面有机地结合起来，互相参照、互为补充，才可以设计出性能良好的数据库应用系统。

## 1.6.1　需求分析阶段

需求分析阶段是数据库设计的第一步，也是最困难、最耗时的一步。需求分析的任务是要准确了解并分析用户对系统的要求，确定所要开发的应用系统的目标，收集和分析用户对数据与处理的要求。需求分析主要是考虑做什么，而不是考虑怎么做。需求分析做得是否充分、准确，将决定以后各设计步骤能否顺利进行。如果需求分析做得不好，会影响整个系统的性能，甚至会导致整个数据库设计的返工。

需求分析阶段需要重点调查的是用户的信息要求、处理要求、安全性与完整性要求。信息要求是指用户需要从数据库中获得信息的内容与性质，由用户的信息要求可以导出数据要求，即在数据库中需要存储哪些数据；处理要求包括对处理功能的要求、对处理的响应时间的要求、对处理方式(如批处理、联机处理)的要求等。

需求分析的结果是产生用户和设计者都能接受的需求说明书，作为下一步数据库概念结构设计的基础。

## 1.6.2　概念结构设计阶段

需求分析阶段描述的用户需求是面向现实世界的具体需求。将需求分析得到的用户需求抽象为信息结构即概念模型的过程就是概念结构设计。概念结构独立于支持数据库的

DBMS 和使用的硬件环境。

人们提出了多种概念结构设计的表达工具，其中，最常用、最有名的是 E-R 模型。

在概念结构设计阶段，首先要对需求分析阶段收集到的数据进行分类、组织，形成实体、实体的属性，标识实体的码，确定实体之间的联系类型(1∶1，1∶n，m∶n)，针对各个局部应用设计局部视图(如分 E-R 图)。各个局部视图建立好后，还需要对它们进行合并，通过消除各局部视图的属性冲突、命名冲突、结构冲突、数据冗余等，最终集成为一个全局视图(如整体的 E-R 图)。

概念结构具有丰富的语义表达能力，能表达用户的各种需求，反映现实世界中各种数据及其复杂的联系，以及用户对数据的处理要求等。由于概念结构独立于具体的 DBMS，因此易于理解，用它可以和不熟悉计算机的用户交换意见。

设计概念模型的最终目的是向某种 DBMS 支持的数据模型转换，因此，概念模型是数据库逻辑设计的依据，是整个数据库设计的关键。

## 1.6.3　逻辑结构设计阶段

逻辑结构设计的任务是将概念结构进一步转化为某一 DBMS 支持的数据模型，包括数据库模式和外模式。

在逻辑结构设计阶段，首先需要将概念结构转化为一般的关系、网状、层次模型。其次，将转化后的关系、网状、层次模型向特定 DBMS 支持下的数据模型转换，转换的主要依据是所选用的 DBMS 的功能及限制，没有通用规则。对于关系模型来说，这种转换通常都比较简单。最后，对数据模型进行优化。

对于 E-R 图向关系模型的转换，需要解决的问题是如何将实体、实体的属性和实体之间的联系转化为关系模型。

得到初步数据模型后，还应该适当地修改、调整数据模型的结构，以进一步提高数据库应用系统的性能。关系数据模型的优化通常以规范化理论为指导。

这一阶段可能还需要设计用户子模式(外模式)，即用户可直接访问的数据模式。前面已经提到，在同一系统中，不同用户可以有不同的外模式。外模式来自逻辑模式，但在结构和形式上可以不同于逻辑模式，所以它不是逻辑模式简单的子集。外模式的作用主要有：通过外模式对逻辑模式的屏蔽，为应用程序提供了一定的逻辑独立性；可以更好地适应不同用户对数据的需求；为用户划定了访问数据的范围，有利于数据的安全保密；等等。

定义用户外模式时应该更注重考虑用户的习惯与方便，主要包括以下 3 个方面。

(1) 使用更符合用户习惯的别名。

(2) 针对不同级别的用户定义不同的外模式，以满足系统对安全性的要求。

(3) 如果某些局部应用中经常要使用很复杂的查询，为了方便用户，可以将这些复杂查询定义为外模式(视图)，以简化用户对系统的使用。

## 1.6.4　物理结构设计阶段

数据库的物理结构设计阶段用于为逻辑数据模型选取一个最适合应用环境的物理结

构，包括数据库在物理设备上的存储结构和存取方法。由于不同的数据库产品所提供的物理环境、存取方法和存储结构各不相同，供设计人员使用的设计变量、参数范围也各不相同，所以数据库的物理结构设计没有通用的设计方法可以遵循。

数据库设计人员都希望自己设计的物理数据库结构能满足事务在数据库上运行时响应时间短、存储空间利用率高和事务吞吐率大的要求。为此，设计人员需要对要运行的事务进行详细的分析，获得物理数据库设计所需要的参数，并且全面了解给定的 DBMS 的功能、所提供的物理环境和工具，尤其是存储结构和存取方法。在确定数据存取方法时，必须清楚以下 3 种相关信息。

(1) 数据库查询事务的信息，包括查询所需要的关系、查询条件所涉及的属性、查询连接条件所涉及的属性、查询结果所涉及的属性等。

(2) 数据更新事务的信息，包括被更新的关系、每个关系上的更新操作所涉及的属性、修改操作要改变的属性值等。

(3) 每个事务在各关系上运行的频率和性能要求。

关系数据库物理结构设计的内容主要有：为关系模式选择存取方法和存储结构，包括设计关系、索引等数据库文件的物理存储结构，确定系统配置参数等。

在初步完成物理结构的设计之后，还需要对物理结构进行评价，评价的重点是时间和空间效率。如果评价结果满足原设计要求，则可以进入物理实施阶段，否则，需要重新设计或修改物理结构，有时甚至要返回到逻辑设计阶段，修改数据模型。

## 1.6.5　数据库实施阶段

完成数据库物理结构设计之后，设计人员就要用 DBMS 提供的数据定义语言和其他实用程序将数据库逻辑设计和物理设计结果严格地描述出来，成为 DBMS 可以接受的源代码，再经过调试产生目标模式，就可以组织数据入库了，这便是数据库实施阶段，具体包括以下内容。

(1) 用所选用的 DBMS 提供的数据定义语言来严格描述数据库结构。

(2) 组织数据入库。数据库结构建立好后，即可向数据库中装载数据。组织数据入库是数据库实施阶段最主要的工作。对于小型系统，可以选择使用人工方法装载数据。对于中、大型系统，可以使用计算机辅助数据入库，如使用数据录入子系统提供录入界面，对数据进行检验、转换、综合、存储等。

需要装入数据库中的数据通常分散在各个部门的数据文件或原始凭证中，所以首先必须把需要入库的数据筛选出来。对于筛选出来的数据，其格式往往不符合数据库要求，还需要进行一定的转换，这种转换有时可能很复杂。最后才可以将转换好的数据输入计算机中。

(3) 编制与调试应用程序。数据库应用程序的设计应该与数据库设计并行进行。因此，在部分数据录入数据库中之后，就可以对应用程序进行调试了。调试应用程序时由于数据入库尚未完成，可以先使用模拟数据，模拟数据应该具有一定的代表性，足够测试系统的多数功能。应用程序的设计、编码和调试方法、步骤应遵循软件工程的规范。

(4) 数据库试运行。应用程序调试完成，并且已有一小部分数据入库后，即可开始数据库的试运行。数据库试运行也称为联合调试，其主要工作如下。

- 功能测试：实际运行应用程序，执行对数据库的各种操作，测试应用程序的各种功能是否满足设计要求。
- 性能测试：测试系统的性能指标，分析其是否达到设计目标。如果结果不符合设计目标，则需要返回物理设计阶段，调整物理结构，修改参数。有时甚至需要返回逻辑设计阶段，调整逻辑结构。

需要注意的是，组织数据入库的工作量非常大，如果在数据库试运行后还要修改数据库设计，则可能需要重新组织数据入库。所以可以采用分期输入数据的方法，先输入小批量数据供前期的联合调试使用，待试运行基本合格后再输入大批量数据，逐步增加数据量，完成运行评价。

在数据库试运行阶段，系统还不稳定，硬件和软件的故障随时都可能发生。系统的操作人员对新系统还不熟悉，不可避免地会发生一些误操作。因此，必须首先做好数据库的转储和恢复工作，一旦发生故障，能使数据库尽快恢复，以减少对数据库的破坏。

## 1.6.6　数据库运行和维护阶段

数据库试运行结果符合设计目标后，数据库即可投入正式运行。数据库投入运行，标志着开发任务的基本完成和维护工作的开始。由于应用环境在不断变化，在数据库运行过程中，物理存储会不断变化，因此，对数据库设计进行评价、调整、修改等维护工作是一个长期的任务，也是设计工作的继续和提高。

在数据库运行阶段，对数据库经常性的维护工作主要是由 DBA 完成的。这一阶段的工作主要包括以下几点。

(1) 数据库的转储和恢复。转储和恢复是系统正式运行后最重要的维护工作之一。DBA要针对不同的应用要求制订不同的转储计划，定期对数据库和有关文件进行备份。一旦系统发生故障，可以尽快对数据库进行恢复。

(2) 数据库的安全性、完整性控制。在数据库运行过程中，由于应用环境的变化，对安全性的要求也会发生变化，DBA 需要根据实际情况的变化修改原有的安全性控制，根据用户的实际需要授予不同的操作权限。由于应用环境的变化，数据库的完整性约束条件也会变化，也需要 DBA 不断修正，以满足用户要求。

(3) 数据库性能的监督、分析和改进。在数据库运行过程中，DBA 必须监督系统运行，对监测数据进行分析，找出改进系统性能的方法。有些 DBMS 提供检测系统性能工具，可以利用该工具获取系统运行过程中一系列性能参数的值。通过仔细分析这些数据，判断当前系统是否处于最佳运行状态。如果不是，则需要通过调整某些参数来进一步改进数据库性能。

(4) 数据库的重组织和重构造。数据库运行一段时间后，由于记录的不断增、删、改，会使数据库的物理存储变坏，从而降低数据库存储空间的利用率和数据的存取效率，使数据库的性能下降。因此，需要对数据库进行重新组织(全部重组织或部分重组织)，以提高系统的性能。

# 习 题 1

## 一、单项选择题

1. (　　)是长期存储在计算机内的相互关联的数据的集合。

    A. 数据库管理系统　　　B. 数据库系统　　　C. 数据库　　　　　　D. 文件

2. (　　)是位于用户与操作系统之间的一层数据管理软件。

    A. 数据库管理系统　　　　　　　　　B. 数据库系统

    C. 数据库　　　　　　　　　　　　　D. 数据库应用系统

3. 数据库管理系统能实现对数据库数据的添加、修改、删除等操作，这种功能被称为(　　)。

    A. 数据定义功能　　　　　　　　　　B. 数据管理功能

    C. 数据操纵功能　　　　　　　　　　D. 数据控制功能

4. 数据库管理系统(DBMS)是一种(　　)。

    A. 数学软件　　　　B. 应用软件　　　　C. 操作系统　　　　D. 系统软件

5. 数据库系统不仅包括数据库本身，还要包括相应的硬件、软件和(　　)。

    A. 数据库管理系统　　　　　　　　　B. 数据库应用系统

    C. 相关的计算机系统　　　　　　　　D. 各类相关人员

6. 数据库的建立、使用和维护只靠 DBMS 是不够的，还需要有专门的人员来完成，这些人员称为(　　)。

    A. 高级用户　　　　　　　　　　　　B. 数据库管理员

    C. 数据库用户　　　　　　　　　　　D. 数据库设计员

7. 数据库(DB)、数据库系统(DBS)和数据库管理系统(DBMS)三者之间的关系是(　　)。

    A. DBS 包括 DB 和 DBMS　　　　　B. DBMS 包括 DB 和 DBS

    C. DB 包括 DBS 和 DBMS　　　　　D. DBS 就是 DB，也就是 DBMS

8. 在人工管理阶段，数据是(　　)。

    A. 有结构的　　　　　　　　　　　　B. 无结构的

    C. 整体无结构、记录内有结构的　　　D. 整体结构化的

9. 在文件系统阶段，数据(　　)。

    A. 无独立性　　　　　　　　　　　　B. 独立性差

    C. 具有物理独立性　　　　　　　　　D. 具有逻辑独立性

10. 产生数据不一致的根本原因是(　　)。

    A. 数据存储量太大　　　　　　　　　B. 没有严格地保护数据

    C. 未对数据进行完整性控制　　　　　D. 数据冗余

11. 在数据库中存储的是(　　)。

    A. 数据　　　　　　　　　　　　　　B. 数据模型

C. 数据以及数据之间的联系　　　　　　D. 信息

12. 数据库不仅能够保存数据本身，还能保存数据之间的相互联系，保证了对数据修改的(　　)。

A. 一致性　　　　B. 独立性　　　　C. 安全性　　　　D. 共享性

13. 在数据库系统阶段，数据(　　)。

A. 没有独立性　　　　　　　　　　B. 具有一定的独立性

C. 具有高度独立性　　　　　　　　D. 独立性差

14. 数据库系统和文件系统的主要区别是(　　)。

A. 数据库系统复杂，而文件系统简单

B. 文件系统不能解决数据冗余和数据独立性问题，而数据库系统能够解决

C. 文件系统只能管理文件，而数据库系统还能管理其他类型的数据

D. 文件系统只能用于小型、微型机，而数据库系统还能用于大型机

15. 在数据管理技术的发展过程中，数据独立性最高的是(　　)阶段。

A. 数据库系统　　B. 文件系统　　C. 人工管理　　D. 数据项管理

16. 在用户观点下，关系模型中数据的逻辑结构是(　　)。

A. 一个 E-R 图　　B. 一张二维表　　C. 层次结构　　D. 网状结构

17. 在一个关系中如果有这样一个属性存在，它的值能唯一地标识关系中的每一个元组，这个属性被称为(　　)。

A. 候选码　　　　B. 数据项　　　　C. 主属性　　　　D. 主属性值

18. 关系模型结构单一,现实世界中的实体以及实体之间的各种联系均以(　　)的形式来表示。

A. 数据项　　　　B. 属性　　　　C. 分量　　　　D. 域

19. 以下关于关系的说法错误的是(　　)。

A. 一个关系中的列次序可以是任意的

B. 一个关系的每一列中的数据项可以有不同的数据类型

C. 关系中的任意两行(即元组)不能相同

D. 关系中行的次序可以是任意的

20. 关系规范化中的删除操作异常是指(　　)，插入操作异常是指(　　)。

A. 不该删除的数据被删除　　　　　B. 不该插入的数据被插入

C. 应该删除的数据未被删除　　　　D. 应该插入的数据未被捕入

21. 关系数据库规范化是为解决关系数据库中的(　　)问题而引入的。

A. 插入、删除异常和数据冗余　　　B. 查询速度

C. 数据操作的复杂性　　　　　　　D. 数据的安全性和完整性

22. 数据依赖讨论的问题是(　　)。

A. 关系之间的数据关系　　　　　　B. 元组之间的数据关系

C. 属性之间的数据关系　　　　　　D. 函数之间的数据关系

23. 函数依赖是(　　)。
　　A. 对函数关系的描述　　　　　　　　B. 对元组之间关系的一种描述
　　C. 对数据库之间关系的一种描述　　　D. 对数据依赖的一种描述

24. 规范化理论是关系数据库进行逻辑设计的理论依据。根据这个理论，关系数据库中的关系必须满足：每一个属性都是(　　)。
　　A. 不相关的　　　B. 不可分解的　　　C. 长度可变的　　　D. 有关联的

25. 消除了非主属性对码的部分函数依赖的 1NF 的关系模式必定是(　　)。
　　A. 1NF　　　　　B. 2NF　　　　　　C. 3NF　　　　　　D. 4NF

26. 2NF(　　)规范为 3NF。
　　A. 消除非主属性对码的部分函数依赖　　B. 消除非主属性对码的传递函数依赖
　　C. 消除主属性对码的部分函数依赖　　　D. 消除主属性对码的传递函数依赖

27. 数据库的三级模式结构中，描述数据库中全体数据的全局逻辑结构和特征的是(　　)。
　　A. 外模式　　　　B. 内模式　　　　　C. 存储模式　　　　D. 模式

28. 子模式是(　　)。
　　A. 模式的副本　　B. 模式的逻辑子集　　C. 多个模式的集合　　D. 存储模式

29. 数据库系统的数据独立性是指(　　)。
　　A. 不会因为数据的变化而影响应用程序
　　B. 不会因为系统数据存储结构与数据逻辑结构的变化而影响应用程序
　　C. 不会因为存储策略的变化而影响存储结构
　　D. 不会因为某些存储结构的变化而影响其他的存储结构

## 二、填空题

1. 对现实世界进行第一层抽象的模型，称为＿＿＿＿模型；对现实世界进行第二层抽象的模型，称为＿＿＿＿模型。

2. 在信息世界中，用＿＿＿＿来表示实体的特征。

3. ＿＿＿＿是用来唯一标识实体的属性。

4. 实体之间的联系可以有＿＿＿＿、＿＿＿＿和＿＿＿＿ 3 种。

5. 如果在一个关系中，存在多个属性(或属性组合)都能用来唯一标识该关系的元组，这些属性(或属性组合)都称为该关系的＿＿＿＿。

6. 包含在＿＿＿＿中的属性称为主属性。

7. 关系模式一般表示为＿＿＿＿＿＿。

8. 关系模型由＿＿＿＿、＿＿＿＿和＿＿＿＿3 部分组成。

9. 关系模型允许定义的 3 类完整性约束是＿＿＿＿完整性、＿＿＿＿完整性和＿＿＿＿完整性。其中，＿＿＿＿完整性和＿＿＿＿完整性是关系模型必须满足的完整性约束条件。

10. 实体完整性要求主码中的主属性不能为＿＿＿＿。

11. 数据库设计过程的 6 个阶段是指＿＿＿＿、＿＿＿＿、＿＿＿＿、＿＿＿＿、＿＿＿＿、＿＿＿＿。

### 三、写出以下各缩写的英文含义和中文含义

1. DB: _____。
2. DBMS: _____。
3. RDBMS: _____。
4. DBS: _____。
5. DBA: _____。
6. NF: _____。
7. DDL: _____。

### 四、按题目要求回答问题

1. 设某商业集团数据库中有 3 个实体集：一是公司实体集，属性有公司编号、公司名、地址；二是仓库实体集，属性有仓库编号、仓库名、地址；三是职工实体集，属性有职工编号、姓名、性别。

设：公司与仓库之间存在隶属联系，每个公司管辖若干仓库，每个仓库只能属于一个公司管辖；公司与职工之间存在聘用联系，每个公司可聘用多个职工，每个职工只能在一个公司工作，公司聘用职工有聘期和工资。

试画出 E-R 图，并在图上注明属性、联系的类型。

2. 某体育运动锦标赛由来自世界各国运动员组成的体育代表团参赛各类比赛项目。假设如下。

● 对于每个代表团，包含的信息有：团编号，地区，住所。
● 对于每个运动员，包含的信息有：编号，姓名，年龄，性别。
● 对于每个比赛项目，包含的信息有：项目编号，项目名称，级别。
● 对于每一个比赛类别，包含的信息有：类别编号，类别名称，主管。

每个代表团有多个运动员，而每个运动员只属于一个代表团；一个运动员可以参加多个比赛项目，每个比赛项目有多个运动员参加；一种比赛类别中包含多个比赛项目，一个比赛项目只属于一种比赛类别。每个运动员参加某个比赛项目具有比赛时间和得分信息。

试为该锦标赛各个代表团、运动员、比赛项目、比赛类别设计 E-R 图，并在图上注明属性、联系的类型。

3. 设有如表 1-5 所示的关系 R。

表 1-5　R 关系

| 课 程 编 号 | 任 课 教 师 | 教 师 电 话 |
|---|---|---|
| 101 | 李云霞 | 131******** |
| 102 | 王腾飞 | 138******** |
| 103 | 张　丽 | 135******** |
| 104 | 李云霞 | 131******** |

(1) 关系 R 为第几范式？为什么？

(2) 关系 R 是否存在删除操作异常？若存在，说明是在什么情况下发生的。

(3) 将关系 R 分解为高一级范式，分析分解后的关系是如何解决分解前可能存在的删除操作异常的。

# 第 2 章  初识 SQL Server 2019

SQL Server 是 Microsoft 公司推出的关系型数据库管理系统。其具有使用方便、可伸缩性好、与相关软件集成程度高等优点，可跨越从运行 Microsoft Windows 98 的膝上型电脑到运行 Microsoft Windows 2019 的大型多处理器的服务器等多种平台使用。

SQL Server 是一个全面的数据库平台，使用集成的商业智能(Business Intelligence，BI)工具提供了企业级的数据管理。SQL Server 数据库引擎为关系型数据和结构化数据提供了更安全可靠的存储功能，使用户可以构建和管理用于业务的高可用和高性能的数据应用程序。

## 2.1  SQL Server 版本介绍

SQL Server 是一个关系数据库管理系统。它最初是由 Microsoft、Sybase 和 Ashton-Tate 三家公司共同开发的，于 1988 年推出了第一个 OS/2 版本。在 Windows NT 推出后，Microsoft 与 Sybase 在 SQL Server 的开发上就分道扬镳了，Microsoft 将 SQL Server 移植到 Windows NT 系统上，专注于开发推广 SQL Server 的 Windows NT 版本。Sybase 则较专注于 SQL Server 在 UNIX 操作系统上的应用。

SQL Server 2000 是 Microsoft 公司推出的 SQL Server 数据库管理系统，该版本继承了 SQL Server 7.0 版本的优点，同时又比它增加了更多更先进的功能。其具有使用方便、可伸缩性好、与相关软件集成程度高等优点。

SQL Server 2005 是一个全面的数据库平台，使用集成的商业智能(BI)工具提供了企业级的数据管理。SQL Server 2005 数据库引擎为关系型数据和结构化数据提供了更安全可靠的存储功能。与 Microsoft Visual Studio、Microsoft Office System 以及新的开发工具包(包括 Business Intelligence Development Studio)的紧密集成，使 SQL Server 2005 与其他版本有很大的不同。

SQL Server 2008 是一个重大的产品版本，它推出了许多新的特性和关键的改进。在 SQL Server 2005 的基础上，SQL Server 2008 版本在数据加密、外键管理等方面提升了使用的安全性。此外，为了确保业务的可持续性，SQL Server 2008 提供了更可靠的、加强了数据库镜像的平台，最突出的特性是页面自动修复，压缩了输出的日志流，以便使数据库镜像所要求的网络带宽压缩到最小。

SQL Server 2012 是一款典型的关系型数据库管理系统，以其强大的功能、简便的操作和可靠的安全性，赢得了很多用户的认可，应用也越来越广泛。SQL Server 2012 在原有版本的基础上，推出了许多新的特性和关键的改进。该产品不仅可以有效地执行大规模联机事务，而且能完成数据仓库和电子商务应用等许多具有挑战性的工作。

SQL Server 2016 作为一款数据库开发管理工具，主要针对企业使用。该版本拥有新的性能和功能，更加适合企业级数据存储使用，兼容 64 位和 32 位操作系统。

SQL Server 2018 是一个全面的数据库平台，使用集成的商业智能(BI)工具提供了企业级的数据管理。SQL Server 2018 数据库引擎为关系型数据和结构化数据提供了更安全可靠的存储功能，使用户可以构建和管理用于业务的高可用和高性能的数据应用程序。

SQL Server 2019 具有使用方便、伸缩性好、相关软件集成程度高等优点，结合了分析、报表、集成和通告功能，并为结构化数据提供了安全可靠的存储功能。无论用户是开发人员、数据库管理员、信息工作者还是决策者，SQL Server 2019 都可以为其提供创新的解决方案，帮助用户从数据中更多地获益。

## 2.2　SQL Server 2019 优势

作为新一代的数据平台产品，SQL Server 2019 不仅延续现有数据平台的强大能力，全面支持云技术与平台，并且能够快速构建相应的解决方案实现私有云与公有云之间数据的扩展与应用的迁移。SQL Server 2019 提供对企业基础架构最高级别的支持——专门针对关键业务应用的多种功能与解决方案可以提供最高级别的可用性及性能。在业界领先的商业智能领域，SQL Server 2019 提供了更多更全面的功能以满足不同人群对数据以及信息的需求，包括支持来自不同网络环境的数据的交互、全面的自助分析等创新功能。针对大数据以及数据仓库，SQL Server 2019 提供从数 TB 到数百 TB 全面端到端的解决方案。作为 Microsoft 的信息平台解决方案，SQL Server 2019 的发布，可以帮助数以千计的企业用户突破性地快速实现各种数据体验，完全释放对企业的洞察力。

### 1. 安全性和可用性高

全新的 SQL Server AlwaysOn 是一个新增高可用性解决方案，将灾难恢复解决方案与高可用性结合起来，可以在数据中心内部，也可以跨数据中心提供冗余，从而有助于在计划性停机和非计划性停机的情况下快速地完成应用程序的故障转移。在 AlwaysOn 之前，SQL Server 已经有高可用性和数据恢复方案，比如数据库镜像、日志传送和故障转移集群，都有其自身的局限性。而 AlwaysOn 作为 Microsoft 新推出的解决方案，提取了数据库镜像和故障转移集群的优点。

全新的 StreamInsignt 技术功能可以很好地迎合关键用户的需求，为其提供高可用的管理功能。

### 2. 超快的性能

(1) 内存中的列存储。通过在数据库引擎中引入列存储技术，SQL Server 成为能够真正实现列存储的万能主流数据库系统。

(2) 全面改进全文搜索功能。SQL Server 2019 的全文搜索功能(Full-Text Search，FTS)拥有显著提高的查询执行机制，以及并发索引更新机制，从而使 SQL Server 的性能、可伸缩性得以改善。

(3) 扩展表格分区。目前，表格分区可扩展到 15 000 个之多，从而能够支持规模不断扩大的数据仓库。

(4) 扩展事件增强。扩展事件功能中新的探查信息和用户界面，使其在功能及性能方面的故障排除更加合理化。其中的事件选择、日志、过滤等功能得到增强，从而使其灵活性也得到了相应提升。

### 3. 企业安全性

(1) 审核增强。SQL Server 在审核功能方面的改进使其灵活性和可用性得到一定程度的增强，这能够帮助企业更加自如地应对合规管理所带来的问题。

(2) 针对 Windows 组提供默认架构。Windows 组可以和数据库架构相关联，简化了数据库架构的管理，削减了 Windows 用户管理数据库架构的复杂性。

(3) 用户定义的服务器角色。允许用户创建新的服务器角色，而且角色可以嵌套，使职责划分更加规范化，也使企业避免过多依赖 Sysadmin 固定服务器角色。

(4) 包含数据库身份验证。数据库身份验证允许用户无须使用用户名就可以通过用户数据库的身份验证，从而使合规性得到增强。用户的登录信息(用户名和密码)不会存储在 Master 数据库中，而是直接存储在用户数据库中，这是非常安全的。因为用户在用户数据库中只能进行 DML 操作，而无法进行数据库实例级别的操作。

### 4. 快速的数据发现

(1) 报表服务项目 PowerView。从业务主管到信息工作者，Microsoft 向各级用户提供基于网络的高交互式数据探索、数据可视化以及数据显示体验，这使得自助式报表服务成为现实。

(2) PowerPivot。Microsoft 能够帮助企业释放突破性的业务洞察力。各级用户均得到授权，可以进行如下操作：访问并整合几乎来自任何数据源的数据、创建有说服力的报表以及分析应用程序。

### 5. 方便易用

SQL Server 2019 为用户提供了图形化的管理工具，用户使用鼠标就可以创建数据库对象，降低了数据库设计的难度。

### 6. 高效的数据压缩功能

SQL Server 2019 在可用性、部署、管理等方面进行了增强。在对包进行故障排除、对比以及合并等操作时提供全新的报表，样例和教程的获取将会更加方便。集成服务包含全新的清除转换功能，它与数据质量服务的数据质量知识库相集成。

对于不同规模的企业，SQL Server 集成服务(SSIS)均可以通过所提供的各种功能来提高它们在信息管理方面的工作效率，从而能够使企业实施在信息方面所做出的承诺，这有助于减少启用数据集成时可能出现的障碍。

### 7. 数据虚拟化和 SQL Server 2019 大数据群集

当今，企业通常掌管着庞大的数据资产，这些数据仓库由托管在整个公司的孤立数据源中的各种不断增长的数据集组成。利用大数据群集，用户可以从所有数据中获得近乎实时的见解，该群集提供了一个完整的环境来处理包括机器学习和人工智能功能在内的大量数据。新版新增了可缩放的大数据解决方案和通过 Polybase 进行数据虚拟化等功能。

### 8. 智能数据库

新增功能或更新包括行模式内存授予反馈、表变量延迟编译、使用 APPROX_COUNT_DISTINCT 进行近似查询处理、行存储上的批处理模式、标量 UDF 内联、混合缓冲池、内存优化 tempdb 元数据、内存中 OLTP 对数据库快照的支持、OPTIMIZE_FOR_SEQUENTIAL_KEY、强制快进和静态游标、资源调控、减少了对工作负荷的重新编译、间接检查点可伸缩性、并发 PFS 更新等。

### 9. 开发人员体验

新增功能或更新包括边缘约束级联删除操作、新增图形函数 SHORTEST_PATH、分区表和索引、在图形匹配查询中使用派生表或视图别名、支持 UTF-8 字符编码、新 Java 语言 SDK、Java 语言 SDK 是开放源代码的、对 Java 数据类型的支持、注册外部语言、新的空间引用标识符(SRsno)、详细截断警告等。

### 10. 高可用性

新增功能或更新包括最多 5 个同步副本、次要副本到主要副本连接重定向、加速数据库恢复、联机聚集列存储索引生成和重新生成、可恢复联机行存储索引生成、暂停和恢复透明数据加密(TDE)的初始扫描等。

### 11. SQL Server 机器学习服务

新增功能或更新包括基于分区的建模、Windows Server 故障转移群集等。

### 12. Master Data Services

新增功能或更新包括支持 Azure SQL 数据库托管实例数据库、新 HTML 控件等。

### 13. SQL Server Analysis Services

新增功能或更新包括查询交叉、通过计算组提供对表格模型的 MDX 查询支持、使用计算组动态设置度量值的格式、表格模型中的多对多关系、资源管理的属性设置、Power BI 缓存刷新的调控设置、联机附加等。

# 2.3    SQL Server 2019 的安装

在官网下载 SQL Server 2019，然后安装即可。

## 2.3.1    下载 SQL Server 2019

(1) 通过百度搜索 SQL 2019 下载，搜索内容如图 2-1 所示。

(2) 单击 SQL Server 2019 | Microsoft 链接，进入下载页面，如图 2-2 所示。

图 2-1    搜索 SQL Server 2019 安装程序          图 2-2    SQL Server 2019 下载页面

(3) 单击 Download now 按钮进入下载页面，选择操作系统，如图 2-3 所示。

图 2-3    操作系统选择页面

(4) 单击 Windows 下的 Choose your installation setup 进入 Windows 下载页面，如图 2-4 所示。

(5) 单击 Preview SQL Server 2019 for Windows 进入下一个下载页面，如图 2-5 所示。

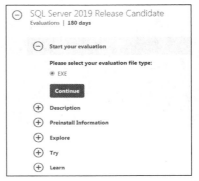

图 2-4    Windows 环境下载页面          图 2-5    SQL Server 2019 Release Candidate 下载页面

(6) 单击 Continue 按钮进入个人信息填写页面。填写个人相关信息后单击 Continue 按钮进入下一个页面，如图 2-6 所示。

图 2-6　Download 下载页面

(7) 单击 Download 按钮把 SQL2019RC1-SSEI-Eval.EXE 文件下载到某个文件夹下。

## 2.3.2　安装 SQL Server 2019

(1) 找到已下载的文件 SQL2019RC1-SSEI-Eval.EXE，右击，以管理员身份运行该程序，进入安装界面，如图 2-7 所示。

(2) 单击"自定义"安装，进入指定 SQL Server 媒体下载目标位置确定界面，如图 2-8 所示。

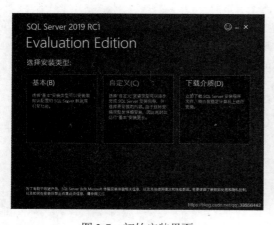

图 2-7　初始安装界面

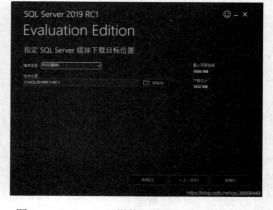

图 2-8　SQL Server 媒体下载目标位置确定界面

(3) 选择语言为中文(简体)，选择媒体位置后单击"安装"按钮，进入下载安装程序包界面。下载结束后进入 SQL Server 安装中心界面，如图 2-9 所示。

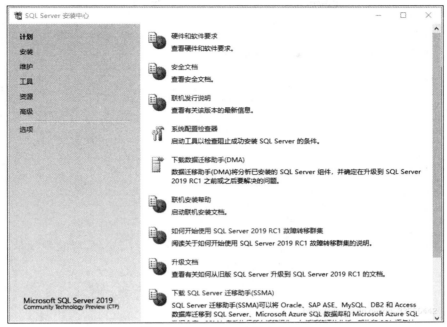

图 2-9　SQL Server 安装中心界面

（4）单击左侧的"安装"按钮进入安装界面。单击"全新 SQL Server 独立安装或向现有安装添加功能"按钮，进入正在处理当前操作界面，处理当前操作结束后进入版本选择和输入产品密钥界面，如图 2-10 所示。

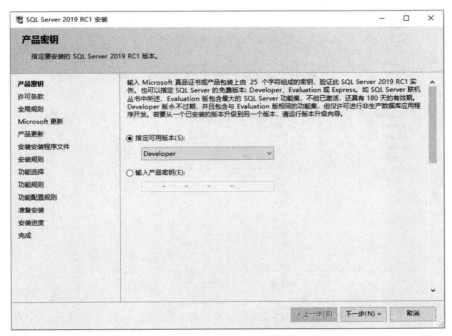

图 2-10　版本选择和输入产品密钥界面

（5）选择版本后单击"下一步"按钮进入许可条款界面，如图 2-11 所示。

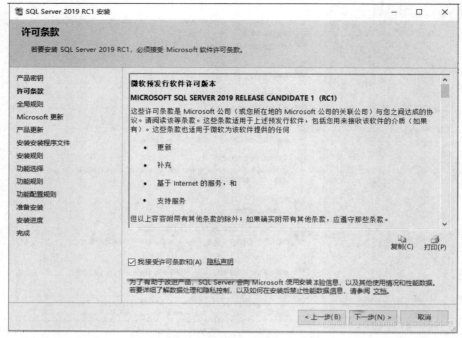

图 2-11　许可条款界面

(6) 选中复选框"我接受许可条款和(A)隐私声明"，单击"下一步"按钮，进入 Microsoft 更新界面。单击"下一步"按钮进入安装规则界面，如图 2-12 所示。

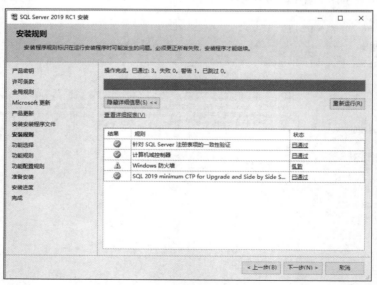

图 2-12　安装规则界面

(7) 单击"下一步"按钮进入功能选择界面，该界面列出了系统包含的各个功能组件，可以根据实际需要选择安装的功能模块，并可通过单击共享功能目录复选框改变组件的默认安装目录，选择自己所需的功能。不建议全选，很多功能暂时用不上。必选：数据库引擎服务、SQL Server 复制。单击"下一步"按钮进入实例配置界面，如图 2-13 所示。实例配置界面用来设置 SQL Server 服务器的实例名称，若要按默认实例安装，则选择"默认实例"单选按钮；否则选择"命名实例"单选按钮，并在单选按钮右侧的文本框中输入自行命名的实例名称。通常选择"默认实例"单选按钮。

图 2-13　实例配置界面

(8) 单击"下一步"按钮进入服务器配置界面，如图 2-14 所示。该界面主要用来配置服务的账户、启动类型、排序规则等。如果安装的系统实例不与网络中的其他服务器进行交互，通常选择使用内置系统账户；对于大型网络系统，通常选择使用域用户账户，从而能够执行服务器之间的交互；如果选择使用域用户账户，需要输入用户名、密码和域名。

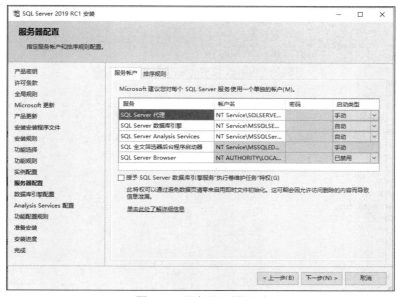

图 2-14　服务器配置界面

(9) 单击"下一步"按钮进入数据库引擎配置界面，选择混合模式，并设置密码。此时用户名为 sa，并单击"添加当前用户"按钮添加用户，如图 2-15 所示。

图 2-15　数据库引擎配置界面

(10) 单击"下一步"按钮进入准备安装界面。单击"安装"按钮进入安装进度界面，如图 2-16 所示。

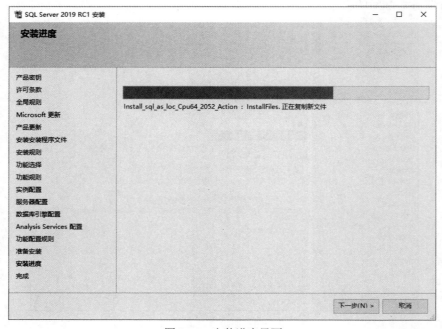

图 2-16　安装进度界面

(11) 在安装过程中，系统动态显示安装进度，如图 2-16 所示；当安装全部完成后，单击"下一步"按钮，进入完成界面，如图 2-17 所示；单击"关闭"按钮。至此，SQL Server 2019 系统安装完毕。

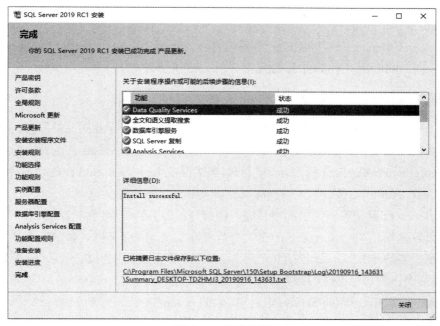

图 2-17 完成界面

## 2.4 SQL Server 2019 组件和工具

### 1. SQL Server Management Studio

SQL Server Management Studio 是一个高度集成的管理开发环境，能够应付大多数的管理任务，并在单独的 SQL Server Management Studio 控制台中支持注册多个 SQL Server，从而可以在同一 IT 部门中管理多个 SQL Server 实例。例如，可以使用 SQL Server Management Studio 管理 SQL Server 服务，如数据库引擎、集成服务(SSIS)、报表服务(SSRS)以及分析服务(SSAS)等，同时还可以管理在多个服务器上的 SQL Server 数据库。SQL Server Management Studio 自带一些向导，可以帮助 DBA 和开发人员熟悉各种管理任务的操作，如 DDL 和 DML 操作、安全服务器配置管理、备份和维护等。SQL Server Management Studio 还提供了丰富的编辑环境，DBA 能够编写 Transact-SQL、MDX、DMX 和 XML/A 等脚本。此外，还可以根据具体的动作来生成脚本。

SQL Server Management Studio 还有 Template Explorer，它提供了一个丰富的模板集，DBA 可以根据它来创建自定义的模板。SQL Server Management Studio 还支持 sqlcmd 脚本、浏览 XML 结果，可以在不请求 SQL Server 连接的前提下编写脚本或查询。SQL Server

Management Studio 包括 Transact-SQL 的调试器、IntelliSense 智能提示和集成的源码控制。

另外，SQL Server Management Studio 还提供了 SQL Server Surface Area Configuration 和 Activity Monitor 的访问功能。可以使用 SQL Server Surface Area Configuration 来启动或停止 SQL Server 数据库引擎功能，使用 Activity Monitor 查看当前进程的信息，找到正在使用那些 SQL Server 的资源。

SQL Server Management Studio 的主要视窗有 Object Explorer、Object Explorer Details、Object Search、Solution Explorer 和 Database Engine Query。

### 2. SQL Server 配置管理器

SQL Server 配置管理器是一个工具，用于管理与 SQL Server 相关联的服务，配置 SQL Server 使用的网络协议，以及从 SQL Server 客户端计算机管理网络连接配置。可使用 SQL Server Configuration Manager 修改 dump 目录(当错误发生时，SQL Server 创建内存 dump 的位置)、SQL Server 初始参数、主数据库文件以及 ErroLog 位置。

SQL Server 配置管理器的管理项目分为两部分：服务管理和网络管理。

(1) 服务管理。SQL Server 是一个大型数据库系统，在服务器后台要运行许多不同的服务。完整安装的 SQL Server 包括 9 个服务，其中 7 个服务可使用 SQL Server 配置管理器来管理(另两个作为后台支持的服务)。可管理的服务如下。

① 集成服务(Integration Services)：支持 Integration Service 引擎。

② 分析服务(Analysis Service)：支持 Analysis Service 引擎。

③ 全文(Full Text)目录：支持文本搜索功能。

④ 报表服务(Reporting Service)：支持 reporting Service 的底层引擎。

⑤ SQL Server 代理(SQL Server Agent)：SQL Server 中作业调度的主引擎。利用该服务，可以按照不同调度安排作业。这些作业可以有多个任务，甚至可以根据先前任务的结果来分解成不同子任务。SQL Server Agent 运行的示例包括备份以及例程输入与输出任务。

⑥ SQL Server：核心数据库引擎，其功能包括 SQL Server 数据存储、查询和系统配置。

⑦ SQL Server Browse：支持通告服务器，通过浏览局域网可以确认系统是否安装了 SQL Server。

(2) 网络配置。在使用 SQL Server 的过程中，用户遇到的最多的莫过于网络连接问题。很多时候，网络连接问题都是因为客户机网络配置不合理，或者是客户网络配置与服务器配置不匹配引起的。

SQL Server 提供了几种网络库(Net-Librariy，NetLib)，它们是 SQL Server 用来与某些网络协议通信的动态链接库(Dynamic-Link Library，DLL)。NetLib 作为客户应用程序与网络协议之间的"隔离物"，而网络协议实质上是用于在网卡之间相互通信的语言。在服务器端，它们的功能相同。SQL Server 2019 提供的 NetLib 如下。

① 命名管道(Named Pipes)。

② TCP/IP(默认协议)。

③ 共享内存(Shared Memory)。

需要注意的是：SQL Server 2019 及低版本支持的 VIA 协议(Virtual Interface Architecture，虚拟接口架构，即硬件存储器供应商可能支持的特殊虚拟接口)在 SQL Server 2019 中不再支持，请改用 TCP/IP 协议。

### 3．SQL Server 分析器(SQL Server Profiler)

SQL Server Profiler 是一个图形化的用户界面，能够根据所选的事件来捕获 SQL Server 或分析服务的动作。SQL Server Profile 将不活动事件保存为跟踪数据，它可以另存到一个本地文件或者网络文件，还可以存在一个 SQL Server 表中。SQL Server Profiler 包括一系列预先定义的模板，可以满足大多数捕获场景的需求。读者可以重放或者测试该跟踪文件来进行问题诊断，或者同 Windows 性能日志文件进行比较，来找到资源使用峰值时的数据库事件；也可以为数据库表创建一个审计跟踪。

### 4．数据库引擎优化顾问(Database Engine Tuning Advision Wizard)

数据库引擎优化顾问 Database Engine Tuning Advison(简称 SQL Server DTA)是一个实用的数据库管理工具，不需要对数据库内部结构有深入的了解，就可以选择和创建最佳的索引、索引视图和分区等。例如，用户可以使用 SQL Server Management Studio 的查询编辑器创建 T-SQL 脚本作为工作负载，然后使用 SQL Server 分析器(SQL Server Profiler)的 Tuning Template 创建跟踪文件和表负载，再加载并对特定的跟踪文件进行分析。数据库引擎优化顾问能够提供建议的索引创建和改进方法，以便提升查询性能。

使用数据库引擎优化顾问可以执行如下操作。

(1) 通过使用查询分析器分析工作负荷重的查询，推荐数据库的最佳索引组合。

(2) 为工作负荷中引用的数据库推荐对齐分区和非对齐分区、索引视图。

(3) 分析所建议的更改将会产生的影响，包括索引的使用、查询在工作负荷中的性能。

(4) 推荐执行一个小型问题查询集而对数据库进行优化的方法。

(5) 允许通过指定磁盘空间约束等选项来对推荐进行自定义。

(6) 提供对所给工作负荷的建议执行效果的汇总报告。

# 习　题　2

## 一、填空题

1．SQL Server 分析器是一个_____化的用户界面。

2．_____是 SQL Server 2019 系统的核心服务。

3．SQL Server Management Studio 是一个集成环境，是 SQL Server 2019 最重要的_____工具。

4．SQL Server 2019 有 32 位和_____位两种安装模式。

## 二、简答题

1. 安装 SQL Server 2019 企业版对计算机的硬件和操作系统各有什么要求?
2. 在安装过程中可为数据库引擎选择的身份验证模式有哪两种?
3. SQL Server 2019 的常用版本有哪些? 请简要说明。
4. SQL Server 2019 包含哪些服务? 这些服务之间有什么关系?
5. SQL Server 2019 的优势是什么?
6. SQL Server 2019 安装期间的注意事项有哪些?

# 第 3 章 数据库的创建与管理

数据库(Database)是按照数据结构来组织、存储和管理数据的仓库，它产生于 20 世纪 60 年代中期，随着信息技术和市场的发展，特别是 20 世纪 90 年代后，数据管理不再仅仅是存储和管理数据，而转变成用户所需要的各种数据管理的方式。数据库有很多种类型，从简单的存储各种数据的表格到能够进行海量数据存储的大型数据库系统都得到了广泛的应用。

在信息化社会，充分有效地管理和利用各类信息资源，是进行科学研究和决策管理的前提条件。数据库技术是管理信息系统、办公自动化系统、决策支持系统等各类信息系统的核心部分，是进行科学研究和决策管理的重要技术手段。

SQL Server 2019 数据库包含的数据库对象有数据表、视图、约束、规则、存储过程、触发器等。通过 SQL Server 2019 的对象资源管理器，可以查看当前数据库内部的各种数据库对象。

## 3.1 系统数据库

SQL Server 2019 中的数据库有两种类型：系统数据库和用户数据库。系统数据库存放 SQL Server 2019 的系统级信息，例如系统配置、数据库属性、登录账号、数据库文件、数据库备份、警报、作业等信息。通过系统信息来管理和控制整个数据库服务器系统。用户数据库是用户创建的，存放用户数据和对象的数据库。在安装了 SQL Server 2019 以后，系统会自动创建 5 个系统数据库，分别是 master、model、msdb、resource 及 tempdb。master 数据库记录 SQL Server 实例的所有系统级信息。其中 master、model、msdb、tempdb 数据库是可见的，当启动 SQL Server Management Studio 后，它们将出现在"对象资源管理器"的树结构中，如图 3-1 所示。而 resource 数据库则为隐藏数据库，它在 sys 架构中。用户数据库用于存储用户数据。

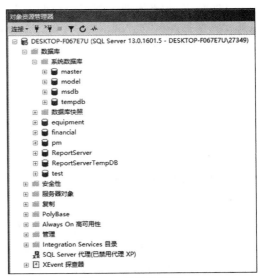

图 3-1　系统数据库

### 1. master 数据库

master 数据库记录了 SQL Server 系统的所有系统级别的信息，包括系统中所有的登录账户、链接服务器、系统配置信息、SQL Server 的初始化信息及数据库错误信息等内容。此外，该数据库还记录了所有其他数据库是否存在以及这些数据库文件的位置。master 数据库如果被破坏，SQL Server 将无法启动。

### 2. model 数据库

model 数据库是 SQL Server 2019 创建用户数据库的模板。当用户创建一个数据库时，model 数据库的内容会自动复制到用户数据库中。对 model 数据库进行的某些修改，如对数据库排序规则或恢复模式的修改，都将应用到以后创建的用户数据库中。

### 3. msdb 数据库

msdb 数据库用于存储报警、作业及操作员信息。SQL Server Agent(SQL Server 代理)通过这些信息来调度作业，监视数据库系统的错误并触发报警，同时将作业或报警消息传递给操作员。

### 4. tempdb 数据库

tempdb 数据库为临时表和临时存储过程提供存储空间，所有与系统连接的用户的临时表和存储过程，以及 SQL Server 产生的其他临时性对象都存储于该数据库。tempdb 数据库是 SQL Server 中负担最重的数据库，几乎所有的查询都可能用到它。tempdb 数据库中的所有对象，在 SQL Server 关闭时都将被删除，而下次启动 SQL Server 时，又会重新被创建。tempdb 数据库可以按照需要自动增长。

### 5. resource 数据库

resource 数据库包含 SQL Server 2019 中的所有系统对象。该数据库具有只读特性。resource 数据库的物理文件名为 mssqlsystemresource.mdf，该文件不允许移动或重新命名，否则 SQL Server 不能启动。

## 3.2　数据库结构

数据库的存储结构分为逻辑存储结构和物理存储结构两种。数据库的逻辑存储结构指的是数据库由哪些性质的信息组成。SQL Server 数据库由诸如数据库关系图、表、视图、同义词、函数、存储过程等各种不同的数据库对象组成，如图 3-2 所示(各种数据库对象的含义将在后面章节中介绍)。数据库的物理存储结构讨论的是，数据库文件在磁盘上如何存储的问题，数据库在磁盘上是以文件为单位存储的。

### 3.2.1　数据库文件

在 SQL Server 数据库的物理存储结构上，

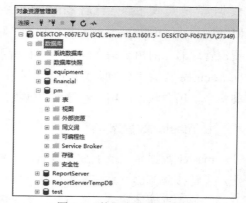

图 3-2　数据库的逻辑组成

至少具有两个操作系统文件：数据文件和事务日志文件。一般的 SQL Server 2019 数据库具有以下 3 种类型的操作系统文件。

### 1. 主要数据文件

主要数据文件(Primary Data File)包含数据库的启动信息，并指向数据库中的其他文件。主要数据文件的文件扩展名是.mdf。用户数据和对象可存储在此文件中，也可以存储在次要数据文件中。每个数据库必定有一个主要数据文件。

### 2. 次要数据文件

次要数据文件(Secondary Data File)是可选的，由用户定义并存储用户数据。次要数据文件的文件扩展名是.ndf。通过将每个文件放在不同的磁盘驱动器上，次要数据文件可用于将数据分散到多个磁盘上。另外，如果数据库超过了单个 Windows 文件的最大容量，可以使用次要数据文件，这样数据库就能继续增长。

说明：采用主要数据文件和次要数据文件来存储，数据容量可以无限制地扩充而不受操作系统文件大小的限制。可以将数据文件保存在不同的硬盘上，因而提高了数据处理的效率。

### 3. 事务日志文件

事务日志文件(Transaction Log File)用于记录所有事务以及每个事务对数据库所做的修改。其文件扩展名为.ldf。当数据库被损坏时，管理员可以使用事务日志文件恢复数据库。每一个数据库必须至少拥有一个事务日志文件，并允许拥有多个事务日志文件。

## 3.2.2　文件组

为了方便用户对数据库文件进行分配和管理，SQL Server 2019 将文件分成不同的文件组。文件组有以下两种类型。

### 1. 主要文件组

主要文件组(PRIMARY 文件组)包含主要数据文件和未放入其他文件组的所有次要数据文件。每个数据库有一个主要文件组。

### 2. 用户定义文件组

用户定义文件组用于将数据文件集合起来，以便进行管理、数据分配和放置。

如果在数据库中，创建对象时没有指定对象所属的文件组，对象将被分配给默认文件组。不管何时，只能有一个文件组被指定为默认文件组。

PRIMARY 文件组是默认文件组，除非使用 ALTER DATABASE 语句进行更改，但系统对象和表仍然分配给 PRIMARY 文件组，而不是新的默认文件组。

说明：事务日志文件不能属于任何文件组，一个数据文件只能属于一个文件组。

# 3.3　创建数据库

在 SQL Server 2019 中，创建数据库的方法主要有两种：一种是在 SQL Server Management Studio 中使用现有命令和功能，通过方便的图形化工具进行创建；另一种是通过 Transact-SQL 语句创建。本节将重点讲解用 Transact-SQL 创建数据库的方法。

使用 **CREATE DATABASE** 语句可以创建数据库，在创建时可以指定数据库名称、数据库文件存放位置、大小、文件的最大容量和文件的增量等。

具体的语法格式如下：

```
CREATE DATABASE <database_name>
    [ON
        [PRIMARY][<filespec>[,…n]
        [,<filegroup>[,…n]]
    [LOG ON {<filespec>[,…n]}]
      ]
    ]
```

其中，

```
<filespec>::=
{(NAME=<logical_file_name>,
  FILENAME={'os_file_name'}
  [,SIZE=<size>]
  [,MAXSIZE={<MAX_size>|UNLIMITED}]
  [,FILEGROWTH=<growth_increment>[KB|MB|GB|TB|%]]
)[,…n]}
<filegroup> ::=
{FILEGROUP <filegroup_name> [DEFAULT] <filespec>[,…n]}
```

其中，各参数说明如下。

- database_name：数据库名称，在服务器中必须唯一，并且符合标识符命名规则，最长为 128 个字符。
- ON：用于定义数据库的数据文件。
- PRIMARY：用于指定其后所定义的文件为主要数据文件，如果省略的话，系统将第一个定义的文件作为主要数据文件。
- LOG ON：指明事务日志文件的明确定义。
- NAME：指定 SQL Server 系统应用数据文件或事务日志文件时使用的逻辑文件名。
- FILENAME：指定数据文件或事务日志文件的操作系统文件名称和路径，即数据库文件的物理文件名。
- SIZE：指定数据文件或事务日志文件的初始容量，默认单位为 MB。
- MAXSIZE：指定数据文件或事务日志文件的最大容量，默认单位为 MB。如果省略 MAXSIZE，或指定为 UNLIMITED，则文件的容量可以不断增加，直到整个磁盘满为止。
- FILEGROWTH：指定数据文件或事务日志文件每次增加的容量，当指定数据为 0

时，表示文件不增长。

- FILEGROUP：用于指定用户自定义的文件组。
- DEFAULT：指定文件组为默认文件组。

【例 3-1】使用 CREATE DATABASE 创建一个新的数据库，名称为 student，其他所有参数均取默认值。

操作步骤如下。

(1) 在 SQL Server Management Studio 中，单击工具栏上的"新建查询"按钮，或执行"文件"→"新建"→"数据库引擎查询"命令，打开一个新的查询编辑器窗口。

(2) 在查询编辑器窗口中输入以下 Transact-SQL 语句。

```
CREATE DATABASE student
```

(3) 单击工具栏上的 ✔ 按钮，进行语法分析，保证上述语句语法的正确性。

(4) 按 F5 键或单击工具栏上的 ! 执行(X) 按钮，执行上述语句。

(5) 在"消息"窗口中将显示相关消息，告诉用户数据库创建是否成功。

【例 3-2】创建学生管理数据库 pm(performance management)。将该数据库的数据文件存储在 D:\Data 下，数据文件的逻辑名称为 pm，物理文件名为 pm.mdf，初始大小为 5MB，最大尺寸为无限制，增长速度为 1MB；该数据库的日志文件，逻辑名称为 pm_log，物理文件名为 pm_log.ldf，初始大小为 2MB，最大尺寸为 2GB，增长速度为 10%。

```
CREATE DATABASE pm
ON
( NAME=pm,                          /*注意有逗号分隔*/
  FILENAME='d:\data\pm.mdf',        /*注意用半角状态下的引号,d:\data 文件夹必须已经存在*/
  SIZE=5MB,
  MAXSIZE = UNLIMITED,
  FILEGROWTH = 1MB)                 /*注意没有逗号*/
LOG ON
( NAME=pm_log,                      /*注意有逗号分隔*/
  FILENAME='d:\data\pm_log.ldf',    /*注意使用半角状态下的引号*/
  SIZE=2MB,
  MAXSIZE=2084MB,
  FILEGROWTH=10%)                   /*注意没有逗号*/
```

【例 3-3】创建一个名称为 financial 的数据库，该数据库的主文件逻辑名称为 financial_data，物理文件名为 financial.mdf，初始大小为 3MB，最大尺寸为无限大，增长速度为 15%；数据库的日志文件逻辑名称为 financial_log，物理文件名为 financial.ldf，初始大小为 2MB，最大尺寸为 50MB，增长速度为 1MB；要求数据库文件和日志文件的物理文件都存放在 E 盘的 data 文件夹下。

操作步骤如下。

(1) 在 E 盘创建一个新的文件夹，名称是 data。

(2) 在 SQL Server Management Studio 中新建一个查询页面。

(3) 输入以下程序段并执行：

```
CREATE DATABASE financial
ON PRIMARY
( NAME= financial_data,
```

```
        FILENAME='E:\data\financial.mdf',
        SIZE=3,
        MAXSIZE=UNLIMITED,
        FILEGROWTH=15%)
LOG ON
( NAME=financial_log,
        FILENAME='E:\data\financial.ldf',
        SIZE=2,
        MAXSIZE=50,
        FILEGROWTH=1)
```

【例 3-4】 创建一个指定多个数据文件和日志文件的数据库。该数据库名称为 equipment，有 1 个 5MB 和 1 个 10MB 的数据文件和 2 个 5MB 的事务日志文件。数据文件逻辑名称为 equipment1 和 equipment2，物理文件名为 equipment1.mdf 和 equipment2.ndf。主文件是 equipment1，由 PRIMARY 指定，两个数据文件的最大尺寸分别为无限大和 100MB，增长速度分别为 10%和 1MB。事务日志文件的逻辑名为 equipmentlog1 和 equipmentlog2，物理文件名为 equipmentlog1.ldf 和 equipmentlog2.ldf，最大尺寸均为 50MB，文件增长速度为 1MB。要求数据库文件和日志文件的物理文件都存放在 E 盘的 data 文件夹下。

操作步骤如下。

(1) 在 E 盘创建一个新的文件夹，名称是 data。

(2) 在 SQL Server Management Studio 中新建一个查询页面。

(3) 输入以下程序段并执行：

```
CREATE DATABASE equipment
ON PRIMARY
(NAME=equipment1,
    FILENAME='E:\data\equipment1.mdf',
    SIZE=5,
    MAXSIZE=UNLIMITED,
    FILEGROWTH=10%),
    (NAME=equipment2,
    FILENAME='E:\data\equipment2.ndf',
    SIZE=10,
    MAXSIZE=100,
    FILEGROWTH=1)
LOG ON
(NAME=equipmentlog1,
    FILENAME='E:\data\equipmentlog1.ldf',
    SIZE=5,
    MAXSIZE=50,
    FILEGROWTH=1),
    (NAME=equipmentlog2,
    FILENAME='E:\data\equipmentlog2.ldf',
    SIZE=5,
    MAXSIZE=50,
    FILEGROWTH=1)
```

# 3.4　管理数据库

数据库创建后，数据库进入使用管理阶段，管理数据库通常包括查看数据库信息、扩充数据库文件容量、重命名数据库、分离和附加数据库、更改数据库状态和删除数据库等操作。

## 3.4.1　查看数据库信息

在查询编辑器窗口中，使用 sp_helpdb 存储过程可以查看该服务器上所有数据库或指定数据库的基本信息。如果指定了数据库名，将返回指定数据库的信息。语法格式如下：

```
sp_helpdb [<数据库名>]
```

【例 3-5】查看当前服务器上所有数据库的信息。

在查询编辑器窗口执行如下 Transact-SQL 语句，得到如图 3-3 所示查询结果。

```
sp_helpdb
```

| | name | db_size | owner | dbid | created | status | compatibility_level |
|---|---|---|---|---|---|---|---|
| 1 | equipment | 28.00 MB | DESKTOP-F067E7U\27349 | 10 | 10 16 2019 | Status=ONLINE, Updateability=READ_WRITE, UserAc... | 130 |
| 2 | financial | 10.00 MB | DESKTOP-F067E7U\27349 | 9 | 10 16 2019 | Status=ONLINE, Updateability=READ_WRITE, UserAc... | 130 |
| 3 | master | 7.38 MB | sa | 1 | 04 8 2003 | Status=ONLINE, Updateability=READ_WRITE, UserAc... | 130 |

图 3-3　当前服务器上所有数据库的信息

## 3.4.2　修改数据库

数据库创建完成后，用户在使用过程中根据需要对其原始定义进行修改。可以使用 ALTER DATABASE 语句对指定的数据库进行参数修改。

使用 ALTER DATABASE 语句修改数据库的语法格式如下：

```
ALTER DATABASE <database_name>
{ADD FILE <filespec>[,…n]
[TO FILEGROUP <filegroup_name>]               /*增加数据文件到数据库*/
|ADD LOG FILE <filespec>[,…n]                 /*增加事务日志文件到数据库*/
|REMOVE FILE <logical_file_name>              /*删除文件，文件必须为空*/
|ADD FILEGROUP <filegroup_name>               /*增加文件组*/
|REMOVE FILEGROUP <filegroup_name>            /*删除文件组，文件组必须为空*/
|MODIFY FILE <filespec>                       /*一次只能更改一个文件属性*/
|MODIFY NAME=<new_dbname>                     /*数据库更名*/
|MODIFY FILEGROUP <filegroup_name>
{<filegroup_updatability_option>
        |DEFAULT
        |NAME=<new_filegroup_name>
        }
}
```

其中，

```
<filespec>::=
(
    NAME=<logical_file_name>
    [,NEWNAME=<new_logical_name>]             /*新的逻辑文件名*/
    [,FILENAME='os_file_name']
    [,SIZE=<size>]
    [,MAXSIZE={<max_size>|UNLIMITED }]
    [,FILEGROWTH=<growth_increment> [KB|MB|GB|TB|%]]
)
<filegroup_updatability_option>::=
{
    {READONLY|READWRITE}
    |{READ_ONLY|READ_WRITE}
}
```

由于对 ALTER DATABASE 语句的部分参数已经作了注释，其余参数的用法与 CREATE DATABASE 语句相同，所以不再赘述。

【例 3-6】给 pm 数据库增加一个数据文件，存储在 E:\路径下，数据文件的逻辑名为 pmbak，初始大小为 10MB，最大尺寸为 1GB，增量为 10MB。另外，把原事务日志文件 pm_log 的初始大小由 1MB 扩大到 100MB。

分析：对于增加数据文件和扩充事务日志文件的大小，都属于修改数据库的问题，可以使用 ALTER DATABASE 语句来修改。

在 SQL Server Management Studio 查询窗口输入以下程序段并执行：

```
ALTER DATABASE pm
ADD FILE
(NAME=pmbak,
FILENAME='E:\pmbak.ndf',
SIZE=10MB,
MAXSIZE=1GB,
FILEGROWTH=10MB)
GO
ALTER DATABASE pm
MODIFY FILE
(NAME=pm_log,
SIZE=100)
GO
```

说明：本例中增加一个数据文件和修改事务日志文件属性两个操作不能在一个 ALTER DATABASE 语句中完成。即使修改同一个数据库文件的不同属性，也要分别在不同 ALTER DATABASE 语句中进行。

### 3.4.3　重命名数据库

在 SQL Server 2019 中，除了系统数据库外，其他数据库的名称可以更改。但是数据库一旦创建，就可能被位于任意地方的前台用户连接，因此对数据库名称的处理必须特别小心，只有在确定尚未被使用后才可进行更改。

#### 1. 使用 sp_renamedb 重命名数据库

sp_renamedb 的语法格式如下：

```
sp_renamedb <原数据库名>，<新数据库名>
```

【例 3-7】将 pm 数据库更名为 Performance_management。

在查询编辑器窗口输入并执行如下 Transact-SQL 语句：

```
sp_renamedb pm,Performance_management
```

执行完语句后，数据库的名称已经为 Performance_management，如图 3-4 所示。

图 3-4　重命名数据库

## 2. 使用 ALTER DATABASE 语句重命名数据库

对数据库重命名的语法格式如下：

```
ALTER DATABASE <old_database_name>
    MODIFY NAME=<new_database_name>
```

【例 3-8】将数据库 Performance_management 重改回为 pm。

```
ALTER DATABASE Performance_management
    MODIFY NAME=pm
```

按 F5 键执行上述语句，数据库的名称已经改为 pm。

**说明**：在修改数据库名称之前，应断开所有与该数据库的连接，包括查询编辑器窗口。否则，将无法更改数据库的名称。

## 3.4.4　打开数据库

在连接上 SQL Server 时，连接自动打开默认数据库，在查询编辑器窗口中可以使用 USE 命令打开并切换其他数据库为默认数据库。USE 命令的语法格式如下：

```
USE <数据库名>
```

【例 3-9】打开 pm 数据库。

在查询编辑器窗口输入并执行如下 Transact-SQL 语句：

```
USE pm
```

按 F5 键执行上述语句，即可打开并切换到 pm 数据库，执行结果如图 3-5 所示。

图 3-5　设置默认数据库

**说明**：也可以在"SQL 编辑器"工具栏的下拉列表框中进行数据库切换。

## 3.4.5　分离和附加数据库

在 SQL Server 中可以使用分离数据库和附加数据库的方法快速将数据库从一台服务器转移到另一台服务器上。分离数据库将使数据库文件(.MDF，.NDF 和.LDF 文件)与 SQL Server 脱离关系，这时无法在当前服务器上使用数据库，但数据库文件仍然存储在磁盘上，可以将其复制到另一台服务器上，然后在另一台服务器上用附加数据库的方法将数据库文件附加到 SQL Server 上，这样就可以在另一台服务器上管理和使用该数据库了。

### 1. 分离数据库

分离数据库指将数据库从 SQL Server 实例中删除，但保留数据库的数据文件和日志文件。可以在需要的时候将这些文件附加到 SQL Server 数据库中。如果不需要对数据库进行管理，又希望保留其数据，则可以对其执行分离操作。这样，在 SQL Server Management Studio 中就看不到该数据库了。如果需要对已经分离的数据库进行管理，将其附加到数据库即可。

(1) 使用图形界面工具分离数据库。

在 SQL Server Management Studio 的对象资源管理器中，右击要分离的数据库，在弹出的快捷菜单中选择"任务"→"分离"命令，打开"分离数据库"窗口，如图 3-6 所示。

在窗口中显示了要分离的数据库名称。在默认情况下，分离操作将在分离数据库时保留过期的优化统计信息。若要更新现有的优化统计信息，则选中"更新统计信息"复选框。配置完成后，单击"确定"按钮。执行分离操作后，数据库名称从对象资源管理器中消失。但是，数据库的数据文件和日志文件仍然存在。

图 3-6   "分离数据库"窗口

(2) 使用存储过程 sp_detach_db 分离数据库。

存储过程 sp_detach_db 的语法结构如下：

```
sp_detach_db [@dbname=]='dbname'
  [,[@skipchecks=]='skipchecks'
  [,[@KeepFulltextIndexFile=]='KeepFulltextIndexFile'
```

参数说明如下。

- [@dbname=]='dbname'：指定要分离的数据库的名称。
- [@skipchecks=]='skipchecks'：指定跳过还是运行 UPDATE STATISTICS。skipchecks 的数据类型为 nvarchar(10)，默认值为 NULL。要跳过 UPDATE STATISTICS，请指定 true。要显式运行 UPDATE STATISTICS，请指定 false。在默认情况下，执行 UPDATE STATISTICS，以更新有关 SQL Server 数据库引擎中的表数据和索引数据的信息。对于要移动到只读媒体的数据库，执行 UPDATE STATISTICS 非常有用。
- [@KeepFulltextIndexFile=]='KeepFulltextIndexFile'：指定在数据库分离操作过程中是否删除与正在被分离的数据库关联的全文索引文件。KeepFulltextIndexFile 的数据类型为 nvarchar(l0)，默认值为 true。如果 KeepFulltextlndexFile 为 NULL 或 false，则会删除与数据库关联的所有全文索引文件以及全文索引的元数据。

【例 3-10】分离数据库 pm。

在查询编辑器窗口输入并执行如下 Transact-SQL 语句：

```
GO
EXEC sp_detach_db 'pm'
GO
```

在分离数据库时，需要拥有对数据库的独占访问权限。如果要分离的数据库正在使用中，则必须将其设置为 SINGLE_USER 模式，才能进行分离操作。可以使用下面的语句对数据库设置独占访问权限。

在查询编辑器窗口输入并执行如下 Transact-SQL 语句：

```
GO
USE master
ALTER DATABASE pm
SET SINGLE_USER
GO
```

在下列情况下，无法执行分离数据库的操作。

- 数据库正在使用，而且无法切换到 SINGLE_USER 模式下。
- 数据库存在数据库快照。
- 数据库处于可疑状态。
- 数据库为系统数据库。

### 2. 附加数据库

(1) 使用图形界面工具附加数据库。

在 SQL Server Management Studio 的对象资源管理器中，右击"数据库"项，在弹出的快捷菜单中选择"附加"命令，打开"附加数据库"窗口，如图 3-7 所示。

单击"添加"按钮，打开"定位数据库文件"对话框，如图 3-8 所示。

选择分离数据库的数据文件，如 test.mdf，然后单击"确定"按钮，返回"附加数据库"窗口，此时要附加的数据库信息已经出现在表格中，如图 3-9 所示。

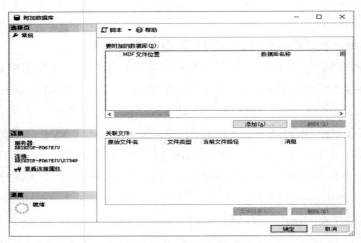

图 3-7 "附加数据库"窗口

图 3-8 "定位数据库文件"对话框

图 3-9 附加的数据库信息

确认附加数据库的信息后，单击"确定"按钮，开始附加数据库操作。完成后，附加的数据库将会出现在对象资源管理器中。

(2) 使用 CREATE DATABASE 语句附加数据库。

可以在 CREATE DATABASE 语句中使用 ATTACH 关键字的方法附加数据库，语法结构如下：

```
CREATE DATABASE <数据库名>
ON <文件定义>[,…n]
    FOR {ATTACH|ATTACH_REBUILD_LOG}
<文件定义>::=
 (
  NAME=<逻辑文件名>,
  FILENME='操作系统文件名'
  [,SIZE=<文件大小>[KB|MB|GB|TB]]
  [,MAXSIZE={<文件最大容量[KB|MB|GB|TB]]
  [,FlLEGROWTH=<文件递增>[KB|MB|GB|TB|%]]
 )[,…n]
```

参数说明如下。

- ON 关键字：指定显式定义用来存储数据库数据部分的磁盘文件(数据文件)。
- FOR ATTACH 关键字：指定通过附加一组现有的操作系统文件来创建数据库。
- FOR ATTACH_REBUILD_LOG：指定通过附加一组现有的操作系统文件来创建数据库。该选项只限于读/写数据库。如果缺少一个或多个事务日志文件，将重新生成日志文件。必须有一个指定主文件的<文件定义>项。

使用 FOR ATTACH 子句具有以下要求：

- 所有数据文件(MDF 和 NDF)都必须可用。
- 如果存在多个日志文件，这些文件都必须可用。

【例 3-11】附加数据库 pm，假设 pm 数据库相关文件存放在 D 盘的 data 文件夹中。

在查询编辑器窗口输入并执行如下 Transact-SQL 语句：

```
USE master
GO
CREATE DATABASE pm ON
    (FILENAME='D:\data\pm.mdf'),
    (FILENAME='D:\data\pm_log.ldf)
FOR ATTACH
GO
```

在执行附加数据库操作时，必须保证数据库的数据文件和日志文件的绝对路径和文件名是正确的。

附加数据库的操作成功后，可以在对象资源管理器中看到附加的数据库的名称。

## 3.4.6　删除数据库

在 SQL Server 中，除了系统数据库之外，其他数据库都可以删除。数据库一旦被删除就不能恢复，因为其相应的数据文件和数据都已被物理地删除。

说明：用户只能根据自己的权限删除数据库，不能删除当前正在使用的数据库(如用户正在读/写的数据库)。

使用 DROP DATABASE 语句删除数据库的语法格式如下：

```
DROP DATABASE <数据库名>
```

**【例 3-12】** 删除 pm 数据库。

在查询编辑器窗口输入并执行如下 Transact-SQL 语句：

```
USE master
GO
DROP DATABASE pm
GO
```

按 F5 键执行上述语句，完成 pm 数据库的删除。

### 3.4.7　收缩数据库

SQL Server 允许收缩数据库中的每个文件以删除未使用的页。数据和事务日志文件都可以收缩。数据库文件可以作为组或单独地进行手工收缩，也可以设置按给定的时间间隔自动收缩数据库。该活动在后台进行，并且不影响数据库内的用户活动。

#### 1. 查看数据库磁盘使用情况

SQL Server 提供了丰富的数据库报表，可以查看数据库的使用情况。打开 SQL Server Management Studio，右击要查看信息的数据库，如 pm，在弹出的快捷菜单中依次选择 Reports→Standard Reports→Disk Usage 命令，出现如图 3-10 所示磁盘使用状况报表。

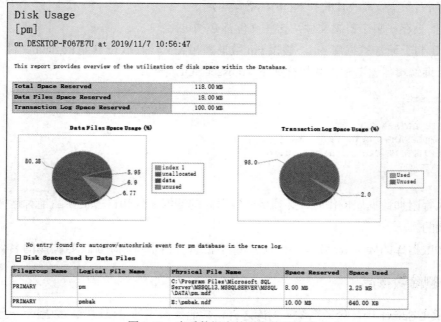

图 3-10　查看数据库的磁盘使用情况

页面中可以查看到数据库的总空间使用量、数据文件的空间使用量和事务日志的空间使用量，并且以饼图的方式显示数据文件和事务日志文件的空间使用率情况。通过查看此报表，可以了解数据库的空间使用情况，从而决定是否需要扩充或收缩数据库。

### 2. 使用图形界面工具收缩数据库

在 SQL Server Management Studio 中，展开要修改的数据库所在的服务器实例，展开"数据库"文件夹，右击要收缩的数据库，在弹出的快捷菜单中选择"任务"→"收缩"→"数据库"(如果只收缩指定数据库文件，则选择"任务"→"收缩"→"文件")命令，打开"收缩数据库"窗口，如图 3-11 所示。

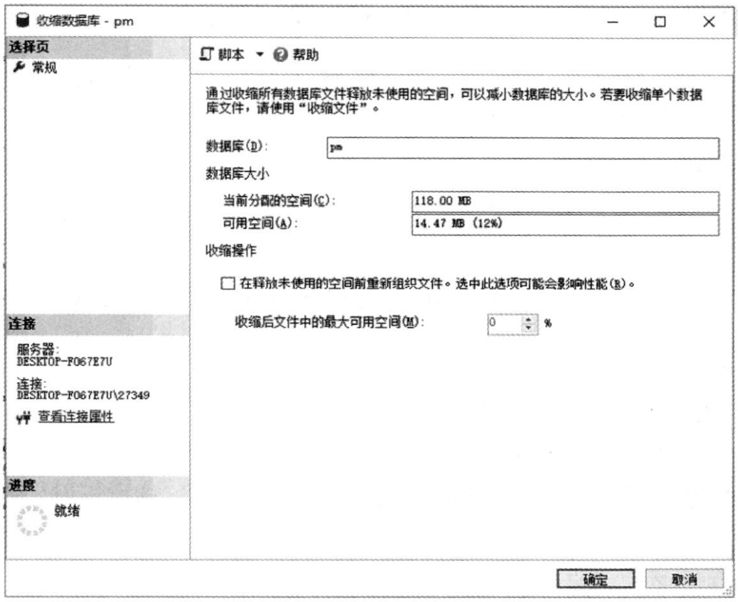

图 3-11　收缩数据库

根据需要，选中"在释放未使用的空间前重新组织文件"复选框，此时必须为"收缩后文件中的最大可用空间"指定值。但如果设置不当，则可能会影响其性能。配置完成后，单击"确定"按钮。

### 3. 使用 DBCC SHRINKDATABASE 语句收缩数据库

使用 DBCC SHRINKDATABASE 语句可以收缩指定数据库中的数据文件和日志文件的大小，其基本语法结构如下：

```
DBCC SHRINKDATABASE
    ({<数据库名>|<数据库 ID>|0}
    [,<剩余可用空间百分比>]
    [,{NOTRUNCATE|TRUNCATEONLY}]
    )
```

参数说明如下。

- 在 DBCC SHRINKDATABASE 后面需要指定要收缩的数据库名称或数据库 ID，如果使用 0，则表示收缩当前数据库。

- <剩余可用空间百分比>表示收缩数据库后,数据库文件中所需的剩余可用空间百分比。
- 参数 NOTRUNCATE 只对收缩数据文件有效。使用此参数后,数据库引擎将文件末尾已分配的页移动到文件前面未分配的页中。文件末尾的可用空间不会返回给操作系统,文件的物理大小也不会更改。
- 参数 TRUNCATEONLY 也只对收缩数据文件有效。使用此参数后,文件末尾的所有可用空间都会释放给操作系统,但不在文件内部执行页移动操作。因此,使用此参数时数据文件只能收缩最近分配的区。

【例 3-13】收缩数据库 pm,剩余可用空间 10%。

在查询编辑器窗口输入并执行如下 Transact-SQL 语句:

```
USE master
GO
DBCC SHRINKDATABASE (pm,10)
```

运行结果如图 3-12 所示。

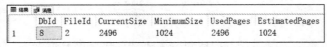

| | DbId | FileId | CurrentSize | MinimumSize | UsedPages | EstimatedPages |
|---|---|---|---|---|---|---|
| 1 | 8 | 2 | 2496 | 1024 | 2496 | 1024 |

图 3-12  执行 DBCC SHRINKDATABASE 语句的返回结果

在结果集中各字段的含义如下。

- DbId:数据库引擎要收缩的数据库 ID。
- FileId:数据库引擎要收缩的文件 ID。
- CurrentSize:文件占用的页数(每页占用 8KB 的空间,读者可以计算数据库文件的大小)。
- MinimumSize:文件最少占用的页数。
- UsedPages:文件当前使用的页数。
- EstimatedPages:数据库引擎估算可以收缩到的页数。

如果数据库文件不需要收缩,则在结果集中不显示其内容。需要注意的是,数据库空间并不是越小越好。因为大多数数据库都需要预留一部分空间,以供日常操作使用。因此在收缩数据库时,如果数据库文件的大小不变或者反而变大了,说明收缩的空间是常规操作所需要的。在这种情况下,收缩数据库是无意义的操作。

DBCC 是 SQL Server 的数据库控制台命令,它可以提供多种命令,用于实现数据库维护、验证、获取信息等功能。

### 4. 使用 DBCC SHRINKFILE 语句收缩指定的数据库文件

使用 DBCC SHRINKFILE 语句可以收缩指定数据文件和日志文件的大小,其基本语法结构如下:

```
DBCC SHRINKFILE
    (<文件名>|<文件 ID>
    [,EMPTYFILE]
    [[,[<收缩后文件的大小>][,{NOTRUNCATE|TRUNCATEONLY}]]]
    )
```

这里的<文件名>指要收缩的数据库文件的逻辑名称。<收缩后文件的大小>用整数来表示，单位为 MB。如果未指定此参数，则数据库引擎将文件减少到默认的文件大小。

参数 EMPTYFILE 指定数据库引擎将当前文件的所有数据都迁移到同一文件组中的其他文件，然后使用 ALTER DATABASE 语句来删除该文件。

参数 NOTRUNCATE 和 TRUNCATEONLY 的含义与 DBCC SHRINKDATABASE 中相同，请参照理解。

【例 3-14】将数据库 test 中的 test 文件收缩到 5MB。

在查询编辑器窗口输入并执行如下 Transact-SQL 语句：

```
USE test
GO
DBCC SHRINKFILE (test,5)
GO
```

返回结果集的格式与 DBCC SHRINKDATABASE 语句的结果相似，如图 3-13 所示。

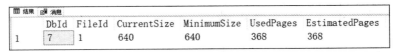

|  | DbId | FileId | CurrentSize | MinimumSize | UsedPages | EstimatedPages |
|---|---|---|---|---|---|---|
| 1 | 7 | 1 | 640 | 640 | 368 | 368 |

图 3-13　执行 DBCC SHRINKFILE 语句的返回结果

【例 3-15】将数据库 equipment 中的文件 equipment2 清空，然后使用 ALTER DATABASE 语句将其删除。

在查询编辑器窗口输入并执行如下 Transact-SQL 语句：

```
USE equipment
GO
DBCC SHRINKFILE(equipment2,EMPTYFILE)
ALTER DATABASE equipment REMOVE FILE equipment2
GO
```

### 5. 设置自动收缩数据库选项

可以设置 SQL Server 定期自动收缩数据库，以防在管理员不注意的情况下，数据库文件变得越来越大。

AUTO_SHRINK 是设置定期自动收缩的数据库选项，如果将其设置为 ON，则启动定期自动收缩数据库的功能。可以使用 ALTER DATABASE 语句来设置数据库选项，语句如下。

```
ALTER DATABASE <数据库名>
SET AUTOSHRINK ON
```

也可以在"数据库属性"对话框中查看和设置数据库选项。右击要设置自动收缩的数据库，在弹出的快捷菜单中选择"属性"命令，打开"数据库属性"对话框。切换到"选项"页面，可以查看当前数据库的配置选项。在"自动收缩"选项后面，可以选择 True 或者 False，如图 3-14 所示。

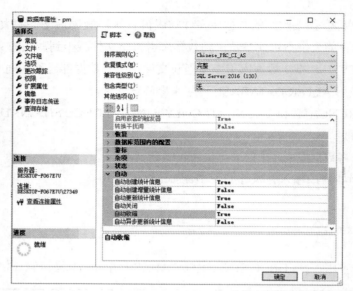

图 3-14　在 SQL Server Management Studio 中设置数据库的配置选项

### 3.4.8　移动数据库

如果磁盘空间不足，可以使用下面的方法将用户数据库中的指定文件移动到其他的磁盘上。

【例 3-16】将数据库 equipment 的数据文件 equipment2.ndf 移动到 D:\目录下。

(1) 执行下面的语句，将数据库设置为离线状态。

```
ALTER DATABASE equipment SET OFFLINE
```

(2) 将 equipment2.ndf 移动到 D:\目录下。执行下面的语句，修改数据库文件的位置。

```
ALTER DATABASE equipment
  MODIFYFILE (NAME=equipment2,FILENAME='D:\equipment2.ndf')
```

(3) 运行下面的语句，将数据库设置为在线状态。

```
ALTER DATABASE equipment SET ONLINE
```

查看数据库 equipment 的文件属性，可以看到 equipment2.ndf 文件的位置已经修改为 D:\equipment2.ndf。

# 习　题　3

### 一、填空题

1. 每个 SQL Server 数据库在物理上都由至少一个_____和一个_____组成。

2. _____数据库是 SQL Server 2019 创建用户数据库的模板。

3. 每个数据库可以拥有_____或_____日志文件。日志文件的默认扩展名是_____。

4. _____就是将分离出来的数据库的组成文件与组成对象，重新挂载到 SQL Server 实例上。

**二、单项选择题**

1. 每个数据库必定有一个(　　)。
   A. 事务日志文件　　　　　　　　B. 主要数据文件
   C. 次要数据文件　　　　　　　　D. 索引文件

2. 下列(　　)不是 SQL Server 2008 数据库文件的后缀。
   A. .ldf　　　　　　B. .mdf　　　　　　C. .dbf　　　　　　D. .ndf

3. SQL Server 2019 安装程序创建多个系统数据库，下列(　　)不是系统数据库。
   A. model　　　　　B. master　　　　　C. msdb　　　　　D. resore

4. SQL Server 2019 系统中的所有系统级别的信息存储于(　　)数据库。
   A. master　　　　　B. msdb　　　　　C. model　　　　　D. tempdb

5. 在 SQL Server 2019 中，model 是(　　)。
   A. 数据库系统表　　　　　　　　B. 示例数据库
   C. 数据库模板　　　　　　　　　D. 临时数据库

6. 在 Transact-SQL 中，创建数据库的命令是(　　)。
   A. CREATE INDEX　　　　　　　B. CREATE VIEW
   C. CREATE DATABASE　　　　　D. CREATE TABLE

7. 在 Transact-SQL 中，修改数据库的命令是(　　)。
   A. MODIFY DATABASE　　　　　B. ALTER DATABASE
   C. UPDATE DATABASE　　　　　D. INSERT DATABASE

8. 在 Transact-SQL 中，删除数据库的命令是(　　)。
   A. REMOVE　　　B. DELETE　　　C. CLEAR　　　　D. DROP

9. 数据库系统的事务日志文件用于记录(　　)。
   A. 数据查询操作　B. 程序执行结果　C. 程序运行过程　　D. 数据更新操作

10. 在 SQL Server 2019 中，关于数据库的说法正确的是(　　)。
    A. 一个数据库可以只包含一个事务日志文件和一个数据文件
    B. 一个数据库可以不包含事务日志文件
    C. 一个数据库可以包含多个数据文件，但只能包含一个事务日志文件
    D. 一个数据库可以包含多个事务日志文件，但只能包含一个数据文件

**三、简答题**

1. 简述 SQL Server 2019 物理数据库由哪些文件组成，这些文件各有什么作用。

2. 用 SQL Server Management Studio 如何完成数据的分离与附加操作？

3. 打开数据库有什么意义？如何用 Transact-SQL 命令来实现？

4. 简述 SQL Server 2019 所有的系统数据库的名称与作用。

### 四、上机练习题

按以下要求完成各步操作，将完成各题功能的 Transact-SQL 语句记录在作业纸上(或保存到自备的移动存储器上)。

1. 在 D 盘根目录下建立两个文件夹 sql_data 和 sql_log。打开 SQL Server Management Studio，注意选择所连接的 SQL Server 为用户自己的机器，连接使用"Windows 身份验证"。用 CREATE DATABASE 语句按以下要求在本地 SQL Server 下建立数据库。

数据库名称：mydb1

主数据文件逻辑名称：f1

主数据文件物理名称：D:\sql_data\f1.mdf

初始大小：2MB

最大尺寸：无限大

增长速度：5%

次数据文件逻辑名称：f2

次数据文件物理名称：D:\sql_data\f2.ndf

初始大小：3MB

最大尺寸：200MB

增长速度：2MB

事务日志文件逻辑名称：lg1

事务日志文件物理名称：D:\sql_log\lg1.ldf

初始大小：1MB

最大尺寸：10MB

增长速度：1MB

调试运行成功后，在 SQL Server Management Studio 中找到所建立的数据库，打开其属性窗口，观察所建数据库的属性是否和以上要求一致。确认正确后记录下所使用的 CREATE DATABASE 语句。

2. 使用图形界面工具删除以上建立的数据库，再使用图形界面工具按以上要求建立数据库。

3. 用 ALTER DATABASE 语句完成以下操作。

(1) 在第 2 题创建的 mydb1 数据库的 primary 文件组中添加以下文件。

次数据文件逻辑名称：f3

次数据文件物理名称：D:\sql_data\f3.ndf

初始大小：2MB

最大尺寸：5MB

增长速度：1MB

(2) 修改以上生成的数据库文件 f3，使其初始大小为 3MB，最大尺寸为 10MB。

(3) 将数据库名称 mydb1 修改成 mydb2。

4. 创建备份设备。

(1) 在 D 盘建立文件夹 mybackupl 和 mybackup2。

(2) 打开 SQL Server Management Studio，使用图形界面工具创建备份设备 mycopyl，该设备使用文件夹 mybackupl，指定文件名为 mydbl.bak。

(3) 使用系统存储过程 sp_addumpdevice 创建备份设备 mycopy2，该设备使用文件夹 mybackup2，指定文件名为 mydb2.bak。

5. 分离和附加数据库(请两个同学配合完成本练习)。

(1) A 同学使用图形界面工具创建数据库 mydb1。

(2) A 同学用图形界面工具分离数据库 mydbl(注意修改数据库的物理文件名为新的文件名)。

(3) 将分离后的数据库 mydbl 的数据文件(假定为 mydbl.mdf)和日志文件(假定为 mydb1_1og.ldf)复制到 B 同学计算机的 SQL Server 数据目录(假定为 C:\test\)下。

(4) B 同学使用 CREATE DATABASE 语句将得到的文件附加到数据库 mydbl。

(5) B 同学使用图形界面工具删除数据库 mydbl。

6. 移动数据库。

(1) 使用图形界面工具创建数据库 archive，将数据文件逻辑名设置为 arch，物理文件名设置为 archdat.mdf。

(2) 在 D 盘建立文件夹 datafile。

(3) 使用 Transact-SQL 语句，将数据库设置为离线状态。

(4) 将 archdat.mdf 移动到 D:\datafile 目录下。

(5) 使用 Transact-SQL 语句，修改数据库 Archive 的文件 arch 的位置为 D:\datafile\archdat.mdf。

(6) 使用 Transact-SQL 语句，将数据库设置为在线状态。

(7) 查看数据库 archive 的文件属性，确认 arch 文件的位置已经修改为 D:\datafile\archdat.mdf。

# 第 4 章　数据表的创建与管理

　　数据库是存放数据的容器，但如果将数据不加分类都放在一个容器里，显示时就会很混乱。表就好像是数据容器里的抽屉，它们可以将 SQL Server 数据库中的数据分门别类地进行存储。通过表可以定义数据库的结构，还可以定义约束来指定表中保存的数据类型，也就是定义限制条件。作为 SQL Server 数据库管理员，对表进行管理是必须掌握的基本技能。

## 4.1　创建数据表

　　表的创建是使用表的前提，数据库中的表是组织和管理数据的基本单位，数据库的数据保存在一个个表中，数据库的各种开发和管理都依赖于它。因此，表对用户而言是非常重要的。表是由行和列组成的二维结构，表中的一行称为一条记录，表中的一列称为一个字段，表的结构如表 4-1 所示。

表 4-1　学生基本情况表

| 学号 | 姓名 | 性别 | 生日 | 入学成绩 | 专业 | 政治面貌 | 籍贯 | 民族 |
|---|---|---|---|---|---|---|---|---|
| 2015410101 | 刘　聪 | 男 | 1996-02-05 | 487 | 计算机科学与技术 | 党员 | 吉林 | 汉族 |
| 2015410102 | 王腾飞 | 男 | 1997-12-03 | 498 | 计算机科学与技术 | 团员 | 辽宁 | 回族 |
| 2015410103 | 张　丽 | 女 | 1996-03-09 | 482 | 计算机科学与技术 | 团员 | 黑龙江 | 朝鲜族 |
| 2015410104 | 梁　薇 | 女 | 1995-07-02 | 466 | 计算机科学与技术 | 党员 | 吉林 | 汉族 |
| 2015410105 | 刘　浩 | 男 | 1997-12-05 | 479 | 计算机科学与技术 | 团员 | 辽宁 | 汉族 |
| 2015410201 | 李云霞 | 女 | 1996-06-15 | 456 | 软件工程 | 党员 | 河北 | 汉族 |
| 2015410202 | 马春雨 | 女 | 1997-12-11 | 487 | 软件工程 | 团员 | 吉林 | 汉族 |
| 2015410203 | 刘　亮 | 男 | 1998-01-15 | 490 | 软件工程 | 团员 | 河北 | 朝鲜族 |
| 2015410204 | 李　云 | 男 | 1996-06-15 | 482 | 软件工程 | 党员 | 辽宁 | 回族 |
| 2015410205 | 刘　琳 | 女 | 1997-06-21 | 480 | 软件工程 | 群众 | 黑龙江 | 汉族 |

　　一个 SQL Server 2019 数据库可容纳多达 20 亿个表，每个表中最多可以有 1024 列，也就是说可以定义 1024 个字段。

　　使用 CREATE TABLE 语句创建数据表的语法格式如下：

```
CREATE TABLE [<database_name>.[<schema_name>].|<schema_name>.]<table_name>
(
{<column_name> <data_type>
[NULL|NOT NULL] [IDENTITY[(<seed>,<increment>)]]
[<column_constraint> [...n]]
[ ,...n ] }
[,<table_constraint>][,...n]
)
```

其参数说明如下。

- database_name：创建表所在数据库名称，默认为当前数据库。
- schema_name：表所属架构名称。
- table_name：新表的名称。表名必须遵循标识符规则。最多可包含 128 个字符。
- column_name：表中列的名称。列名必须遵循标识符规则并且在表中是唯一的。column_name 最多可包含 128 个字符。
- column_constraint：在列级上定义的约束。
- table_constraint：在表级上定义的约束。

【例 4-1】在 pm 数据库中，利用 CREATE TABLE 创建表 student、course 和 sc，并输入相关记录，表的结构和记录如图 4-1～图 4-6 所示。

图 4-1　student 表结构

图 4-2　student 表记录

图 4-3　course 表结构

图 4-4　course 表记录

图 4-5　sc 表结构

图 4-6　sc 表记录

在查询编辑器窗口输入并执行如下 Transact-SQL 语句：

```
USE pm
GO
--创建 student 表 student
CREATE TABLE student
  (
  sno CHAR(10) not null,
  sname CHAR(8),
```

```
      sex CHAR(2),
      birthday DATE,
      score NUMERIC(3,0),
      dept NCHAR(8),
      political CHAR(8),
      place CHAR(12),
      nation CHAR(10)
      )
GO
INSERT INTO  student VALUES('2015410101','刘聪','男','1996-02-05',487,'计算机科学与技
术','党员','吉林','汉族')
INSERT INTO  student VALUES('2015410102','王腾飞','男','1997-12-03',498,'计算机科学与
技术','团员','辽宁','回族')
INSERT INTO  student VALUES('2015410103','张丽','女','1996-03-09',482,'计算机科学与技
术','团员','黑龙江','朝鲜族')
INSERT INTO  student VALUES('2015410104','梁薇','女','1995-07-02',466,'计算机科学与技
术','党员','吉林','汉族')
INSERT INTO  student VALUES('2015410105','刘浩','男','1997-12-05',479,'计算机科学与技
术','团员','辽宁','汉族')
INSERT INTO  student VALUES('2015410201','李云霞','女','1996-06-15',456,'软件工程','
党员','河北','汉族')
INSERT INTO  student VALUES('2015410202','马春雨','女','1997-12-11',487,'软件工程','
团员','吉林','汉族')
INSERT INTO  student VALUES('2015410203','刘亮','男','1998-01-15',490,'软件工程','团
员','河北','朝鲜族')
INSERT INTO  student VALUES('2015410204','李云','男','1996-06-15',482,'软件工程','党
员','辽宁','回族')
INSERT INTO  student VALUES('2015410205','刘琳','女','1997-06-21',480,'软件工程','群
众','黑龙江','汉族')        --插入记录到 student 表
GO
SELECT * FROM student
--在查询窗口显示 student 表
GO
--创建 course 表 course
CREATE TABLE course
   (cno CHAR(3) not null,
    cname CHAR(8),
    credit INT,
    cpno CHAR(3)
    )
GO
INSERT INTO course VALUES('101','C 语言',3,null)
INSERT INTO course VALUES('102','Java 语言',4,'101')
INSERT INTO course VALUES('103','操作系统',2,'101')
INSERT INTO course VALUES('104','数据库',3,'103')
INSERT INTO course VALUES('201','网络',3,'103')
INSERT INTO course VALUES('202','信息安全',2,'201')
GO
SELECT  * FROM course
--在查询窗口显示 course 表
GO
--创建 course 表 sc
CREATE TABLE sc
   (sno CHAR(10) not null,
    cno CHAR(3) not null,
    score INT
   )
GO
INSERT INTO sc VALUES('2015410101','101',95)
INSERT INTO sc VALUES('2015410102','101',87)
INSERT INTO sc VALUES('2015410103','101',54)
INSERT INTO sc VALUES('2015410101','102',45)
```

```
INSERT INTO sc VALUES('2015410102','102',89)
INSERT INTO sc VALUES('2015410103','102',68)
INSERT INTO sc VALUES('2015410201','201',81)
INSERT INTO sc VALUES('2015410202','201',79)
INSERT INTO sc VALUES('2015410203','201',67)
INSERT INTO sc VALUES('2015410201','202',95)
INSERT INTO sc VALUES('2015410202','202',68)
INSERT INTO sc VALUES('2015410203','202',84)
GO
SELECT * FROM sc
```

**说明：**在此创建的 student 表、sc 表和 course 表，没有创建主键约束和其他约束，不符合数据库设计要求，在后续的内容中将修改表或重新创建带主键约束和其他约束的数据表。

# 4.2　管理数据表

本节主要介绍如何用 Transact-SQL 语句增加、删除和修改字段、重命名数据表和删除数据表等相关操作。

## 4.2.1　使用 Transact-SQL 语句增加、删除和修改字段

使用 T-SQL 语句修改表的语法格式如下：

```
ALTER TABLE <table_name>
{
[ALTER COLUMN <column_name> <new_data_type> [NULL|NOT NULL]
|ADD {<column_defintion>|<table_constrain>[,…n]}
|DROP{[CONSTRAINT]<constraint_name>|COLUMN <column_name>}[,…n]}
}
```

其参数说明如下。
- table_name：用于指定要修改的表名称。
- ALTER COLUMN：用于指定要变更或者修改数据类型的列。
- column_name：用于指定要修改、添加和删除的列名称。
- new_data_type：用于指定新的数据类型的名称。
- NULL|NOT NULL：用于指定该列是否可以接受空值。

### 1. 添加列

添加列的语法格式如下：

```
ALTER TABLE <表名>
ADD <列定义>[,…n]
```

**【例 4-2】**在 student 表中增加 3 列：address 列，数据类型为 VARCHAR(20)，允许为空；telephone 列，数据类型为 VARCHAR(15)，允许为空；courseid 列，数据类型为 CHAR(12)，允许为空。

在查询编辑器窗口中输入并执行如下 Transact-SQL 语句：

```
USE pm
GO
ALTER TABLE student
ADD
address VARCHAR(20) NULL,
telephone VARCHAR(15) NULL,
courseid CHAR(12) NULL
GO
```

### 2. 删除列

删除列的语法格式如下：

```
ALTER TABLE <表名>
DROP COLUMN <列名>[,…n]
```

【例 4-3】在 student 表中，删除 class、telephone 两列。

在查询编辑器窗口中输入并执行如下 Transact-SQL 语句：

```
USE pm
GO
ALTER TABLE student
DROP COLUMN class,telephone
GO
```

### 3. 修改列

修改列的语法格式如下：

```
ALTER TABLE 表名
ALTER COLUMN <列名> <列属性>
```

【例 4-4】在 course 表中，将 cno 列的数据类型改为 VARCHAR(20)，允许空。

在查询编辑器窗口中输入并执行如下 Transact-SQL 语句：

```
USE pm
GO
    ALTER TABLE course
    ALTER COLUMN cno VARCHAR(20) NULL
GO
```

**说明：**在修改列的定义时，如果修改后的长度小于原来定义的长度，或者数据类型的更改可能导致数据被更改，则降低列的精度或减少小数位数可能导致数据被截取。

### 4. 修改列名

修改列名使用系统存储过程 sp_rename，它的语法格式如下：

```
sp_rename '表名.原列名','新列名','COLUMN'
```

【例 4-5】在 student 表中，将 dept 列重命名为 DepartmentName。

在查询编辑器窗口中输入并执行如下 Transact-SQL 语句：

```
USE pm
GO
sp_rename 'student.dept','DepartmentName','COLUMN'
GO
```

## 4.2.2　重命名数据表

使用系统存储过程 sp_rename 修改表名的语法格式如下：

```
sp_rename <原表名>,<新表名>
```

【例 4-6】将 course 表重命名为 c。

在查询编辑器窗口中输入并执行如下 Transact-SQL 语句：

```
USE pm
GO
sp_rename course,c
GO
```

## 4.2.3　删除数据表

使用 DROP TABLE 语句的语法格式如下：

```
DROP TABLE <表名>[,…n]
```

【例 4-7】删除 c 表。

在查询编辑器窗口中输入并执行如下 Transact-SQL 语句：

```
USE pm
GO
DROP TABLE c
GO
```

# 4.3　使用约束实现数据完整性

约束用于限制加入表的数据的类型。可以在创建表时规定约束(通过 CREATE TABLE 语句)，或者在表创建之后也可以(通过 ALTER TABLE 语句)。本节主要探讨 NOT NULL、UNIQUE、PRIMARY KEY、FOREIGN KEY、CHECK、DEFAULT 等约束。

## 4.3.1　数据完整性定义

数据完整性是指数据的正确性、有效性和相容性，主要用于保证数据库中数据的质量。它是为防止数据库中存在不符合语义规定的数据和防止因错误信息的输入/输出造成无效操作或报错而提出的。

例如，如果输入了学号值为 2015410101 的学生，则在该数据库中不应允许其他学生使用具有相同值的学号。例如，将学生性别列的取值范围设置为只能是"男"或"女"，数据库不应接受其他值。学生信息表中有一个存储学生所属班级的班级编号列，则数据库应只允许接受有效的班级编号值。

## 4.3.2　数据完整性类型

数据完整性分为 3 类：实体完整性(Entity Integrity)、参照完整性(Referential Integrity)和用户定义完整性(User-defined Integrity)。

### 1. 实体完整性

实体完整性，用于保证表中的每一行数据在表中是唯一的。保证实体完整性的措施：PRIMARY KEY 约束、UNIQUE 约束或 IDENTITY 列。

### 2. 参照完整性

参照完整性，又称引用完整性，是建立在外键与主键之间的一种引用规则。当增加、修改或删除表中数据时，参照完整性用来保证相关联的多个表中数据的一致性与更新的同步性，维护表间的参照关系，确保外键值与主键值在所有表中保持一致，禁止引用不存在的键值。保证参照完整性的措施有 FOREIGN KEY 约束。

在 SQL Server 中强制参照完整性时，SQL Server 禁止用户进行下列操作：

(1) 在主表没有关联的记录时，将记录添加或更改到相关表中。

(2) 更改主表中的值，这会导致相关表中生成孤立的记录。

(3) 从主表中删除记录，但仍存在与该记录匹配的相关记录。

### 3. 用户定义完整性

用户定义的完整性就是针对某一具体关系数据库的约束条件，它反映某一具体应用所涉及的数据必须满足的语义要求。例如某个属性必须取唯一值、某个非主属性不能取空值等。例如，在学生关系中，若按照应用的要求学生不能没有姓名，则可以定义学生姓名不能取空值；某个属性(如学生的成绩)的取值范围可以定义在 0～100 之间等。SQL Server 保证域完整性的措施是通过限制数据的类型或格式、CHECK 约束、DEFAULT 约束、NOT NULL 约束或规则实现的。

## 4.3.3  约束定义

约束(Constraint)是 SQL Server 提供的自动保持数据库完整性的一种方法。约束就是限制，定义约束就是定义可输入表或表的单个列中的数据的限制条件。

## 4.3.4  约束分类

在 SQL Server 中有 6 种约束：主键约束(Primary Key Constraint)、唯一约束(Unique Constraint)、外键约束(Foreign Key Constraint)、检查约束(Check Constraint)、默认约束(Default Constraint)和非空约束(Not Null Constraint)。约束与完整性之间的关系如表 4-2 所示。

表 4-2  约束与完整性之间的关系

| 完整性类型 | 约束类型 | 描述 | 约束对象 |
|---|---|---|---|
| 实体完整性 | PRIMARY KEY | 每行记录的唯一标识符，确保用户不能输入重复值，并自动创建索引，提高性能，该列不允许使用空值 | 行 |
|  | UNIQUE | 在列集内强制执行值的唯一性，防止出现重复值，表中不允许有两行的同一列包含相同的非空值，该列允许使用空值 |  |

(续表)

| 完整性类型 | 约束类型 | 描　　述 | 约束对象 |
|---|---|---|---|
| 用户定义完整性 | CHECK | 指定某一列可接受的值 | 列 |
| | DEFAULT | 当使用 INSERT 语句插入数据时，若已定义默认值的列没有提供指定值，则将默认值插入记录中 | |
| | NOT NULL | 指定某一列的值不能为空 | |
| 参照完整性 | FOREIGN KEY | 定义一列或几列，其值与其他表的主键或 UNIQUE 列相匹配 | 表与表之间 |

### 4.3.5　约束名

为了便于管理约束，在创建约束时，需要创建约束名称，约束名称必须符合标识符命名规则。建议使用约束类型和其完成任务的从句组合作为约束名。例如，student 表的主键使用 PK_student。

### 4.3.6　创建约束的语法格式

可以在创建表时创建约束，也可以通过修改表添加约束。

#### 1. 使用 CREATE TABLE 语句创建约束

其语法格式如下：

```
CREATE TABLE <表名>
(<列定义>[,…n ] [,<表约束>[,…n ]])
```

其参数说明如下。

● 表名：是合法标识符，最多可有 128 个字符。
● 列定义：<列名> <数据类型>[<列约束>[…n ]]

#### 2. 使用 ALTER TABLE 语句创建约束

其语法格式如下：

```
ALTER TABLE <表名>
ADD{<表约束>}
```

在 SQL Server 中对基本表的约束分为列约束和表约束。

列约束是对某一个特定列的约束，包含在列定义中，直接跟在该列的其他定义之后，用空格分隔，不必指定列名。

表约束与列定义相互独立，不包括在列定义中，通常用于对多个列一起进行约束，与列定义用"，"分隔，定义表约束时必须指出要约束的那些列的名称。

### 4.3.7　主键约束

#### 1. 主键约束的定义

主键约束(Primary Key Constraint)用于指定表的一列或几列的组合来唯一标识表，即能在表中唯一地指定一行记录，这样的一列或列的组合被称为表的主键(Primary Key，PK)。定义主键约束的列其值不可为空、不可重复；每个表中只能有一个主键。

### 2. 在创建表的同时创建主键约束

(1) 创建单个列的主键可采用列级约束，它的语法格式如下：

```
CREATE TABLE <表名>
(<列名><列属性>
[CONSTRAINT<约束名>] PRIMARY KEY [CLUSTERED|NONCLUSTERED][,…n])
```

(2) 多个列组合的主键约束，采用表级约束，它的语法格式如下：

```
CREATE TABLE <表名>
(<列定义>[,…n],
[CONSTRAINT<约束名>]PRIMARY KEY[CLUSTERED|NONCLUSTERED](<列名>[,…n])
)
```

其中，约束名在数据库中必须是唯一的；CLUSTERED、NONCLUSTERED 表示在创建主键时自动创建的索引类别，CLUSTERED 为默认值，表示创建聚集索引，NONCLUSTERED 表示创建非聚集索引。

【例 4-8】在 pm 数据库中，创建 student1 表并设置 sno 字段为主键。

**分析**：由于 student1 表的主键定义在单个列上，所以可以采取在列定义中定义约束。

在查询编辑器窗口中输入并执行如下 Transact-SQL 语句：

```
USE pm
GO
CREATE TABLE student1
    (
    sno CHAR(10) NOT NULL PRIMARY KEY,
    sname CHAR(8),
    sex CHAR(2),
    birthday DATE,
    score NUMERIC(3,0),
    dept NCHAR(8),
    political CHAR(8),
    place CHAR(12),
    nation CHAR(10)
    )
GO
```

**说明**：列约束包含在列定义中，直接跟在该列的其他定义之后，用空格分隔，不必指定约束名，系统自动给定约束名。

【例 4-9】在 pm 数据库中，创建表 sc1，结构如图 4-5 所示，将 sno 和 cno 两个字段设为主键。

**分析**：由于创建的是组合主键约束，所以只能采用表级约束。

在查询编辑器窗口中输入并执行如下 Transact-SQL 语句：

```
USE pm
GO
CREATE TABLE sc
    (
    sno CHAR(10),
```

```
   cno CHAR(3),
   score INT,
       CONSTRAINT PK_sc PRIMARY KEY(sno,cno)
   )
GO
```

**说明：**

(1) 在创建多个列组合的约束(如组合主键)时，只能将其定义为表级约束。如 "CONSTRAINT PK_sc 表 PRIMARY KEY(学号,课程编号)"而不可以将其定义为列级约束"学号 CHAR(8) NOT NULL PRIMARY KEY,课程编号 CHAR(4) NOT NULL PRIMARY KEY"。

(2) 在定义时必须指出要约束的那些列的名称，与列定义用 "," 分隔。

### 3. 在一张现有表上添加主键约束

使用 ALTER TABLE 语句不仅可以修改列的定义，而且可以添加和删除约束。它的语法格式如下：

```
ALTER TABLE <表名>
ADD CONSTRAIN <约束名> PRIMARY KEY[CLUSTERED|NONCLUSTERED](<列名>[,…n])
```

【例 4-10】为 pm 数据库中已创建的 student 表添加主键约束。

**分析：** 在 pm 数据库中创建的 student 表不带主键约束，在此添加约束，修改表定义，使用 ALTER TABLE 语句。

在查询编辑器窗口中输入并执行如下 Transact-SQL 语句：

```
USE pm
GO
ALTER TABLE student
ADD CONSTRAINT PK_student PRIMARY KEY(sno)
GO
```

### 4. 删除主键约束

删除约束的语法格式如下：

```
ALTER TABLE <表名>
DROP CONSTRAINT <约束名>[,…n]
```

## 4.3.8　唯一约束

唯一约束(Unique Constraint)用于指定非主键的一个列或多个列的组合值具有唯一性，以防止在列中输入重复的值，也就是说如果一个数据表已经设置了主键约束，但该表中还包含其他的非主键列，也必须具有唯一性，为避免该列中的值出现重复输入的情况，必须使用唯一约束(一个数据表不能包含两个或两个以上的主键约束)。

### 1. 唯一约束与主键约束的区别

(1) 唯一约束指定的列可以为 NULL，但主键约束所在的列则不允许为 NULL。

(2) 一个表中可以包含多个唯一约束，而主键约束则只能有一个。

## 2. 创建表的同时创建唯一约束

定义唯一约束的语法格式如下：

### 语法格式 1

```
CREATE TABLE <表名>
(<列名> <列属性> UNIQUE[,…n])
```

### 语法格式 2

```
CREATE TABLE <表名>
([CONSTRAINT<约束名>] UNIQUE [CLUSTERED|NONCLUSTERED](<列名>[,…n])[,…n])
```

其中，约束名在数据库中必须是唯一的；CLUSTERED|NONCLUSTERED 表示在创建唯一约束时自动创建的索引类别，NONCLUSTERED 为默认值。

【例 4-11】删除 course 表，重新创建带有主键约束和唯一约束的表。

在查询编辑器窗口中输入并执行如下 Transact-SQL 语句：

```
USE pm
GO
DROP TABLE course
GO
CREATE TABLE course
  (
  cno CHAR(3) NOT NULL PRIMARY KEY,
  cname CHAR(8) NOT NULL UNIQUE,
  credit INT,
  cpno CHAR(3)
  )
GO
```

## 3. 修改表语句创建唯一约束

语法格式如下：

```
ALTER TABLE <表名>
ADD CONSTRAINT <约束名> UNIQUE [CLUSTERED|NONCLUSTERED] (<列名>[,…n])
```

【例 4-12】为例 4-1 中创建的 course 表的 cname 列添加唯一约束。

**分析**：course 表已经存在，但在 coursename 列没有设置唯一约束的前提条件下，利用 ALTER TABLE 语句创建唯一约束。

在查询编辑器窗口中输入并执行如下 Transact-SQL 语句：

```
USE pm
GO
ALTER TABLE course
ADD CONSTRAINT UQ_course UNIQUE(cname)
GO
```

## 4.3.9　外键约束

外键约束(Foreign Key Constraint)强制实现参照完整性，在同一个数据库的多个表之间建立关联，并维护表与表之间的依赖关系。外键约束定义一个列或多个列的组合为当前表的外键,该外键值引用其他表中的主键约束所映射列的列值。

例如,sc 表和 course 表通过它们的共同列 cno 关联起来,在 course 表中将 cno 列定义为主关键字,在 sc 表中通过定义 cno 列为外键将 sc 和 course 表关联起来。当在定义主键约束的 course 表中更新列值时,sc 表中与之相关联的外键列也会相应发生相同的更新。当向含有外键的 sc 表中插入数据时,如果 course 表的列中没有与插入的外键列值相同的值时,系统会拒绝插入数据。

外键约束通常用 ALTER TABLE 语句来创建。语法格式如下:

```
ALTER TABLE <外键表名>
ADD CONSTRAINT <外键约束名>
FOREIGN KEY (<列名>[,…n])
REFERENCES <主键表名> (<列名>[,…n])
[ON DELETE {CASCADE|NO ACTION|SET NULL|SET DEFAULT}]
[ON UPDATE {CASCADE|NO ACTION|SET NULL| ET DEFAULT}]
```

其参数说明如下。

- ON DELETE:用来规定当从主键表中删除记录时,外键表中的记录将执行何种操作。子句各备选项参数意义如下。
- CASCADE:当从主键表中删除一行记录时,外键表中的相应记录行将被删除。
- NO ACTION:当从主键表中删除一行记录时,外键表不采取任何操作,若外键表有相关记录则返回删除失败的错误信息,此项为默认值。
- SET NULL:当从主键表中删除一行记录时,外键表中相应记录各列被赋予空值。
- SET DEFAULT:当从主键表中删除一行记录时,外键表中相应记录各列被赋予默认值。
- ON UPDATE:用来规定当从主键表中更新记录时,外键表中的记录将执行何种操作。各参数的意义与 ON DELETE 子句相似。

【例 4-13】在 pm 数据库中,为 sc 表创建外键约束。

分析:在 sc 表的结构中,有引用来自 student 表的 sno 和 course 表的 cno 两个外键列,可以使用 ALTER TABLE 语句创建外键约束。

在查询编辑器窗口中输入并执行如下 Transact-SQL 语句:

```
USE pm
GO
ALTER TABLE sc
ADD CONSTRAINT FK_sc_student FOREIGN KEY(so) REFERENCES student(sno)
GO
ALTER TABLE score
ADD CONSTRAINT FK_sc_course FOREIGN KEY(cno) REFERENCES course(cno)
GO
```

## 4.3.10 检查约束

检查约束(Check Constraint)通过控制列值的范围来实现用户定义完整性。检查约束限制对特定列输入数据的范围或格式,确保该列获得有效值,避免非法数据的产生与扩散。对同一个列可定义多个检查约束。但标识列、ROWGUIDCOL 列或数据类型为 TIMESTAMP

的列不能定义检查约束，因为这几类列的列值由数据库系统自动添加。

检查约束的作用类似于外键约束，它们都能限制列的取值范围。但两种约束确定列值是否有效的方法却不相同。

- 检查约束通过指定的逻辑表达式来限制列的取值范围。
- 外键约束则通过其他表来限制列的取值范围。

### 1. 使用 CREATE TABLE 语句在建表时创建检查约束

其语法格式如下：

```
CREATE TABLE <表名>
(<列名><数据类型>[<其他约束>][CONSTRAINT<检查约束名>]CHECK(<约束表达式>) [,…n])
```

【例 4-14】在 pm 数据库中，创建一个表名为"xsscoresc 表"的新表，其表的结构同 sc 表。

在查询编辑器窗口中输入并执行如下 Transact-SQL 语句：

```
USE pm
GO
CREATE TABLE xsscore
(sno CHAR(10) NOT NULL,
cno CHAR(3) NOT NULL,
score DECIMAL(4,1) NULL CHECK(score>=0 AND score<=100),
CONSTRAINT PK_xsscore PRIMARY KEY(sno,cno),
CONSTRAINT FK_xsscore_student FOREIGN KEY(sno) REFERENCES student(sno),
CONSTRAINT FK_xsscore_course FOREIGN KEY(cno) REFERENCES course(cno)
)
GO
```

**说明**：本例在创建表时，同时创建了主键约束(复合主键)、外键约束和检查约束，很具有代表性。前面没有讲用 CREATE TABLE 语句建立外键约束，不是不可以，而是 ALTER TABLE 语句更常用。

### 2. 使用 ALTER TABLE 语句定义检查约束

语法格式如下：

```
ALTER TABLE <表名>[WITH{CHECK|NOCHECK}]
ADD CONSTRAINT <检查约束名> CHECK (<约束表达式>)
```

其中参数说明如下。

- WITH CHECK：对表中已有记录进行约束检查，此值为默认值。
- WITH NOCHECK：对表中已有记录不进行约束检查，只对以后插入的新记录进行检查。

【例 4-15】在 pm 数据库中，为 student 表的 score 列添加检查约束，限制值在 400～550之间。

**分析**：由于 student 表已经存在，这里用 ALTER TABLE 语句来实现检查约束的创建。

在查询编辑器窗口中输入并执行如下 Transact-SQL 语句：

```
USE pm
GO
```

```
ALTER TABLE student
ADD CONSTRAINT CK_student_age CHECK(score>=400 AND score<=550)
GO
```

## 4.3.11 默认值约束

默认值约束(Default Constraint)用于确保用户定义完整性，它提供了一种为数据表中的任何一列提供默认值的手段。默认值是指使用 INSERT 语句向数据表中插入数据时，如果没有为某一列指定数据，默认值约束提供随新记录一起存储到数据表中该列的默认值。例如，学生信息表的 nation 列定义了一个默认值为"汉族"的默认值约束，则每当添加新学生记录时，如果没有为其指定族别，则默认为"汉族"。

### 1. 在使用默认值约束时的注意事项

默认值约束只能应用于 INSERT 语句，且定义的值必须与该列的数据类型和精度一致。

(1) 在每一列上只能有一个默认值约束。如果有多个默认值约束，系统将无法确定在该列上使用哪一个约束。

(2) 默认值约束不能定义在指定 IDENTITY 属性或数据类型为 timestamp 的列上，因为对于这些列，系统会自动提供数据，使用 DEFAULT 约束是没有意义的。

(3) 默认值约束允许使用一些系统函数提供的值。

### 2. 使用 CREATE TABLE 语句创建默认值约束

语法格式如下：

```
CREATE TABLE <表名>
(<列名><数据类型>[<其他约束>][CONSTRAINT<默认值约束名>]DEFAULT<默认值表达式> [,…n])
```

【例 4-16】在 pm 数据库中，新建一个 Student2 表，其中包含 sno、sname 和 nation 3 个字段，民族有默认值"汉族"。

在查询编辑器窗口中输入并执行如下 Transact-SQL 语句：

```
USE pm
GO
CREATE TABLE student2
(sno CHAR(10) NOT NULL PRIMARY KEY,
sname CHAR(8) NOT NULL,
nation CHAR(8) NOT NULL DEFAULT '汉族'
)
GO
INSERT INTO student2(sno,sname) VALUES('2015410601','刘志强')
GO
SELECT * FROM student2
GO
```

执行结果如图 4-7 所示，民族没有输入值，系统自动取值为"汉族"。

图 4-7 例 4-16 的运行结果

**3. 使用 ALTER TABLE 语句添加默认值约束**

语法格式如下：

```
ALTER TABLE <表名>
ADD CONSTRAINT <默认值约束名> DEFAULT(<默认值表达式>)FOR <列名>
```

【例 4-17】在 pm 数据库的 student 表中，为 nation 列添加默认值"汉族"。

在查询编辑器窗口中输入并执行如下 Transact-SQL 语句：

```
USE pm
GO
ALTER TABLE student
ADD CONSTRAINT DF_Students_nation DEFAULT '汉族' FOR nation
GO
```

### 4.3.12　非空约束

非空约束(Not Null Constraint)用来实现用户定义完整性，指定特定列的值不允许为空，即让该列拒绝接受空值。

创建表时，如果未对列指定默认值，则 SQL Server 系统为该列提供 NULL 默认值；可通过为该列定义非空约束改变这种默认的空值。默认情形下，主键列或标识列自动具有非空约束。

**1. 使用 CREATE TABLE 语句创建非空约束**

语法格式如下：

```
CREATE TABLE <表名>
(<列名><数据类型>[<其他约束>][CONSTRAINT<非空约束名>]{NULL|NOT NULL}[,…n])
```

**2. ALTER TABLE 语句添加非空约束**

语法格式如下：

```
ALTER TABLE <表名>
ALTER COLUMN <列名><数据类型>{NULL|NOT NULL}
```

### 4.3.13　使用 IDENTITY 列

IDENTITY 列就是在表中创建一个自动编号的标识列，为该列设定起始值和步长，随着对表的操作，SQL Server 服务器会自动为新增加的行中的 IDENTITY 列设置一个唯一编号的行序列号。编号也会自动按步长增长。

**1. 建立 IDENTITY 列**

(1) 使用 CREATE TABEL 语句创建 IDENTITY 列。

语法格式如下：

```
CREATE TABLE <表名>
(<列名> <数据类型> [<其他约束>] IDENTITY[(<seed>,<increment>)][,…n])
```

其参数说明如下。

- 数据类型：必须是整型数据类型或 DECIMAL 和 NUMERIC。
- seed：装载到表中的第一行所使用的值，又称标识种子，默认值为 1。
- increment：增量值，该值被添加到前一个已装载的行的标识值上，默认值为 1。

**【例 4-18】** 在 pm 数据库中，新建一个名为 new_score 的表，其表结构如表 4-3 所示。

**表 4-3　new_score 结构**

| 列　名 | 数 据 类 型 | 宽　度 | 为 空 性 | 说　明 |
|---|---|---|---|---|
| id | INT | | | 主关键字，自动编号 |
| sno | CHAR | 10 | | |
| cno | CHAR | 3 | | |
| score | DECIMAL(4,1) | | √ | 取值在 0～100 |

在查询编辑器窗口中输入并执行如下 Transact-SQL 语句：

```
USE pm
GO
CREATE TABLE new_score
(id INT NOT NULL CONSTRAINT PK_New_scor PRIMARY KEY IDENTITY(1,1),
sno CHAR(10) NOT NULL,
cno CHAR(3) NOT NULL,
score DECIMAL(4,1) CHECK(score>=0 AND score<=100)
)
GO
INSERT INTO new_score(sno,cno,score) VALUES('2015410101','101',98)
INSERT INTO new_score(sno,cno,score) VALUES('2015410101','102',98)
GO
SELECT * FROM new_score
GO
```

执行结果如图 4-8 所示，id 列自动赋值为 1、2。

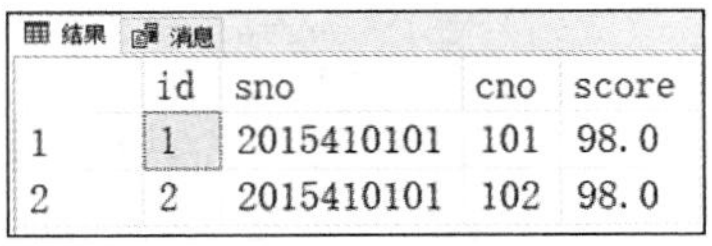


| | id | sno | cno | score |
|---|---|---|---|---|
| 1 | 1 | 2015410101 | 101 | 98.0 |
| 2 | 2 | 2015410101 | 102 | 98.0 |

图 4-8　例 4-18 运行结果

(2) 使用 ALTER TABEL 语句添加 IDENTITY 列。

语法格式如下：

```
ALTER TABLE <表名>
ADD <列名> <数据类型> IDENTITY[(<seed>,<increment>)]
```

**【例 4-19】** 在 pm 数据库的 new_score 中，先删除例 4-18 中建的 id 标识列，再新增一个名为 scoreid 的标识列，种子为 1，增量为 2。

**分析：** 在例 4-18 建标识列 id 的同时定义了主键约束，要删除该列，得先删除该列上的主键。

在查询编辑器窗口中输入并执行如下 Transact-SQL 语句：

```
USE pm
GO
ALTER TABLE new_score
DROP CONSTRAINT PK_New_scor
GO
ALTER TABLE new_score
DROP COLUMN id
GO
ALTER TABLE new_score
ADD scoreid INT IDENTITY(1,2)
GO
```

### 2. 使用 IDENTITY 列

**【例 4-20】** 在 pm 数据库中新建 new_collage 表中，插入 3 条记录，并查询插入记录后的 new_collage。

在查询编辑器窗口中输入并执行如下 Transact-SQL 语句：

```
USE pm
GO
CREATE TABLE new_collage
(collageid INT NOT NULL PRIMARY KEY IDENTITY(1,1),
collagename CHAR(12) NOT NULL,
collagemanager CHAR(12) NOT NULL
)
GO
INSERT INTO new_collage(collagename,collagemanager) VALUES('信息工程系','张岚')
INSERT INTO new_collage(collagename,collagemanager) VALUES('生物工程系','赵晓红')
INSERT INTO new_collage(collagename,collagemanager) VALUES('工程技术系','王江林')
GO
SELECT * FROM new_collage
GO
```

运行结果如图 4-9 所示，IDENTITY 列即 collageid，以 1 为开始值，每增加一条记录就在 collageid 列的最大值上加 1，作为新增记录的 collageid 列的值。

结果　消息

| | collageid | collagename | collagemanager |
|---|---|---|---|
| 1 | 1 | 信息工程系 | 张岚 |
| 2 | 2 | 生物工程系 | 赵晓红 |
| 3 | 3 | 工程技术系 | 王江林 |

图 4-9　在 new_collage 表中使用 IDENTITY 列

**说明：** 如果经常进行删除记录操作的表中存在 IDENTITY 列，那么在标识值之间可能会产生差距。如果这构成了问题，那么请不要使用 IDENTITY 属性。但是，为了确保不产生差距，或为了弥补现有的差距，在用“SET IDENTITY_INSERT 表名 ON”设置显式的输入标识值之前，请先对现有的标识值进行计算。

## 4.3.14 默认值

默认值(Default)的作用是当用户向数据表中插入数据行时，如果没有为某列输入值，则由 SQL Server 自动为该列赋予默认值。与默认值约束不同的是，默认值是一种数据库对象。在数据库中创建默认值对象后，可以将其绑定到多个数据表的一个或多个列应用；默认值约束只能用于约束一个表中的列。

当将默认值绑定到列或用户定义的数据类型时，如果插入数据时没有为被绑定的对象明确提供值，默认值便指定一个值，并将其插入到对象所绑定的列中(在用户定义数据类型的情况下，插入到所有列中)。

使用 CREATE DEFAULT 语句创建默认值对象，然后使用系统存储过程 sp_bindefault 将其绑定到列上。

### 1. 创建默认值对象

语法格式如下：

```
CREATE DEFAULT <default_name> AS <constant_expression>
```

其中，default_name 为默认值对象名称，constant_expression 为只包含常量值的表达式。

### 2. 默认值绑定

系统存储过程 sp_bindefault 用于将默认值绑定到列或用户定义的数据类型，语法格式如下：

```
sp_bindefault <default_name>,'<object_name>' [,'<futureonly_flag>']
```
其参数含义如下。

* object_name：为被绑定默认值的列名或用户定义的数据类型。
* futureonly_flag：仅当将默认值绑定到用户定义数据类型时才能使用。当此参数设置为 futureonly 时，该数据类型的现有列无法继承新默认值。如果 futureonly_flag 为 NULL，则新默认值将绑定到用户定义数据类型的所有列，默认值为 NULL。

【例 4-21】在 pm 数据库中，创建一个默认值对象 df_nation，值为"汉族"，并将其绑定到 student 表的 nation 列。

在查询编辑器窗口中输入并执行如下 Transact-SQL 语句：

```
USE pm
GO
--创建默认值对象
CREATE DEFAULT df_nation AS '汉族'
GO
--绑定默认值对象
EXEC sp_bindefault df_nation,'student.nation'
GO
```

说明：

(1) 默认值约束和默认值对象不能同时在某个列上使用，本例在 student 表的 nation 列绑定默认值对象 df_nation 时，必须先把 nation 列上的默认值约束删除。

(2) 默认值对象可以多次绑定到多个不同的列上，本例中默认值对象 df_nation 仅使用了一次，不能很好地体现默认值对象较默认值约束的优势，这里只是简单说明默认值的使用。

### 3. 默认值删除

如果默认值对象已经绑定到数据对象，无法直接删除。删除默认值对象的正确方法是首先解除所有的绑定，然后再删除默认值对象。

解除绑定到列或用户定义的数据类型的默认值对象的语法格式如下：

```
sp_unbindefault '<object_name>'[,'<futureonly_flag>']
```

其中，futureonly_flag 仅在解除用户自定义数据类型的默认值绑定时使用。默认值为
NULL。当 futureonly_flag 的数据类型为 futureonly 时，该数据类型的现有列不会失去指定
默认值。

删除默认值对象的语法格式如下：

```
DROP DEFAULT <default_name> [,…n]
```

【例 4-22】删除默认值对象 df_nation。

在查询编辑器窗口中输入并执行如下 Transact-SQL 语句：

```
USE pm
GO
--解除绑定
EXEC sp_unbindefault 'student.nation'
GO
--删除默认值对象
DROP DEFAULT df_nation
GO
```

## 4.3.15   规则

规则(Rule)就是对存储在表中列或用户自定义数据类型的取值范围的规定或限制。规
则是一种数据库对象。规则与其作用的表或用户自定义数据类型是相互独立的。

规则和约束可以同时使用，表中的列可以有一个规则及多个 CHECK 约束，规则与
CHECK 约束很相似。相比之下，使用在 ALTER TABLE 或 CREATE TABLE 命令中的 CHECK
约束是更标准的限制列值的方法，但 CHECK 约束不能直接作用于用户自定义数据类型。

### 1. 创建规则

创建规则的语法格式如下：

```
CREATE RULE <rule_name> AS <condition_expression>
```

其中，rule_name 为规则名称。condition_expression 是规则的定义，可以是用于 WHERE
条件子句中的任何表达式，它可以包含算术运算符、关系运算符和谓词(如 IN、LIKE 和
BETWEEN 等)。规则不能引用列或其他数据库对象，可以包括不引用数据库对象的内置函
数，不能使用用户定义函数。

### 2. 规则的绑定

使用系统存储过程 sp_bindrule 将规则绑定到列或用户定义的数据类型。它的语法格式
如下：

```
sp_bindrule <rule_name>,'<object_name>' [,'<futureonly_flag>']
```

其参数的含义如下。

- object_name：要绑定规则的列名或用户自定义数据类型。不能将规则绑定到类型为 TEXT、NTEXT、IMAGE、VARCHAR(MAX)、NVARCHAR(MAX)、VARBINARY (MAX)、XML、CLR 用户定义类型或 TIMESTAMP 的列，无法将规则绑定到计算列。
- futureonly_flag：仅当将规则绑定到用户自定义数据类型时才能使用。当此参数设置为 futureonly 时，可以防止具有用户自定义类型的现有列继承新的规则。如果futureonly_flag 为 NULL，则会将新规则绑定到所有用户自定义数据类型列上。默认值为 NULL。

【例 4-23】在 pm 数据库中，创建一个规则 rl_sex，使其取值为"男"或者"女"，并将其绑定到 student 表的 sex 列。

在查询编辑器窗口中输入并执行如下 Transact-SQL 语句：

```
USE pm
GO
--创建规则
CREATE RULE rl_sex AS @xb='男' OR @xb='女'
GO
--绑定规则
EXEC sp_bindrule rl_sex,'student.sex'
GO
```

**说明：**

(1) 在创建规则时，可以使用任何名称或符号表示值，但第一个字符必须是@符号，本例用的是@xb。

(2) 在学生信息表的 sex 列上，既可由 CHECK 约束 CK_sex，又绑定了规则 rl_sex，可见规则可以和 CHECK 约束共同作用于同一列上。

### 3. 规则的删除

删除规则同删除默认值对象类似。如果规则当前绑定到列或用户自定义数据类型，则需要先解除绑定才能删除规则。

解除规则绑定的语法格式如下：

```
sp_unbindrule '<object_name>' [,'<futureonly_flag>']
```

其中，futureonly_flag 仅在取消用户自定义数据类型的规则绑定时使用。当futureonly_flag 的数据类型为 futureonly 时，该数据类型的现有列不会失去指定的规则。默认值为 NULL。

删除规则的语法格式如下：

```
DROP RULE <rule_name>[,…n]
```

【例 4-24】删除 rl_sex 规则。

在查询编辑器窗口中输入并执行如下 Transact-SQL 语句：

```
USE pm
GO
--解除绑定
```

```
EXEC sp_unbindrule 'student.sex'
GO
--删除规则
DROP RULE rl_sex
GO
```

# 4.4  表的数据更新

前面介绍了表的创建及约束的设置，本节主要介绍如何维护表中数据，包括插入记录、删除记录和修改记录。

## 4.4.1  插入记录

使用 INSERT 语句向表中插入记录的语法格式如下：

```
INSERT [INTO]{<表名>|<视图名>}{[(<列名>[,…n])]
{VALUES({DEFAULT|NULL|<expression>}[,…n])|<derived_table>}
```

其参数说明如下。
- INTO：一个可选的关键字。
- VALUES：插入的数据值的列表。
- DEFAULT：使用默认值填充。
- NULL：使用空值填充。
- expression：常量、变量或表达式。
- derived_table：任何有效的 SELECT 语句，把查询结果插入表中。

其中，列名和值在个数和类型上应保持一一对应。如果提供表中所有列的值，则列名列表可以省略，这时必须保证所提供的值列表的顺序与列定义的顺序一一对应。

【例 4-25】向表 student 中插入一行数据，只包含 sno、scname 和 score 3 列。

在查询编辑器窗口中输入并执行如下 Transact-SQL 语句：

```
INSERT INTO student(sno,sname,score)
VALUES('2015410312 ','张宇天',420)
```

【例 4-26】利用 INSERT 语句向表 student 中插入一行数据，所有的字段都要给出相应的值。

在查询编辑器窗口中输入并执行如下 Transact-SQL 语句：

```
INSERT INTO  student VALUES('2015410106','张丽莉','女','1997-05-08',480,'计算机科学与
技术','团员','安徽','回族')
```

【例 4-27】创建 student3(sno,sname,birthday)表，利用 INSERT 语句向表 student3 中插入 student 表的相关数据，数据来源于另一个已有的表 student。

在查询编辑器窗口中输入并执行如下 Transact-SQL 语句：

```
USE pm
GO
CREATE TABLE student3
```

```
    (
    sno CHAR(10) NOT NULL,
    sname CHAR(8),
birthday DATE
)
GO
INSERT INTO student3
    SELECT sno,sname,birthday
    FROM student
GO
SELECT * FROM student3
GO
```

程序运行结果如图 4-10 所示。

| | sno | sname | birthday |
|---|---|---|---|
| 1 | 2015410101 | 刘聪 | 1996-02-05 |
| 2 | 2015410102 | 王腾飞 | 1997-12-03 |
| 3 | 2015410103 | 张丽 | 1996-03-09 |
| 4 | 2015410104 | 梁薇 | 1995-07-02 |
| 5 | 2015410105 | 刘浩 | 1997-12-05 |
| 6 | 2015410201 | 李云霞 | 1996-06-15 |
| 7 | 2015410202 | 马春雨 | 1997-12-11 |
| 8 | 2015410203 | 刘亮 | 1998-01-15 |
| 9 | 2015410204 | 李云 | 1996-06-15 |
| 10 | 2015410205 | 刘琳 | 1997-06-21 |

图 4-10　student3 表中记录信息

在插入数据时，还需要考虑到表约束等因素，如果插入的数据违反表约束，则无法正常插入数据。

### 1. 不允许设置标识列的值

【例 4-28】在例 4-18 所创建的 new_score 的表中，列 id 被设置为标识列，其编号由系统自动生成。试在 INSERT 语句中设置该列的值。

在查询编辑器窗口中输入并执行如下 Transact-SQL 语句：

```
USE pm
GO
INSERT INTO new_score VALUES(5,'2015410105','102',78)
GO
```

执行结果如下：

```
消息 8101，级别 16，状态 1，第 1 行
```

仅当使用了列表并且 IDENTITY_INSERT 为 ON 时，才能为表'new_score'中的标识列指定显式值。

查看表 Departments 中的数据，可以看到要插入的数据没有出现在表中。

### 2. 不允许向唯一性约束列中插入相同的数据

【例 4-29】在表 student 中，假定列 sname 被设置为唯一性约束。试使用 INSERT 语句在表中插入两条姓名相同的记录。

在查询编辑器窗口中输入并执行如下 Transact-SQL 语句：

```
USE pm
GO
INSERT INTO student VALUES('2015410111','马英奎','男','1997-02-05',477,'计算机科学与
技术','党员','吉林','汉族')
GO
INSERT INTO student VALUES('2015410111','马英奎','男','1997-02-05',477,'计算机科学与
技术','党员','吉林','汉族')
GO
```

执行结果如下：

```
消息 2627，级别 14，状态 1，第 6 行
违反了 UNIQUE KEY 约束"UQ__student"。不能在对象"dbo.student"中插入重复键。重复键值为(马
英奎)。
```

语句已终止。

从返回结果可以看到，第 1 条 INSERT 语句成功执行，第 2 条 INSERT 语句违反了唯一性约束 UQ__student，语句被终止。

### 3. 不能违反检查约束

【例 4-30】在表 student 中，假定 score 列被设置为检查约束，约束条件为取值大于 0。使用 INSERT 语句在表中插入入学成绩为-1 的记录。

在查询编辑器窗口中输入并执行如下 Transact-SQL 语句：

```
USE pm
GO
INSERT INTO student VALUES('2015410112','张明明','男','1996-03-05',-1,'软件工程','团
员','辽宁','汉族')
GO
```

执行结果如下：

```
消息 547，级别 16，状态 0，第 7 行
INSERT 语句与 CHECK 约束"CK_student"冲突。该冲突发生于数据库"pm"，表"dbo.student",column
'score'.
```

语句已终止。

从返回结果可以看到，INSERT 语句违反了检查约束 CK_student，语句被终止。

### 4. 不能违反外键约束

【例 4-31】假定表 sc 的列 sno 为外部键，引用表 student 的列 sno。试使用 INSERT 语句在表 sc 中插入在表 student 中不存在的 sno 值。

在查询编辑器窗口中输入并执行如下 Transact-SQL 语句：

```
USE pm
GO
INSERT INTO sc VALUES('2015410303','101',89)
GO
```

执行结果如下：

```
消息 547，级别 16，状态 0，过程 tr_sc，行 19 [批起始行 17]
INSERT 语句与 FOREIGN KEY 约束"FK__sc__sno"冲突。该冲突发生于数据库"pm"，表
"dbo.student",column 'sno'.
```

语句已终止。

从返回结果可以看到，INSERT 语句与外部键约束 FK__sc__sno 冲突，语句被终止。

## 4.4.2　修改记录

使用 UPDATE 语句修改表中记录的语法格式如下：

```
UPDATE{<table_name>|<view_name>}
SET <column_name>={<expression>|DEFAULT|NULL}[,…n]
[FROM {<table_source>}[,…n]
[WHERE <search_condition>]
```

【例 4-32】一个带有 WHERE 条件的修改语句。

在查询编辑器窗口中输入并执行如下 Transact-SQL 语句：

```
USE pm
GO
UPDATE student
SET sno='2015410314',nation='哈萨克'
WHERE name='梁薇'
GO
```

【例 4-33】一个简单的修改语句。

在查询编辑器窗口中输入并执行如下 Transact-SQL 语句：

```
UPDATE student
SET nation='哈萨克'
```

此例没有 WHERE 子句，则 UPDATE 将会修改表中的每一行数据。

【例 4-34】使用 UPDATE 语句将表 sc 中所有 score 值增加 5%。

在查询编辑器窗口中输入并执行如下 Transact-SQL 语句：

```
USE pm
GO
UPDATE sc
SET score=score*1.05
SET nation='哈萨克'
GO
```

在修改数据时，要注意不能违反表约束或规则。

### 1. 不允许修改标识列的值

【例 4-35】在例 4-18 所创建的 new_score 表中，列 id 被设置为标识列，其编号由系统自动生成。试在 UPDATE 语句中设置该列的值。

在查询编辑器窗口中输入并执行如下 Transact-SQL 语句：

```
USE pm
GO
UPDATE new_score
SET id=10
WHERE id=1
GO
```

执行结果如下：

消息 8102，级别 16，状态 1，第 3 行

无法更新标识列'id'。

### 2. 修改结果不允许使唯一性约束列具有相同的数据

【例 4-36】在表 student 中，假定列 sname 被设置为唯一性约束。表 student 中存在姓名为"张丽"和"梁薇"两条记录。试用 UPDATE 语句将姓名为"张丽"记录的 sname 值修改为"梁薇"。

具体语句如下。

在查询编辑器窗口中输入并执行如下 Transact-SQL 语句：

```
USE pm
GO
UPDATE student
SET sname='梁薇'
WHERE sname='张丽'
GO
```

执行结果如下：

消息 2627，级别 14，状态 1，第 3 行

违反了 UNIQUE KEY 约束 UQ__student。不能在对象 dbo.student 中插入重复键。重复键值为(梁薇)。

语句已终止。

从返回结果可以看到，UPDATE 语句违反了唯一性约束 UQ__student，语句被终止。

### 3. 不能违反检查约束

【例 4-37】在表 student 中，假定 score 被设置为检查约束，检查条件为 score>O。试用 UPDATE 语句将梁薇的入学成绩修改为-1。

```
USE pm
GO
UPDATE student
SET score=-1
WHERE sname='梁薇'
GO
```

执行结果如下：

消息 547，级别 16，状态 0，第 3 行

UPDATE 语句与 CHECK 约束 CK_student 冲突。该冲突发生于数据库 pm，表 dbo.student,column 'score'。

语句已终止。

从返回结果可以看到，UPDATE 语句违反了检查约束 CK_student，语句被终止。

### 4.4.3　删除记录

使用 DELETE 语句删除表中记录的语法格式如下：

```
DELETE [FROM] {<table_name>|<view_name>}
    [WHERE <search_condition>]
```

【例 4-38】删除 student 表中梁薇的记录。

在查询编辑器窗口中输入并执行如下 Transact-SQL 语句：

```
GO
DELETE
FROM student
WHERE sname='梁薇'
GO
```

说明：缺省 WHERE<search_condition>项，表示要删除表中所有记录。

【例 4-39】删除 sc 表所有记录。

在查询编辑器窗口中输入并执行如下 Transact-SQL 语句：

```
GO
DELETE
FROM sc
GO
```

如果要删除表中的所有数据，可以使用 TRUNCATE TABLE 语句，基本语法如下：

```
TRUNCATETABLE 表名
```

【例 4-40】使用 TRUNCATE TABLE 语句删除表 sc 中的全部数据。

在查询编辑器窗口中输入并执行如下 Transact-SQL 语句：

```
USE pm
GO
TRUNCATE TABLE sc
GO
```

# 习 题 4

## 一、填空题

1. 表是由行和列组成的，行又称_____，列又称_____。

2. 表刚创建时不包含任何_____，建表的目的就是存储与管理_____。

3. 插入记录时，_____数据与_____数据需要用英文单引号引起来。

4. 使用_____语句可以创建表。

5. SQL Server 的表约束包括_____、_____、_____、_____、_____和_____。

6. _____约束是用于建立和加强两个表数据之间连接的一列或多列。通过将表中的主键列添加到另一个表中，可创建两个表之间的连接。

7. 使用_____存储过程可以将规则绑定到指定的表。

二、单项选择题

1. 在 Transact-SQL 中，创建表的命令是(　　)。
　　A. CREATE INDEX　　　　　　　B. CREATE DATABASE
　　C. CREATE TABLE　　　　　　　D. CREATE VIEW

2. 在 Transact-SQL 中，修改表结构时，应使用的命令是(　　)。
　　A. MODIFY TABLE　　　　　　　B. ALTER TABLE
　　C. UPDATE TABLE　　　　　　　D. INSERT TABLE

3. 在 Transact-SQL 中，删除一个表的命令是(　　)。
　　A. REMOVE TABLE　　　　　　　B. CLEAR TABLE
　　C. DELETE TABLE　　　　　　　D. DROP TABLE

4. 在 Transact-SQL 中，删除表中数据的命令是(　　)。
　　A. DROP　　　　　　　　　　　B. DELETE
　　C. REMOVE　　　　　　　　　　D. CLEAR

5. 在 SQL Server 2008 中，查询表数据的命令是(　　)。
　　A. UPDATE　　　　　　　　　　B. USE
　　C. SELECT　　　　　　　　　　D. DROP

6. 在 SQL Server 2008 中，更新表数据的命令是(　　)。
　　A. UPDATE　　　B. USE　　　C. SELECT　　　D. DROP

7. 在 Transact-SQL 中，删除一个表中的所有数据，但保留表结构的命令是(　　)。
　　A. DELETE　　　B. CLEAR　　　C. DROP　　　D. REFMOVE

8. 以下说法中，错误的是(　　)。
　　A. TRUNCATE TABLE 能够改变表的约束与索引定义
　　B. 在 DELETE 语句删除记录时，被删除的数据存储在事务日志文件中
　　C. DROP TABLE 语句删除表的定义及所有的数据
　　D. TRUNCATE TABEL 能够删除表中的所有记录，但不改变表的结构

三、简答题

1. 二维表中的记录和字段有何关系？
2. 空值对数据表数据的输入与维护有何意义？
3. 试述规则与 CHECK 约束的区别和联系。

四、上机题

1. 建立名称为"职工"的数据库。按以下要求完成各步操作，保存或记录完成各题功能的 Transact-SQL 语句。

2. 使用 CREATE TABLE 语句在职工数据库中按以下要求创建各表。

(1) 职工基本信息表，表结构见表 4-4。

表 4-4　职工基本信息表

| 字　段　名 | 职工编号 | 姓　　名 | 性　别 | 生　日 | 部门编号 |
|---|---|---|---|---|---|
| 类型及说明 | CHAR(5)，主键 | CHAR(10)，不允许为空 | CHAR(2) | DATETIME | CHAR(3) |

(2) 工资表，表结构见表 4-5。

表 4-5　工资表

| 字　段　名 | 职工编号 | 基本工资 | 奖　金 | 实发工资 |
|---|---|---|---|---|
| 类型及说明 | CHAR(5)，主键 | MONEY | MONEY | MONEY |

(3)部门信息表，表结构见表 4-6。

表 4-6　部门信息表

| 字　段　名 | 部门编号 | 部门名称 | 奖　金 | 部门简介 |
|---|---|---|---|---|
| 类型及说明 | CHAR(3)，主键 | CHAR(20)，不允许为空 | MONEY | VARCHAR(50) |

3. 使用 ALTER TABLE 语句向职工基本信息表中添加一列，列名称为"职称"，类型为 CHAR，长度为 100。

4. 使用 ALTER TABLE 语句删除第 3 题添加的职称列。

5. 为部门信息表的部门名称字段添加一个唯一性约束，以限制部门名称的唯一性。

6. 限制职工基本信息表的性别字段，只接受"男"和"女"两个值。

7. 限制工资表的基本工资字段的值为不小于 0 的数。

8. 限制工资表的基本工资和奖金字段的默认值为 0。

9. 设职工基本信息表的性别字段的默认值为"男"。

10. 创建外键约束，定义职工基本信息表的部门编号为外键，引用部门信息表的部门编号。

11. 删除第 10 题创建的外键约束。

12. 用 INSERT 语句向职工基本信息表中插入如表 4-7 所示的 4 行数据。

表 4-7　职工基本信息表中的数据

| 职工编号 | 姓　　名 | 性　　别 | 生　　日 | 部门编号 |
|---|---|---|---|---|
| 10001 | 王佳 | 女 | 1979 年 2 月 1 日 | 001 |
| 20001 | 张欣 | 男 | 1965 年 5 月 8 日 | 002 |
| 20003 | 李勇 | 男 | 1976 年 8 月 1 日 | 002 |
| 10002 | 刘军 | 男 | 1973 年 7 月 8 日 | 001 |

13. 用 INSERT 语句向工资表中插入如表 4-8 所示的 2 行数据(即部门编号为 001 的职工工资信息)。

表 4-8　部门编号为 001 的职工工资信息

| 职 工 编 号 | 基 本 工 资 | 奖 　 金 |
|:---:|:---:|:---:|
| 10001 | 2000 | 2500 |
| 10002 | 2500 | 3000 |

14. UPDATE 语句给工资表中所有职工的奖金增加 10%。

15. 用 UPDATE 语句求所有职工的实发工资(即计算工资表的实发工资一列的值,等于基本工资+奖金)。

16. 删除职工编号为 10001 的职工工资信息。

# 第 5 章 Transact-SQL 语言编程基础

Transact-SQL(又称 T-SQL)，是在 SQL Server 和 Sybase SQL Server 上的 ANSI SQL 实现，与 Oracle 的 PL/SQL 性质相近(不只是实现 ANSI SQL，也为自身数据库系统的特性提供实现支持)，目前在 SQL Server 和 Sybase Adaptive Server 中仍然被作为核心的查询语言使用。

## 5.1 Transact-SQL 语言概论

SQL 的含义为结构化查询语言，即 Structured Query Language，是在关系型数据库系统中被广泛采用的一种语言形式。SQL 语言能够针对数据库完成定义、查询、操纵和控制功能，是关系型数据库领域中的标准化查询语言。Microsoft 公司在 SQL 语言的基础上对其进行了大幅度的扩充，并将其应用于 SQL Server 服务器技术中，从而将 SQL Server 所采用的 SQL 语言称为 Transact-SQL 语言。在 SQL Server 2019 中，与 SQL Server 实例通信的所有应用程序都通过把 Transact-SQL 语句发送到服务器，实现数据的检索、操纵和控制等功能，因此 Transact-SQL 是 SQL Server 与应用程序之间的语言，是 SQL Server 的应用程序开发接口。

Transact-SQL 语言编写的程序一般包括以下组成部分：常量、变量、表达式、函数、流程控制语句、事务和游标等。下面将分别对这些组成部分进行介绍，但事务和游标将在后面的章节中单独介绍。

### 5.1.1 Transact-SQL 语言分类

Transact-SQL 语言分为 5 类，具体说明如下。

- 数据定义语言(Data Definition Language，DDL)：用来创建数据库和数据库对象的命令，绝大部分以 CREATE、ALTER、DROP 开头，如 CREATE TABLE 等。
- 数据操作语言(Data Manipulation Language，DML)：用来操作数据库中的各种对象，对数据进行修改和检索。DML 语言主要有 4 种，如 SELECT(查询)、INSERT(插入)、UPDATE(更新)和 DELETE(删除)。
- 数据控制语言(Data Control Language，DCL)：用来控制数据库组件的存取许可、权限等命令，如 GRANT、REVOKE 和 DENY。
- 事务管理语言(Transact Management Language，TML)：用来管理数据库中的事务的命令，如 COMMIT、ROLLBACK 等。
- 其他语言元素：如标识符、数据类型、流程控制和函数等。

### 5.1.2　Transact-SQL 语法约定

#### 1. Transact-SQL 语法格式约定

Transact-SQL 语法格式约定如表 5-1 所示。

表 5-1　Transact-SQL 语法格式约定

| 语 法 约 定 | 说　　明 |
| --- | --- |
| 大写 | Transact-SQL 的保留字(关键字)，通常为一个完整的英文单词或缩写 |
| 斜体或小写 | Transact-SQL 语法中用户提供的参数 |
| 粗体 | 数据库名、表名、列名、索引名、存储过程、实用工具、数据类型名以及必须按所显示的原样输入的文本 |
| <语法要素项> | 子句或用户自定义的语法成分 |
| { }(大括号) | 表示必选语法项，实际应用时大括号不能真正出现 |
| [ ](方括号) | 表示可选语法项，实际应用时方括号不能真正出现 |
| │ (竖线) | 分隔大括号或方括号中的多个语法项，表示多项中只能选择其中一项 |
| [ ,…n ] | 指示前面的语法项可以重复出现多次，相邻两项之间由逗号分隔 |
| [ …n ] | 指示前面的语法项可以重复出现多次，相邻两项之间由空格分隔 |
| [ ; ] | 可选的 Transact-SQL 语句终止符，实际应用时方括号不能真正出现 |
| <子句>::= | 子句的语法定义 |

#### 2. 数据库对象引用规则

在 SQL Server 2019 中，数据库对象的引用可以由 4 部分组成，格式如下：

```
[<server_name>.[<database_name>].[<schema_name>].
|<database_name>.[<schema_name>].
|<schema_name>.]
<object_name>
```

其参数说明如下。

- server_name：连接的服务器名称或远程服务器名称。
- database_name：SQL Server 数据库的名称。
- schema_name：指定包含对象的架构的名称。
- object_name：对象的名称。

当引用某个特定对象时，不必总是为 SQL Server 指定标识该对象的服务器、数据库和构架，可以省略中间级节点，而使用句点表示这些位置。对象名的有效格式如表 5-2 所示。

表 5-2　对象名的有效格式

| 对象引用格式 | 说　　明 |
| --- | --- |
| server.database.schema.object | 4 个部分的名称 |
| server.database..object | 省略架构名称 |

(续表)

| 对象引用格式 | 说　明 |
| --- | --- |
| server..schema.object | 省略数据库名称 |
| server...object | 省略数据库和架构名称 |
| database.schema.object | 省略服务器名称 |
| database..object | 省略服务器和架构名称 |
| schema.object | 省略服务器和数据库名称 |
| object | 省略服务器、数据库和架构名称 |

### 3. 标识符

标识符用于标识数据库对象的名称，这些对象包括服务器、数据库及相关对象(如表、视图、列、索引、触发器、过程、约束、规则等)。

标识符可划分为常规标识符与分隔标识符两类，其中常规标识符的命名规则如下：

(1) 第一个字符必须由字母 a～z、A～Z 以及来自其他语言的字母字符或者下画线_、@、#构成，其中以@开头的标识符表示局部变量或参数，以##开头的标识符表示全局临时对象，以@@开始的标识符表示全局变量，也称为配置函数。

(2) 在定义标识符时，不能占用 Transact-SQL 的保留字，如不能将 Table、View、Index 等定义为一个标识符。

(3) 在标识符中不能含有空格或其他的特殊字符，并且标识符中的字符数量不能超过 128 个。

(4) 如果定义的标识符不符合上述规则，即被称为分隔标识符，需要使用双引号(" ")或中括号([])对其进行分割。例如，SELECT * FROM [my table]或 SELECT * FROM"my table"。

### 4. 续行

在很多情况下，Transact-SQL 语句都写得很长，可以将一条语句放在多行中进行编写，Transact-SQL 会忽略空格和行尾的换行符号，这样数据开发人员不需要使用特殊的符号就可以编写长达数行的 Transact-SQL 语句，显著地提高了 Transact-SQL 语句的可读性。

例如以下 SELECT 语句可以使用一行来表达，也可以使用多行。

```
SELECT sno,sname,sex,nation
FROM student
WHERE nation<>'汉族' AND sex='女'
ORDER BY sname
```

### 5. 注释

在 Transact-SQL 中，注释语句有 “--” (双减号)和 “ / *…* / ” 两种表示方法。

(1) 嵌入行内的注释语句。

“--” (双减号)用来创建单行文本注释语句。

【例 5-1】创建单行文本注释语句。

```
--在 pm 数据库中查看所有学生信息
USE pm
GO
SELECT * FROM student
GO
```

(2) 块注释语句。

在注释文本的起始处输入“/*”，在注释文本的结束处输入“*/”，就可以使两个符号间的所有字符成为注释语句，从而可以创建包含多行的块注释语句。

“/*”和“*/”一定要配套使用，否则会出现错误，并且“/”必须和“*”连在一起，中间不能出现空格。

【例 5-2】用/* */注释。

```
USE pm
GO
SELECT sno, sname, sex, nation
FROM student
/* WHERE nation<>'汉族' AND sex='女'
ORDER BY sname */
GO
```

其中，WHERE 子句和 ORDER BY 子句被注释，不再起作用。

说明：在例 5-1 和例 5-2 中代码运行之前，先把本书所提供的案例数据库学生成绩数据库进行附加。本章后面的例子中凡要用到学生成绩数据库的都要先行附加。

# 5.2　数　据　类　型

数据库存储的对象主要是数据，现实中存在着各种不同类型的数据，数据类型就是以数据的表现方式和存储方式来划分的数据种类。SQL Server 2019 的数据类型可以分为两类：基本数据类型和用户自定义数据类型。

## 5.2.1　基本数据类型

SQL Server 2019 支持整型、字符型、货币型及日期和时间型等基本数据类型。

### 1. 整型数据类型

整型数据类型是较常用的数据类型之一。SQL Server 2019 支持的整型数据类型有 INT、SMALLINT、BIGINT、TINYINT 和 BIT 5 种，如表 5-3 所示。

表 5-3　整型数据类型

| 类 型 名 称 | 取值范围及说明 |
| --- | --- |
| INT | $-2^{31}$～$2^{31}-1$ 的整型数据(所有数字)，存储大小为 4 字节 |
| SMALLINT | $-2^{15}(-32\ 768)$～$2^{15}-1(32\ 767)$的整型数据，存储大小为 2 字节 |
| BIGINT | $-2^{63}$～$2^{63}-1$ 的整型数据(所有数字)，存储大小为 8 字节 |
| TINYINT | 0～255 的整型数据，存储大小为 1 字节 |
| BIT | 可以取值为 1、0 或 NULL 的整型数据类型。字符串值 TRUE 和 FALSE 可以转换为以下 BIT 值：TRUE 转换为 1，FALSE 转换为 0 |

## 2. 二进制数据类型

SQL Server 2019 用 BINARY、VARBINARY 和 IMAGE 3 种数据类型存储二进制数据，如表 5-4 所示。

表 5-4　二进制数据类型

| 类 型 名 称 | 取值范围及说明 |
| --- | --- |
| BINARY[(n)] | 固定长度的 n 字节二进制数据，1≤n≤8000，存储大小为 n 字节 |
| VARBINARY [ ( n \|MAX ) ] | 可变长度二进制数据。1≤n≤8000。MAX 指示最大存储大小为 $2^{31}-1$ 字节。存储大小为所输入数据的实际长度+2 字节 |
| IMAGE | 长度可变的二进制数据，为 0～$2^{31}-1$ 字节 |

说明：BINARY 和 VARBINARY 数据类型在使用时应注意如下事项。

(1) 如果没有在数据定义或变量声明语句中指定 n，则默认长度为 1。如果使用 CAST 函数时没有指定 n，则默认长度为 30。

(2) 如果列数据项的大小一致，则使用 BINARY。

(3) 如果列数据项的大小差异相当大，则使用 VARBINARY。

(4) 当列数据条目超出 8 000 字节时，使用 VARBINARY(MAX)。

## 3. 浮点数据类型

浮点数据类型用于存储十进制小数。SQL Server 2019 支持的浮点数据类型分为 REAL、FLOAT、DECIMAL 和 NUMERIC 4 种，如表 5-5 所示。

表 5-5　浮点数据类型

| 类 型 名 称 | 取值范围及说明 |
| --- | --- |
| REAL | 范围为-3.40E+38～3.40E+38，数据精度为 7 位有效数字，存储大小为 4 字节 |
| FLOAT[(n)] | 其中 n 为用于存储 FLOAT 数值尾数的位数(以科学计数法表示)，因此可以确定精度和存储大小。如果指定了 n，则它必须是 1～53 的某个值。n 的默认值为 53。SQL Server 将 n 视为下列两个可能值之一。如果 1≤n≤24，则将 n 视为 24。如果 25≤n≤53，则将 n 视为 53 |

（续表）

| 类 型 名 称 | 取值范围及说明 |
| --- | --- |
| DECIMAL[ (p[ , s] )] | 固定精度和小数位数。使用最大精度时，有效值为 $-10^{38}+1 \sim 10^{38}-1$。p 为 (精度)最多可以存储的十进制数字的总位数，包括小数点左边和右边的位数，$1 \leqslant p \leqslant 38$，默认精度为 18。s(小数位数)小数点右边为可以存储的十进制数字的最大位数，$0 \leqslant s \leqslant p$，仅在指定精度后才可以指定小数位数，默认的小数位数为 0。最大存储值基于精度而变化 |
| NUMERIC[ (p[ , s] )] | 功能上等价于 DECIMAL[ (p[ , s] )] |

### 4. 字符数据类型

字符数据类型是使用最多的数据类型，可以用来存储各种字母、数字符号、特殊符号。SQL Server 2019 支持的字符数据类型有 CHAR、VARCHAR、TEXT、NCHAR、NVARCHAR、NTEXT 等 6 种。前 3 种是非 Unicode 字符数据，后 3 种是 Unicode 字符数据，如表 5-6 所示。

表 5-6　字符数据类型

| 类 型 名 称 | 取值范围及说明 |
| --- | --- |
| CHAR[(n)] | 固定长度，非 Unicode 字符数据，长度为 n 字节，$1 \leqslant n \leqslant 8000$。存储大小是 n 字节 |
| VARCHAR[(n\|MAX)] | 可变长度，非 Unicode 字符数据，$1 \leqslant n \leqslant 8000$，MAX 指示最大存储大小是 $2^{31}-1$ 字节。存储大小是输入数据的实际长度加 2 字节 |
| TEXT | 长度可变的非 Unicode 数据，最大长度为 $2^{31}-1$ 字节。Microsoft 建议，尽量避免使用 TEXT 数据类型，应使用 VARBINARY(MAX)存储大文本数据 |
| NCHAR[(n)] | n 个字符固定长度的 Unicode 字符数据，$1 \leqslant n \leqslant 4000$。存储大小为 2 倍 n 字节 |
| NVARCHAR[(n\|MAX)] | 可变长度 Unicode 字符数据，$1 \leqslant n \leqslant 4000$，MAX 指示最大存储大小为 $2^{31}-1$ 字节。存储大小是所输入字符个数的 2 倍+2 字节 |
| NTEXT | 长度可变的 Unicode 数据，最大长度为 $2^{31}-1$ 字节。存储大小是所输入字符个数的 2 倍(以字节为单位) |

说明：CHAR、VARCHAR、NCHAR 和 NVARCHAR 数据类型在使用时，如果没有在数据定义或变量声明语句中指定 n，则默认长度为 1。如果使用 CAST 函数时没有指定 n，则默认长度为 30。

### 5. 日期和时间数据类型

日期和时间数据类型用于存储日期和时间的结合体，SQL Server 2019 支持的日期和时间数据类型有 DATE、DATETIME、DATETIME2、DATETIMEOFFSET、SMALLDATETIME、TIME 6 种，如表 5-7 所示。

表 5-7　日期和时间数据类型

| 类 型 名 称 | 取值范围及说明 |
| --- | --- |
| DATE | 指定年、月、日的值,表示 0001 年 1 月 1 日—9999 年 12 月 31 日的日期 |
| DATETIME | 1753 年 1 月 1 日—9999 年 12 月 31 日的日期和时间,时间表示的精度达到 ms(毫秒),占用的存储空间为 8 字节 |
| DATETIME2[(fractional seconds precision)] | 0000 年 1 月 1 日—9999 年 12 月 31 日的日期和时间,默认秒的小数部分精度达到 100ns,占用的存储空间为 6～8 字节。0≤fractional seconds precision(小数秒精度)≤7 |
| DATETIMEOFFSET[(fractional seconds precision)] | 用于定义一个与采用 24 小时制并可识别时区的一日内时间相组合的日期。0000 年 1 月 1 日—9999 年 12 月 31 日的日期和时间,默认值为固定 10 字节,默认秒的小数部分精度为 100ns |
| SMALLDATETIME | 1900 年 1 月 1 日—2079 年 6 月 6 日的日期和时间,时间表示精度为分钟,占用的存储空间大为 4 字节 |
| TIME[(fractional second precision)] | 定义一天中的某个时间。此时间不能感知时区且基于 24 小时制。固定 5 字节,是使用默认 100ns 的小数部分精度时的默认存储空间 |

### 6. 货币数据类型

货币数据类型用于存储货币值,在使用货币数据类型时,应在数据前加上货币符号。SQL Server 2019 支持 MONEY 和 SMALLMONEY 两种,如表 5-8 所示。

表 5-8　货币数据类型

| 类 型 名 称 | 取值范围及说明 |
| --- | --- |
| MONEY | 取值范围为 $-2^{63} \sim 2^{63}-1$,占 8 字节,精确到它们所代表的货币单位的万分之一 |
| SMALLMONEY | 取值范围为 $-2^{31} \sim 2^{31}-1$,占 4 字节,精确到它们所代表的货币单位的万分之一 |

### 7. 其他数据类型

SQL Server 2019 中包含了一些用于数据存储的特殊数据类型,如表 5-9 所示。

表 5-9　其他数据类型

| 类 型 名 称 | 取值范围及说明 |
| --- | --- |
| geography | 地理空间数据类型。此类型表示圆形地球坐标系中的数据,诸如 GPS 纬度和经度坐标之类的椭球体(圆形地球)数据 |
| geometry | 平面空间数据类型。此类型表示欧几里得(平面)坐标系中的数据 |
| hierarchyid | 一种长度可变的系统数据类型。可使用该类型表示层次结构中的位置 |
| sql_variant | 用于存储 SQL Server 支持的各种数据类型(不包括 TEXT、NTEXT、IMAGE、timestamp 和 sql_variant)的值 |
| timestamp | 返回当前数据库的当前 timestamp 数据类型的值。这一时间戳值在数据库中必须是唯一的 |
| uniqueidentifier | 16 字节 GUsno |
| xml | 存储 XML 数据的数据类型。可以在列中或者 xml 类型的变量中存储 xml 实例 |

### 5.2.2　用户自定义数据类型

用户自定义数据类型是在基本数据类型的基础上，根据实际需要由用户自己定义的数据类型，并不是创建一种新的数据类型，而是在系统基本数据类型的基础上增加一些限制约束，如将是否允许为空、约束、规则及默认值对象等绑定在一起。

# 5.3　常量与变量

常量是其值不会发生改变的值，比如整数常量、浮点型类型、字符常量等，常量是可以不经过定义和初始化，而直接引用的。变量是在其作用域内可以发生改变的量。一个变量应该有一个变量名，在内存中占据一定的存储空间，变量在使用前一定要定义，每个变量都有自己的地址。

### 5.3.1　常量

常量是在程序运行过程中保持不变的量，是表示一个特定值的符号。常量的类型取决于它所表示的值的数据类型，可以是数值型、字符串型、日期型等。对于字符串型和日期型常量，使用的时候要用单引号引起来。常量的类型如表 5-10 所示。

表 5-10　常量类型表

| 常 量 类 型 | 举　　例 |
| --- | --- |
| ASCII 字符串常量 | '1234'，'清华大学' |
| Unicode 字符串常量 | N'1234'，N'清华大学' |
| 整型常量 | 125，-134，0 |
| 数值型常量 | 125.34，-134.8 |
| 浮点型常量 | 1.25E+6 |
| 货币型常量 | ￥5000，$3000 |
| 日期和时间型常量 | '2011-12-12 10:12:30'，'2011.12.12'，'15:21:40' |
| 二进制常量 | Ox1E3A |

需要注意的是，Unicode 字符串常量与 ASCII 字符串常量相似，但它前面有一个 N 标识符，N 代表 SQL-92 标准中的国际语言(National Language)。N 前缀必须大写，Unicode 数据中的每个字符用两个字节存储，而每个 ASCII 字符用一个字节存储。

### 5.3.2　变量

变量是在程序运行过程中，值会发生变化的量，通常用来保存程序运行过程中的录入数据、中间结果和最终结果。在 SQL Server 2019 系统中，存在两种类型的变量：一种是系统定义和维护的全局变量，另一种是用户定义以保存中间结果的局部变量。

### 1. 全局变量

全局变量，也称为配置函数，是由 SQL Server 2019 系统定义，用户只能使用的变量。全局变量通常存储一些 SQL Server 2019 的配置设置值和性能统计数据，用户可在程序中用全局变量来测试系统的设定值或 Transact-SQL 命令执行后的状态值。用@@开始的标识符来表示全局变量。部分常用的全局变量如表 5-11 所示。

表 5-11　部分常用全局变量

| 全 局 变 量 | 含　　义 |
| --- | --- |
| @@VERSION | 返回当前的 SQL Server 安装的版本、处理器体系结构、生成日期和操作系统 |
| @@LANGUAGE | 返回当前所用语言的名称 |
| @@ROWCOUNT | 返回受上一条 Transact-SQL 语句影响的行数 |
| @@ERROR | 返回执行的上一个 Transact-SQL 语句的错误号 |

【例 5-3】查看当前数据库的版本信息。

在查询编辑器窗口中输入并执行如下 Transact-SQL 语句：

```
GO
PRINT @@VERSION
GO
```

执行结果如图 5-1 所示。

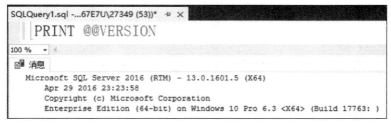

图 5-1　当前数据库版本

### 2. 局部变量

用户自定义的变量被称为局部变量。局部变量用于保存特定类型的单个数据值。在 Transact-SQL 中，局部变量必须先定义，然后再使用。

(1) 局部变量的定义。

语法格式如下：

```
DECLARE <局部变量名> <数据类型> [,…n]
```

其中，局部变量名必须以@开头，以与全局变量区别开。局部变量名必须符合标识符的命名规则。数据类型是 SQL Server 2019 支持的除 TEXT、NTEXT、IMAGE 外的各种数据类型，也可以是用户自定义数据类型。用一个 DECLARE 语句可以同时声明多个变量，变量之间用逗号进行分隔。

【例 5-4】定义 3 个 VARCHAR 类型变量和 1 个整型变量。

在查询编辑器窗口中输入并执行如下 Transact-SQL 语句：

```
GO
/*定义可变长度字符型变量@name，长度为8，
可变长度的字符型变量@sex,长度为2，
小整型变量@aqe
可变长度的字符型变量@address,长度为50*/
DECLARE @name VARCHAR(8),@sex VARCHAR(2),@age SMALLINT
DECLARE @address VARCHAR(50)
GO
```

(2) 局部变量的赋值。

用 SET 或 SELECT 语句为局部变量赋值，语法格式如下：

```
SET <局部变量名>=<表达式>
SELECT <局部变量名>=<表达式> [,…n]
```

其中，SET 命令只能一次给一个变量赋值，而 SELECT 命令一次可以给多个变量赋值。两种格式可以通用，建议首选 SET。

【例 5-5】给例 5-4 中定义的 4 个变量赋值。

在查询编辑器窗口中输入并执行如下 Transact-SQL 语句：

```
GO
DECLARE @name VARCHAR(8),@sex VARCHAR(2),@age SMALLINT
DECLARE @address VARCHAR(50)
SET @name='张力'
SELECT @sex='男',@age=25,@address='河南郑州'
GO
```

(3) 变量值的输出。

用 PRINT、SELECT 语句输出变量的值，语法格式如下：

```
PRINT <变量名>
SELECT <变量名>[,…n]
```

其中，使用 PRINT 只能一次输出一个变量，其值在查询后的"消息"窗口中显示。使用 SELECT 相当于进行无数据源检索，可以同时输出多个变量，其结果在查询后的"结果"子窗口中以表格形式显示。在一个脚本中，最好不要混合使用两种输出方式，因为这样的话需要切换两个窗口来查看输出结果。

【例 5-6】把例 5-5 中赋值后的 4 个变量输出。

在查询编辑器窗口中输入并执行如下 Transact-SQL 语句：

```
GO
DECLARE @name VARCHAR(8),@sex VARCHAR(2),@age SMALLINT
DECLARE @address VARCHAR(50)
SET @name='张力'
SELECT @sex='男',@age=25,@address='河南郑州'
SELECT @name,@sex,@age,@address
GO
```

执行结果如图 5-2 所示。

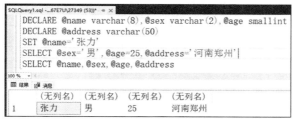

图 5-2　赋值后的 4 个变量

**说明**：PRINT 语句除了可以显示变量外，也可以显示常量和表达式，但不允许显示列名。而 SELECT 语句常量、变量、表达式和列名都可以显示。

(4) 局部变量的作用域。

局部变量的作用域是在一个批处理、一个存储过程或一个触发器内，其生命周期从定义开始到它遇到的第一个 GO 语句或者到存储过程、触发器的结尾结束，即局部变量只在当前的批处理、存储过程、触发器中有效。

# 5.4　表达式与运算符

运算符是一种符号，用于将运算对象(或操作数)连接起来，构成某种表达式，指定要对运算对象执行的操作。操作数可以是常量、变量、函数等。SQL Server 运算符有以下几类：算术运算符、字符串串联运算符、赋值运算符、比较运算符、逻辑运算符、位运算符、一元运算符。由运算符和运算量构成的有意义的式子就是表达式。

## 5.4.1　表达式

表达式就是按照一定的原则，用运算符将常量、变量、列名、函数等对象连接而成的一个有意义的式子。它可以对表达式进行计算并且得到结果。表达式可以是一个常量、变量、字段名、函数或子查询，也可以通过运算符将两个或更多的简单表达式连接起来组成复杂的表达式。

根据表达式返回值的数据类型，可将表达式分为字符型表达式、数值型表达式、日期和时间表达式等。

## 5.4.2　运算符

运算符是在表达式中执行各项操作的一种符号。SQL Server 2019 的运算符主要包含以下 7 类。

### 1. 算术运算符

算术运算符用于两个表达式执行数学运算，这两个表达式可以是数值数据类型类别中的一种或多种数据类型，如表 5-12 所示。

表 5-12　算术运算符

| 运　算　符 | 含　义 |
| --- | --- |
| + | 加 |
| − | 减 |
| * | 乘 |
| / | 除 |
| % | 取模，返回一个除法运算的整数余数。例如，12 % 5 = 2，这是因为 12 除以 5，余数为 2 |

加(+)和减(−)运算符也可用于对 DATETIME 和 SMALLDATETIME 值执行算术运算。

### 2. 赋值运算符

等号(=)是 Transact-SQL 唯一的赋值运算符。

### 3. 位运算符

位运算符用于在两个表达式之间执行位操作，这两个表达式可以为整数数据类型类别中的任何数据类型。位运算符如表 5-13 所示。

表 5-13　位运算符

| 运　算　符 | 含　义 | 运　算　符 | 含　义 |
| --- | --- | --- | --- |
| & | 位与(两个操作数) | ^ | 位异或(两个操作数) |
| \| | 位或(两个操作数) | | |

### 4. 比较运算符

比较运算符用于测试两个表达式是否相同。除了 TEXT、NTEXT 和 IMAGE 数据类型的表达式外，比较运算符可用于所有的表达式。比较运算的结果有 3 个值，分别为 TRUE(真)、FALSE(假)和 UNKNOWN(未知)。比较运算符如表 5-14 所示。

表 5-14　比较运算符

| 运　算　符 | 含　义 | 运　算　符 | 含　义 |
| --- | --- | --- | --- |
| = | 等于 | <> | 不等于 |
| > | 大于 | != | 不等于(非 ISO 标准) |
| < | 小于 | !< | 不小于(非 ISO 标准) |
| >= | 大于或等于 | !> | 不大于(非 ISO 标准) |
| <= | 小于或等于 | | |

### 5. 逻辑运算符

逻辑运算符对某些条件进行测试，以获得其真实情况。逻辑运算符和比较运算符一样，返回带有 TRUE、FALSE 或 UNKNOWN 值的 Boolean 数据类型。逻辑运算符如表 5-15 所示。

表 5-15 逻辑运算符

| 运　算　符 | 含　义 |
|---|---|
| ALL | 如果一组的比较都为 TRUE，那么就为 TRUE |
| AND | 如果两个布尔表达式都为 TRUE，那么就为 TRUE |
| ANY | 如果一组的比较中任何一个为 TRUE，那么就为 TRUE |
| BETWEEN | 如果操作数在某个范围之内，那么就为 TRUE |
| EXISTS | 如果子查询包含一些行，那么就为 TRUE |
| IN | 如果操作数等于表达式列表中的一个，那么就为 TRUE |
| LIKE | 如果操作数与一种模式相匹配，那么就为 TRUE |
| NOT | 对任何其他布尔运算符的值取反 |
| OR | 如果两个布尔表达式中的一个为 TRUE，那么就为 TRUE |
| SOME | 如果在一组比较中，有些为 TRUE，那么就为 TRUE |

### 6. 字符串连接运算符

加号(+)是字符串连接运算符，将字符串连接起来。例如，'信息工程系主任：'+'张岚' 的结果就是'信息工程系主任：张岚'。

### 7. 一元运算符

一元运算符只对一个表达式执行操作，该表达式可以是数值数据类型中的任何一种数据类型。一元运算符如表 5-16 所示。

表 5-16 一元运算符

| 运　算　符 | 含　义 |
|---|---|
| + | 正号，数值为正 |
| - | 负号，数值为负 |
| ~ | 位非，返回数字的非 |

## 5.4.3 运算符优先级

当一个复杂的表达式有多个运算符时，由运算符优先级决定运算的先后顺序。在较低级的运算符之前先对较高级的运算符进行求值。运算符的优先级如表 5-17 所示。

表 5-17 运算符优先级

| 级　别 | 运　算　符 |
|---|---|
| 1 | ~ (位非) |
| 2 | *(乘)、/(除)、%(取模) |
| 3 | +(正)、-(负)、+(加)、(+连接)、-(减)、&(位与)、^(位异或)、\|(位或) |
| 4 | =、>、<、>=、<=、<>、!=，!>、!<(比较运算符) |
| 5 | NOT |
| 6 | AND |
| 7 | ALL、ANY、BETWEEN、IN、LIKE、OR、SOME |
| 8 | =(赋值) |

当一个表达式中的两个运算符有相同的运算符优先级时，将按照它们在表达式中的位置对其从左到右进行求值。

在表达式中，可以使用括号改变所定义的运算符的优先级。首先对括号中的内容进行求值，从而产生一个值，然后括号外的运算符才可以使用这个值。

# 5.5　常用函数

在 Transact-SQL 编程语言中提供了丰富的函数。函数可分为系统定义函数和用户定义函数。本节主要介绍系统定义函数中常用的聚合函数、数学函数、字符串函数、日期和时间函数、数据类型转换函数、元数据函数等。

## 5.5.1　聚合函数

聚合函数用于对一组数据执行某种计算并返回一个结果。表 5-18 所示对常用聚合函数进行了简要说明。

表 5-18　常用聚合函数

| 函　数　名 | 功　　　能 |
| --- | --- |
| AVG([ALL\|DISTINCT]表达式) | 返回一组值的平均值，将忽略空值 |
| COUNT({[[ALL\|DISTINCT]表达式]\|\*}) | 返回组中的项数，返回值为 INT 类型 |
| MAX([ALL\|DISTINCT]表达式) | 返回表达式中的最大值 |
| MIN([ALL\|DISTINCT]表达式) | 返回表达式中的最小值 |
| SUM([ALL\|DISTINCT]表达式) | 返回表达式中所有值的和或仅非重复值的和，SUM 只能用于数字列，空值将被忽略 |

其参数说明如下。

- ALL：对所有的值进行聚合函数运算。ALL 是默认值。
- DISTINCT：指定只在每个值的唯一实例上执行，而不管该值出现了多少次。
- 表达式：是精确数值或近似数值数据类别(bit 数据类型除外)的表达式。不允许使用聚合函数和子查询。

聚合函数只能在以下位置作为表达式使用：SELECT 语句的选择列表(子查询或外部查询)中，COMPUTE BY 子句中，HAVING 子句中。

【例 5-7】计算学生成绩数据库中 student 表的总人数。

在查询编辑器窗口中输入并执行如下 Transact-SQL 语句：

```
USE pm
GO
SELECT COUNT(*) AS '学生总人数' FROM student
GO
```

运行结果如图 5-3 所示。

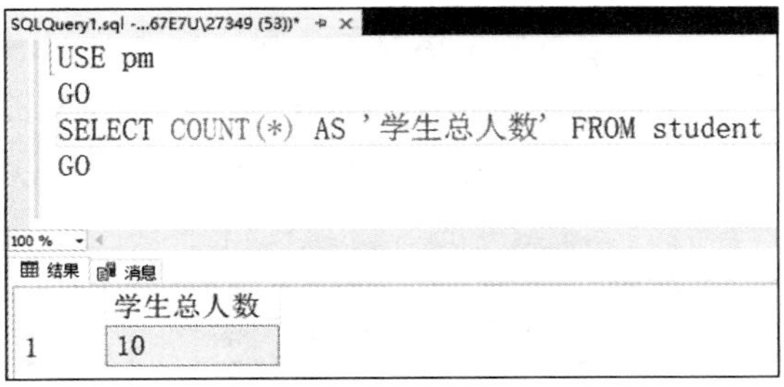

图 5-3　学生信息表的总人数

【例 5-8】计算 pm 数据库中课程编号为 101 的课程总成绩和平均成绩。

在查询编辑器窗口中输入并执行如下 Transact-SQL 语句：

```
USE pm
GO
SELECT SUM(score) AS '课程总分',AVG(score) AS '课程平均分'
FROM sc
WHERE cno='101'
GO
```

运行结果如图 5-4 所示。

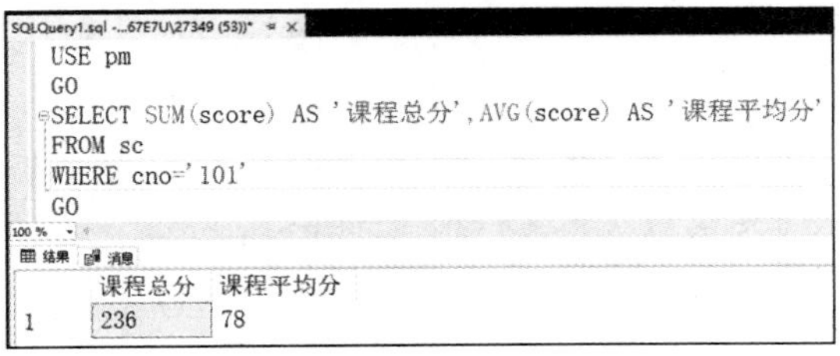

图 5-4　课程编号为 101 的课程总分和平均分

【例 5-9】在 sc 表中查询课程编号为 101 的课程的最高分和最低分。

在查询编辑器窗口中输入并执行如下 Transact-SQL 语句：

```
USE pm
GO
SELECT MAX(score) AS '最高分',MIN(score) AS '最低分'
FROM sc
WHERE cno='101'
GO
```

运行结果如图 5-5 所示。

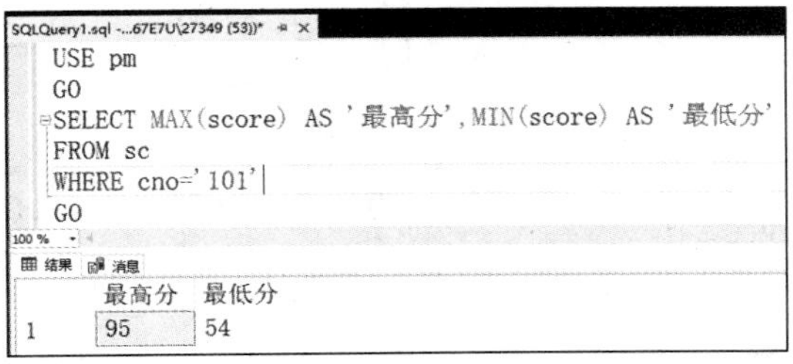

图 5-5　课程编号为 101 的课程的最高分和最低分

### 5.5.2　数学函数

数学函数用于对数字表达式进行数学运算并返回运算结果。使用数学函数可以对 SQL Server 2019 系统提供的数字数据进行运算：DECIMAL、NUMERIC、BIGINT、INT、SMALLINT、TINYINT、FLOAT、REAL、MONEY 和 SMALLMONEY。常用的数学函数如表 5-19 所示。

表 5-19　常用的数学函数

| 类　别 | 函　数　名 | 功　能 |
|---|---|---|
| 三角函数 | SIN(FLOAT 表达式) | 返回指定角度(以弧度为单位)的三角正弦值 |
| | COS(FLOAT 表达式) | 返回指定角度(以弧度为单位)的三角余弦值 |
| | TAN(FLOAT 表达式) | 返回指定角度(以弧度为单位)的三角正切值 |
| | COT(FLOAT 表达式) | 返回指定角度(以弧度为单位)的三角余切值 |
| 反三角函数 | ASIN(FLOAT 表达式) | 返回指定正弦值的三角反正弦值(以弧度为单位) |
| | ACOS (FLOAT 表达式) | 返回指定余弦值的三角反余弦值(以弧度为单位) |
| | ATAN(FLOAT 表达式) | 返回指定正切值的三角反正切值(以弧度为单位) |
| | ATN2(FLOAT 表达式 1,FLOAT 表达式 2) | 返回以弧度表示的角，该角位于正 X 轴和原点至点 (y, x)的射线之间，其中 x 和 y 是两个指定的浮点表达式的值 |
| 角度弧度转换 | DEGREES(数值表达式) | 返回弧度值相对应的角度值 |
| | RADINANS(数值表达式) | 返回一个角度的弧度值 |
| 幂函数 | EXP(FLOAT 表达式) | 返回指定的 FLOAT 表达式的指数值 |
| | LOG(FLOAT 表达式) | 计算以 2 为底的自然对数 |
| | LOG10(FLOAT 表达式) | 计算以 10 为底的自然对数 |
| | POWER(数值表达式,Y) | 幂运算，其中 Y 为数值表达式进行运算的幂值 |
| | SQRT(FLOAT 表达式) | 返回指定的 FLOAT 表达式的平方根 |
| | SQUARE(FLOAT 表达式) | 返回指定的 FLOAT 表达式的平方 |
| | ROUND(FLOAT 表达式) | 对一个小数进行四舍五入运算，使其具备特定的精度 |
| 边界函数 | FLOOR(数值表达式) | 返回小于等于一个数的最大整数(也被称为地板函数) |
| | CEILING(数值表达式) | 返回大于或等于指定数值表达式的最小整数(也被称为天花板函数) |
| 符号函数 | ABS(数值表达式) | 返回一个数的绝对值 |
| | SIGN(FLOAT 表达式) | 根据参数是正还是负，返回-1、+1 和 0 |
| 随机函数 | RAND([seecl]) | 返回 FLOAT 类型的随机数，该数的值为 0～1，seed 为提供种子值的整数表达式 |
| PI 函数 | PI( ) | 返回以浮点数表示的圆周率 |

【例 5-10】分别输出 $2^3$、|-1|、$2^2$、3.14 的整数部分和一个随机数。

在查询编辑器窗口中输入并执行如下 Transact-SQL 语句：

```
PRINT POWER(2,3)
PRINT ABS(-1)
PRINT SQUARE(2)
PRINT FLOOR(3.14)
PRINT RAND()
GO
```

运行结果：8、1、4、3、0.0771667。RAND()函数每次运行结果值都不一样。

## 5.5.3　字符串函数

字符串函数可以对 CHAR、NCHAR、VARCHAR、NVCHAR 等类型的参数执行操作，并返回相应的结果，返回值一般为字符串或数字。常用的字符串函数如表 5-20 所示。

表 5-20　常用字符串函数

| 函　数　名 | 功　　能 |
| --- | --- |
| ASCII(字符表达式) | 返回最左侧字符的 ASCII 码值 |
| CHAR(整型表达式) | 将整型 ASCII 码值转换为字符 |
| LEFT(字符表达式,整数) | 返回从左边开始指定个数的字符串 |
| RIGHT(字符表达式,整数) | 截取从右边开始指定个数的字符串 |
| SUBSTRING(字符表达式,起始点,n) | 截取从起始点开始的 n 个字符 |
| CHARINDEX(字符表达式 1,字符表达式 2,[开始位置]) | 从指定开始位置起，搜索字符串表达式 1 在字符串表达式 2 中的位置，省略开始位置表示从字符串表达式 2 的开头开始搜索 |
| LTRIM(字符表达式) | 剪去左空格 |
| RTRIM(字符表达式) | 剪去右空格 |
| REPLICATE(字符表达式,n) | 重复字符串 |
| REVERSE(字符表达式) | 倒置字符串 |
| STR(数字表达式) | 数值转字符串 |
| LEN(字符表达式) | 返回指定字符串表达式的字符数，其中不包含尾随空格 |

【例 5-11】给定一个字符串'have a good time'，判断字符 'g' 在整个字符串中的位置。

在查询编辑器窗口中输入并执行如下 Transact-SQL 语句：

```
GO
DECLARE @s CHAR(20)
SET @s='have a good time'
PRINT CHARINDEX('g',@s)
GO
```

运行结果：8。

CHARINDEX 函数用于在规定字符串中对子字符串进行查询。当返回值大于零时表示子字符串的起始位置，返回值为 0 时表明没有查询结果。

## 5.5.4　日期和时间函数

日期和时间函数可以对日期和时间类型的参数进行运算、处理，并返回一个字符串、数字或日期和时间类型的值。常用的日期和时间函数如表 5-21 所示。

表 5-21　常用日期和时间函数

| 函　数　名 | 功　　能 |
|---|---|
| GETDATE( ) | 返回当前系统日期和时间 |
| DAY(日期) | 返回某日期的日部分所代表的整数值 |
| MONTH(日期) | 返回某日期的月部分所代表的整数值 |
| YEAR(日期) | 返回某日期的年部分所代表的整数值 |
| DATEPART(DATEpart,日期) | 返回表示指定日期的指定 DATEpart 的整数 |
| DATEsname(DATEpart,日期) | 返回表示指定日期的指定 DATEpart 的字符串 |
| DATEDIFF(DATEpart,日期 1,日期 2) | 返回两个指定日期之间所跨的日期或时间 DATEpart 边界的数目 |
| DATEADD(DATEpart,数值,日期) | 通过将一个时间间隔与指定日期的指定 DATEpart 相加，返回一个新的 DATETIME 值 |

其中，参数 DATEpart 用于指定要返回新值的日期的组成部分。表 5-22 列出了 Transact-SQL 可识别的常用日期和时间部分及其缩写。

表 5-22　可识别的常用日期和时间部分及其缩写

| 日期和时间部分 | 缩　　写 | 日期和时间部分 | 缩　　写 |
|---|---|---|---|
| year | yy，yyyy | week | wk，ww |
| quarter | qq，q | weekday | dw，w |
| month | mm，m | hour | hh |
| dayofyear | dy，y | minute | mi，n |
| day | dd，d | second | ss，s |

【例 5-12】获取系统时间信息，在查询编辑器中分别显示系统时间中的年份、月份以及日期。

分析：GETDATE 函数用于返回当前的系统时间，YEAR、MONTH、DAY 函数可以取得时间中年、月、日的数值，也可以使用 DATEPART 和 DATEsname 函数来获取。

在查询编辑器窗口中输入并执行如下 Transact-SQL 语句：

```
GO
DECLARE @xtsj DATETIME
SET @xtsj = GETDATE()
SELECT YEAR(@xtsj),MONTH(@xtsj),DAY(@xtsj)
SELECT DATEPART(yy,@xtsj),DATEPART(mm,@xtsj),DATEPART(dd,@xtsj)
SELECT DATEsname(yyyy,@xtsj),DATEsname(m,@xtsj),DATEsname(d,@xtsj)
GO
```

运行结果如图 5-6 所示。

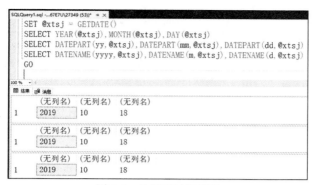

图 5-6　日期和时间信息

【例 5-13】通过对 student 表中的 birthday 字段进行计算，查询每一位学生的年龄。

**分析**：利用 GETDATE 函数返回当前的系统时间，再用 DATEDIFF 函数根据学生出生日期的值计算每一个学生的年龄。

在查询编辑器窗口中输入并执行如下 Transact-SQL 语句：

```
USE pm
GO
SELECT sno,sname,DATEDIFF(yy,birthday,GETDATE()) AS 'age'
FROM student
GO
```

运行结果如图 5-7 所示。

| | sno | sname | age |
|---|---|---|---|
| 1 | 2015410101 | 刘聪 | 23 |
| 2 | 2015410102 | 王腾飞 | 22 |
| 3 | 2015410103 | 张丽 | 23 |
| 4 | 2015410104 | 梁薇 | 24 |
| 5 | 2015410105 | 刘浩 | 22 |
| 6 | 2015410201 | 李云霞 | 23 |
| 7 | 2015410202 | 马春雨 | 22 |
| 8 | 2015410203 | 刘亮 | 21 |
| 9 | 2015410204 | 李云 | 23 |
| 10 | 2015410205 | 刘琳 | 22 |

图 5-7　每位学生的年龄

## 5.5.5　数据类型转换函数

数据类型转换函数属于系统函数，在不同的数据类型之间进行运算时，需要将其转换为相同的数据类型。在 SQL Server 中，某些数据类型可以由系统自动完成转换，当系统不能够自动执行不同类型表达式的转换时，可以通过 CAST 或 CONVERT 函数对数据进行转换。

CAST 或 CONVERT 函数的语法格式如下：

```
CAST(<表达式> AS <目的数据类型>)
CONVERT(<目标数据类型>,<表达式>,[<日期样式>])
```

其中，CONVERT 函数的日期样式的常用取值如表 5-23 所示。

表 5-23   日期样式的常用取值

| 不带世纪位数(yy) | 带世纪位数(yyyy) | 标　准 | 输入/输出格式 |
| --- | --- | --- | --- |
| — | 0 或 100 | 默认设置 | mon dd yyyy hh:miAM(或 PM) |
| 1 | 101 | 美国 | mm/dd/yyyy |
| 2 | 102 | ANSI | yy.mm.dd |
| 3 | 103 | 英国/法国 | dd/mm/yyyy |
| 4 | 104 | 德国 | dd.mm.yy |
| 5 | 105 | 意大利 | dd-mm-yy |
| 6 | 106 | — | dd mon yy |
| 7 | 107 | — | mon dd，yy |
| 8 | 108 | — | hh:mi:ss |

【例 5-14】查询每一位学生的 sno、sname、年龄信息，并且将它们通过 "+" 运算符进行连接显示在查询结果中。

分析：由于计算出的学生年龄结果为整数，而学号、姓名均为字符串类型的值，因而在运算之前，需要将年龄的计算结果转换为字符串。

在查询编辑器窗口中输入并执行如下 Transact-SQL 语句：

```
USE pm
GO
SELECT sno+sname+'的年龄为: '+CAST(DATEDIFF(yy,birthday,GETDATE()) AS CHAR(2))
FROM student
GO
```

运行结果如图 5-8 所示。

| | (无列名) |
| --- | --- |
| 1 | 2015410101刘聪　　的年龄为：23 |
| 2 | 2015410102王腾飞　的年龄为：22 |
| 3 | 2015410103张丽　　的年龄为：23 |
| 4 | 2015410104梁薇　　的年龄为：24 |
| 5 | 2015410105刘浩　　的年龄为：22 |
| 6 | 2015410201李云霞　的年龄为：23 |
| 7 | 2015410202马春雨　的年龄为：22 |
| 8 | 2015410203刘亮　　的年龄为：21 |
| 9 | 2015410204李云　　的年龄为：23 |
| 10 | 2015410205刘琳　　的年龄为：22 |

图 5-8   学生的学号、姓名和年龄信息

【例 5-15】取得系统当前时间，将其转换为 mm/dd/yyyy 格式的字符串并且显示结果。

在查询编辑器窗口中输入并执行如下 Transact-SQL 语句：

```
GO
DECLARE @xtsj DATETIME
SET @xtsj = GETDATE()
PRINT CONVERT(CHAR(50),@xtsj,101)
GO
```

运行结果如图 5-9 所示。

图 5-9　按指定格式显示的当前系统时间

## 5.5.6　元数据函数

元数据函数返回有关数据库和数据库对象的信息，所以元数据函数都具有不确定性。常用的元数据函数如表 5-24 所示。

表 5-24　常用的元数据函数

| 函　数　名 | 功　　能 |
| --- | --- |
| COL_LENGTH(表名,列名) | 返回列的定义长度(以字节为单位) |
| COL_sname (表标识号,列标识号) | 根据指定的对应表标识号和列标识号返回列的名称 |
| DB_sno([数据库标识号]) | 返回数据库标识(sno)号 |
| DB_sname ([数据库的名称]) | 返回数据库名称 |
| OBJECT_sno(对象名,[对象类型]) | 返回架构范围内对象的数据库对象标识号 |

【例 5-16】显示当前数据库的名称和标识号。

分析：利用 DB_sname 函数得到当前数据库的名称，利用 DB_sno 函数得到标识号。

在查询编辑器窗口中输入并执行如下 Transact-SQL 语句：

```
USE pm
GO
SELECT DB_sname() AS '数据库名',DB_sno() AS '数据库标识号'
GO
```

运行结果如图 5-10 所示。

图 5-10　当前数据库的名称和标识号

## 5.5.7　用户自定义函数

SQL Server 支持用户自定义函数。用户自定义函数是由一个或多个 Transact-SQL 语句组成的子程序，它由函数名、参数、编程语句和返回值组成。用户自定义函数只能通过返回值返回数据，可以出现在 SELECT 语句中。

SQL Server 用户自定义函数包含两种类型，即标量值函数和表值函数。标量值函数使用 RETURN 语句返回单个数据值，返回类型可以是除 TEXT、NTEXT、IMAGE、cursor 和 timestamp 外的任何数据类型；表值函数返回 table 数据类型。

表值函数又分为内连表值函数和多语句表值函数。内连表值函数没有函数主体，返回的表值是单个 SELECT 语句的结果集；多语句表值函数指在 BEGING…END 之前定义函数主体，其中包含一系列 Transact-SQL 语句，这些语句可以生成行并将其插入返回的表中。

### 1. 创建标量值函数

使用 CREATE FUNCTION 语句可以创建标量值函数，它的语法结构如下：

```
CREATE FUNCTION <函数名称>(<形参> AS <数据类型> [,…n])
RETURNS <返回数据类型>
AS
BEGIN
    函数主体
    RETURN 表达式
END
```

【例 5-17】创建标量函数 getavg( )，它的功能是获取表 student 中指定系的平均入学成绩。在查询编辑器窗口中输入并执行如下 Transact-SQL 语句：

```
USE pm
GO
CREATE FUNCTION getavg(@dept NCHAR(8))
RETURNS FLOAT
AS
BEGIN
    DECLARE @avg FLOAT
    SELECT @avg=AVG(score)
    FROM student
    WHERE dept=@dept
    RETURN @avg
END
GO
```

输入完成后，执行下面的语句调用标量函数 getavg()获取软件工程系的平均入学成绩。

```
GO
SELECT dbo.getavg('软件工程')
GO
```

执行结果为 479。

【例 5-18】编写一个用户自定义函数 fs( )，要求根据输入的班级号(学号前 8 位)和课程号，求此班此门课程的总分。

在查询编辑器窗口中输入并执行如下 Transact-SQL 语句：

```
GO
CREATE FUNCTION fs(@bh AS CHAR(8),@kh AS CHAR(3))
  RETURNS real
BEGIN
  DECLARE @zs AS real
  SELECT @zs=SUM(score)
   FROM  sc
   WHERE SUBSTRING(sno,1,8)=@bh AND cno=@kh
 RETURN @zs
END
GO
```

输入完成后，执行下面的语句调用标量函数 fs()获取 20154101 班、101 课程的总分。

```
SELECT dbo.fs('20154101','101')
```

执行结果为 236。

【例 5-19】使用自定义函数 fs( )，求 sc 表中各个班级各门课程的总分。

在查询编辑器窗口中输入并执行如下 Transact-SQL 语句：

```
USE pm
GO
SELECT DISTINCT 班级名称=SUBSTRING(sno,1,8),
              课程名称=course.cname,
              总分=dbo.fs(LEFT(sno,8),sc.cno)
FROM sc,course
WHERE sc.cno=course.cno
GO
```

执行结果如图 5-11 所示。

| | 班级名称 | 课程名称 | 总分 |
|---|---|---|---|
| 1 | 20154101 | C语言 | 236 |
| 2 | 20154101 | Java语言 | 202 |
| 3 | 20154102 | 网络 | 227 |
| 4 | 20154102 | 信息安全 | 247 |

图 5-11　各个班级各门课程的总分

### 2. 创建内连表值函数

使用 CREATE FUNCTION 语句也可以创建内连表值函数，它的语法结构如下：

```
CREATE FUNCTION <函数名称>(<形参> AS <数据类型> [,…n])
RETURNS TABLE
AS
  RETURN <SELECT 语句>
```

函数返回 SELECT 语句的结果集。

【例 5-20】创建内连表值函数 depart( )，它的功能是获取表 student 中指定专业的学生的姓名、性别和入学成绩信息。

在查询编辑器窗口中输入并执行如下 Transact-SQL 语句：

```
USE pm
GO
CREATE FUNCTION depart(@dep NCHAR(8))
RETURNS TABLE
AS
RETURN
(
SELECT sname,sex,score
FROM student
WHERE dept=@dep
)
GO
```

输入完成后，执行下面的语句调用函数 depart( )获取专业为计算机科学与技术的学生的相关信息。

```
USE pm
GO
SELECT * FROM dbo.depart('计算机科学与技术')
```

```
GO
```

执行结果如图 5-12 所示。

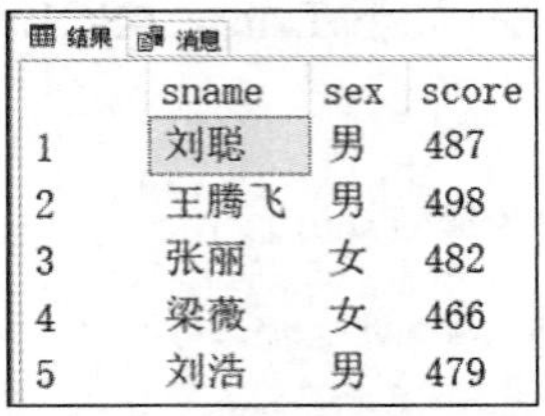

| | sname | sex | score |
|---|---|---|---|
| 1 | 刘聪 | 男 | 487 |
| 2 | 王腾飞 | 男 | 498 |
| 3 | 张丽 | 女 | 482 |
| 4 | 梁薇 | 女 | 466 |
| 5 | 刘浩 | 男 | 479 |

图 5-12　计算机科学与技术专业学生的相关信息

### 3. 创建多语句表值函数

使用 CREATE FUNCTION 语句还可以创建多语句表值函数，它的语法结构如下：

```
CREATE FUNCTION <函数名称>(<形参> AS <数据类型> [,…n])
RETURNS  <表变量名> TABLE
AS
BEGIN
  <SQL 语句块>
RETURN
END
```

**【例 5-21】**创建多语句表值函数 ufs( )，它的功能是获取表 student 中选修指定课号的学生信息。

在查询编辑器窗口中输入并执行如下 Transact-SQL 语句：

```
USE pm
GO
CREATE FUNCTION ufs(@kh CHAR(3))
RETURNS @reports TABLE
(
  sno CHAR(10) primary key,
  sname CHAR(8) NOT NULL,
  sex CHAR(2),
  birthday DATE
)
AS
BEGIN
WITH directreports(name,sex,id,birth) AS
     (
     SELECT sname,sex,sno,birthday
     FROM student
     WHERE sno IN (SELECT sno FROM sc WHERE cno=@kh)
     )
INSERT @reports
SELECT id,name,sex,birth
FROM directreports
RETURN
END
GO
```

上面脚本的具体说明如下：

(1) 函数名为 ufs，参数@kh 表示指定的课程编号。

(2) 使用 RETURNS 子句定义返回表变量为@reports，并定义了表变量的结构。

（3）使用 SELECT 语句查询选修参数@kh 所代表的课程的学生信息。将查询到的记录信息保存到 directreports 中。

（4）使用 INSERT…SELECT 语句将 directreports 中的记录保存到表变量@reports 中，然后执行 RETURN 语句返回表变量@reports。

执行上面的脚本创建函数后，再执行下面的语句调用函数 ufs( )获取选修课号为 101 的学生的信息。

```
USE pm
GO
SELECT * FROM dbo.ufs('101')
GO
```

执行结果如图 5-13 所示。

图 5-13　选修课号为 101 的学生的信息

# 5.6　批处理与流程控制语句

流程控制语句用于控制 Transact-SQL 语句、语句块和存储过程的执行流程。如果不使用流程控制语句，则各 Transact-SQL 语句按其出现的先后顺序执行。使用流程控制语句可以按需要控制语句的执行次序和执行分支。

## 5.6.1　批处理

批处理是同时从应用程序发送到 SQL Server 并得以执行的一组单条或多条 Transact-SQL 语句。SQL Server 将批处理的语句编译为单个可执行单元，称为执行计划。执行计划中的语句每次执行一条。

如果批处理中的某条语句发生编译错误(如语法错误)，会导致批处理中的所有语句都无法执行。

如果批处理通过编译，但是在运行时发生错误(如算术溢出或约束冲突)，一般将停止执行批处理中当前语句和它之后的语句，只有在少数情况下，如违反约束时，仅停止执行当前语句，而继续执行批处理中其他所有语句。在遇到运行时错误的语句之前执行的语句不受影响(批处理位于事务中并且错误导致事务回滚的情况例外)。

例如，假定批处理中有 10 条语句。如果第 5 条语句有一个语法错误，则不执行批处理中的任何语句。如果批处理经过编译，并且第 2 条语句在运行时失败，则第 1 条语句的结果不会受到影响，因为已执行了该语句。

在建立批处理时，应该遵循以下规则。

(1) 不能在批处理中引用其他批处理中所定义的变量。

(2) CREATE DEFAULT、CREATE FUNCTION、CREATE PROCEDURE、CREATE RULE、CREATE SCHEMA、CREATE TRIGGER 和 CREATE VIEW 语句不能在批处理中与其他语句组合使用。

(3) 不能在同一个批处理中更改表，然后引用新列。

(4) 如果 EXECUTE 语句是批处理中的第一句，则不需要 EXECUTE 关键字。如果 EXECUTE 语句不是批处理中的第一条语句，则需要 EXECUTE 关键字。

(5) 一个完整的批处理需要使用 GO 语句作为结束标记。

**【例 5-22】** 执行批处理程序，在 pm 数据库中，依次查询 course 表、系部总数。

在查询编辑器窗口中输入并执行如下 Transact-SQL 语句：

```
USE pm
GO
SELECT * FROM course
SELECT COUNT(*) FROM course
GO
```

运行结果如图 5-14 所示。

结果　消息

| | cno | cname | credit | cpno |
|---|---|---|---|---|
| 1 | 101 | C语言 | 3 | NULL |
| 2 | 102 | Java语言 | 4 | 101 |
| 3 | 103 | 操作系统 | 2 | 101 |
| 4 | 104 | 数据库 | 3 | 103 |
| 5 | 201 | 网络 | 3 | 103 |
| 6 | 202 | 信息安全 | 2 | 201 |

| | (无列名) |
|---|---|
| 1 | 6 |

图 5-14　执行批处理程序的结果

## 5.6.2　流程控制语句

流程控制语句采用了与程序设计语言相似的机制，使其能够产生控制程序执行及流程分支的作用。通过使用流程控制语句，用户可以完成功能较为复杂的操作，并且使程序获得更好的逻辑性和结构性。下面逐个介绍 Transact-SQL 语言提供的流程控制语句。

### 1. BEGIN…END 语句

BEGIN…END 语句用于将 Transact-SQL 的多个语句组合为一个逻辑块，相当于一个单一语句，达到一起执行的目的。它的语法格式如下：

```
BEGIN
  {
   语句 1
   语句 2
   …
   }
END
```

在 Transact-SQL 中允许嵌套使用 BEGIN…END 语句。

### 2. IF…ELSE 语句

IF…ELSE 语句用于实现程序的选择结构。它的语法格式如下：

```
IF <逻辑表达式>
    {语句块 1}
[ELSE
    {语句块 2}]
```

其中，语句块可以是单个语句或语句组。

IF…ELSE 语句的执行过程：如果逻辑表达式的值为 TRUE，执行语句块 1；如果有 ELSE 语句，逻辑表达式的值为 FALSE，则执行语句块 2。在 Transact-SQL 中允许嵌套使用 IF…ELSE 语句。

【例 5-23】在 pm 数据库的 student 表中，查询班级编号为 20154101(学号前 8 位)的班级中是否有男生。如果有，则显示男生的人数；否则，提示该班级没有男生。

**分析：**可以先利用 COUNT 函数计算出满足条件的学生人数，根据人数进行判断，人数大于 0 时，显示男生的人数，否则，提示该班级没有男生。

在查询编辑器窗口中输入并执行如下 Transact-SQL 语句：

```
USE pm
GO
DECLARE @dy INTEGER
SELECT @dy = COUNT(*)
FROM student
WHERE SUBSTRING(sno,1,8) = '20154101' AND sex = '男'
IF @dy>0
   BEGIN
    PRINT '男生人数为: '
    PRINT @dy
     END
ELSE
    PRINT '该班级没有男生'
GO
```

运行结果如图 5-15 所示。

图 5-15　班级编号为 20154101 的班级中是否有男生的查询结果

### 3. CASE 语句

CASE 语句用于计算多个条件并为每个条件返回单个值，以简化 SQL 语句格式。CASE 语句实质上是函数，不能作为独立语句来执行，而是需要作为其他语句的一部分来执行。

CASE 语句有两种格式：简单 CASE 函数和 CASE 搜索函数。

(1) 简单 CASE 函数。

简单 CASE 函数将某个表达式与一组简单表达式进行比较以确定结果。其语法格式如下：

```
CASE 输入表达式
    WHEN <表达式 1> THEN <结果表达式 1>
    WHEN <表达式 2> THEN <结果表达式 2>
    [···n]
    [ELSE <其他结果表达式>]
END
```

简单 CASE 函数的执行过程是将输入表达式与各 WHEN 子句对应的表达式比较，如果相等，则返回对应结果表达式的值，然后跳出 CASE 语句；如果 WHEN 子句后面没有与输入表达式相等的表达式，则返回 ELSE 子句对应的其他结果表达式的值。

【例 5-24】根据系统时间判断当前日期所对应的星期值并且输出结果。

**分析：**通过 DATEPART 函数获得当前时间所对应的星期数，范围为 1～7，其中 1 代表星期天，7 代表星期六，通过 CASE 函数将系统的星期数值转化为相应的字符串信息并显示结果。

在查询编辑器窗口中输入并执行如下 Transact-SQL 语句：

```
GO
DECLARE @dt DATETIME
SET @dt = DATEPART(w,GETDATE())
SELECT
CASE @dt
    WHEN 1 THEN    '星期天'
    WHEN 2 THEN    '星期一'
    WHEN 3 THEN    '星期二'
    WHEN 4 THEN    '星期三'
    WHEN 5 THEN    '星期四'
    WHEN 6 THEN    '星期五'
    WHEN 7 THEN    '星期六'
END
GO
```

运行结果如图 5-16 所示。

图 5-16　当前系统时间所对应的星期值

(2) CASE 搜索函数。

CASE 搜索函数用于计算一组布尔表达式以确定结果，其语法格式如下：

```
CASE
    WHEN <逻辑表达式 1> THEN <结果表达式 1>
    WHEN <逻辑表达式 2> THEN <结果表达式 2>
    [···n]
    [ELSE <其他结果表达式>]
END
```

CASE 搜索函数的执行过程是先计算第一个 WHEN 子句对应的逻辑表达式 1 的值，如果值为 TRUE，则 CASE 搜索函数的值为结果表达式 1 的值；如果为 FALSE，则按顺序计算 WHEN 子句对应的逻辑表达式的值；返回计算结果为 TRUE 的第一个逻辑表达式对应的结果表达式的值。在逻辑表达式的计算结果都不为 TRUE 的情况下，如果指定了 ELSE 子句，则返回其他结果表达式的值；如果没有指定 ELSE 子句，则返回 NULL。

【例 5-25】取得系统时间，判断当前时间在一天中所处的时间段。

在查询编辑器窗口中输入并执行如下 Transact-SQL 语句：

```
GO
DECLARE @sj DATETIME
SET @sj = DATEPART(hh,GETDATE())
SELECT
CASE
    WHEN @sj>=20 THEN   '晚上'
    WHEN @sj>=14 THEN   '下午'
    WHEN @sj>=12 THEN   '中午'
    WHEN @sj>=8  THEN   '上午'
    WHEN @sj>=6  THEN   '早晨'
    WHEN @sj>=0  THEN   '凌晨'
END
GO
```

运行结果如图 5-17 所示。

图 5-17    系统当前时间所处的时间段

### 4. WHILE、CONTINUE 和 BREAK 语句

WHILE 语句用于实现循环结构。如果指定的条件为 TRUE，就重复执行语句块，直到逻辑表达式为 FALSE。它的语法格式如下：

```
WHILE  逻辑表达式
    语句块 1
    [CONTINUE]
    [BREAK]
    语句块 2
END
```

其参数说明如下。

● BREAK：无条件地退出 WHILE 循环。

● CONTINUE：结束本次循环，进入下次循环，忽略 CONTINUE 后面的任何语句。

【例 5-26】利用循环计算 1+2+3+…+99+100 的值。

在查询编辑器窗口中输入并执行如下 Transact-SQL 语句：

```
GO
DECLARE @sum INT,@i INT
SET @sum=0
SET @i=1
WHILE @i<=100
BEGIN
    SET @sum=@sum+@i
    SET @i=@i+1
END
PRINT @sum
GO
```

运行结果：5050。

### 5. GOTO 语句

GOTO 语句用于让执行流程跳转到 SQL 代码中的指定标签处，即跳过 GOTO 之后的语句，在标签处继续执行。它的语法格式如下：

```
GOTO 标签名
    语句块 1
标签名
    语句块 2
```

当程序执行到 GOTO 语句时，直接跳到定义的标签名处，执行语句块 2，而忽略语句块 1。

【例 5-27】利用 GOTO 语句求 5 的阶乘。

在查询编辑器窗口中输入并执行如下 Transact-SQL 语句：

```
GO
DECLARE @result Integer, @i Integer
SELECT @result=1, @i=5
label1:
    SET @result=@result*@i
    SET @i=@i-1
    IF @i>1
      GOTO Label1
    ELSE
      BEGIN
        PRINT '5 的阶乘为: '
        PRINT @Result
      END
GO
```

运行结果如图 5-18 所示。

图 5-18　5 的阶乘运算结果

### 6. RETURN 语句

从查询或过程中无条件退出，可在任何时候用于从过程、批处理或语句块中退出。RETURN 之后的语句是不执行的。它的语法格式如下：

```
RETURN [整数表达式]
```

### 7. WAITFOR 语句

WAITFOR 语句用于实现语句延缓一段时间或延迟到某个特定的时间执行的功能。它的语法格式如下：

```
WAITFOR {DELAY 'time'|TIME 'time'}
```

其参数说明如下。

● DELAY：指示一直等到指定的时间段过去，最长可达 24 小时。

● 'time'：要等待的时刻。可以按 DATETIME 数据可接受的格式指定 time，也可以用局部变量指定此参数。

TIME：指示 SQL Server 等待到指定时刻。

【例 5-28】等待 30 秒后执行 SELECT 语句。

语句如下：

```
GO
WAITFOR DELAY '00:00:30'
SELECT * FROM student
GO
```

【例 5-29】等到 11 点 12 分后才执行 SELECT 语句。

语句如下：

```
GO
WAITFOR TIME '11:12:00'
SELECT * FROM student
GO
```

# 习　题　5

## 一、填空题

1. Transact-SQL 主要有数据定义语言、_____、_____、_____、_____和其他语言元素。

2. 数据定义语言是指用来创建、修改和删除各种对象的语句，主要包括_____、_____和_____语句。

3. 数据控制语言是用于控制对数据库对象权限的 SQL 语句，授权、拒绝和撤销访问数据库对象权限的语句分别是_____、_____和_____。

4. 数据操作语言是指用来查询、添加、修改和删除数据库中数据的语句，这些语句包括 SELECT、_____、_____和_____。

5. SQL Server 2019 的局部变量名字必须以_____开头，而全局变量名字必须以_____开头。

6. SQL Server 2019 可以支持的双字节字符数据类型包括_____、_____、_____等，它们均使用_____字符集。

7. GO 语句必须单独占据一行，用来标识一个_____的结束。

## 二、单项选择题

1. 数据定义语言的缩写词为(　　)。

　A. DCL　　　　　　B. DDL　　　　　　C. DML　　　　　　D. TML

2. 在数据操作语言(DML)的基本功能中，不包括的功能是(　　)。

　A. 描述库结构　　B. 插入数据　　C. 修改数据　　　　D. 删除数据

3. 下面(　　)不是 SQL Server 的合法标识符。

　A. abc3　　　　　　B. 3abc　　　　　　C. #cat　　　　　　D. @abc2

4. 下列标识符中可以作为局部变量使用的是(　　)。

　　A. TelCode　　　　　B. Tel Coc　　　　　C. @@TelCode　　　　D. @TelCode

5. 下面(　　)是一元运算符。

　　A. NOT　　　　　　B. AND　　　　　　C. /　　　　　　　　D. %

6. 语句 PRINT'35'+'53'+'='+'35+53'的输出结果为(　　)。

　　A. 35+53=88　　　B. 3553=88　　　　C. 3553=35+53　　　D. 35+53=35+53

7. 以下表达式返回值为 TRUE 的是(　　)。

　　A. '2015-03-18'<'2015-02-22'　　　　　B. '2015-03-18'>'2015-02-22'

　　C. 'CAP'>'CAT'　　　　　　　　　　　D. 11%3>11/3

8. 下面关于 SQL 的说法中，不正确的是(　　)。

　　A. 是关系型数据库的国际标准语言

　　B. 被称为结构化查询语言

　　C. 具有数据定义、操纵和控制功能

　　D. 能够自动实现关系数据库的规范化

### 三、简答题

1. DDL、DML 与 DCL 的功能分别是什么？它们各自包含哪些 Transact-SQL 语句？

2. Transact-SQL 中，局部变量和全局变量各有什么特点与作用？

3. 对局部变量进行定义、赋值与显示分别使用什么命令？简述命令的格式。

4. Transact-SQL 中运算符的优先级分为几级？每一级中包含哪些运算符？

5. 如何实现用户自定义数据类型的定义、删除等操作？

### 四、上机练习题

1. 编写代码，查看当前的日期。

2. 编写代码，计算 12 天后的日期。

3. 编写代码,声明变量@A 和@B 为二进制类型,并分别为其赋值 100 和 200,用 PRINT
语句打印@A 和@B 的值，记录实现语句和打印结果。

4. 编写代码求表达式 1+2+…+999 的值，记录实现的代码。

5. 创建用户自定义函数实现给出长方形的长和宽，求面积，并调用。

6. 创建用户自定义函数实现给出学生的学号，求该生选课门数，并调用。

7. 创建用户自定义函数实现 f(n)=n!，并调用。

8. 创建用户自定义函数实现给出学生的姓名，求该生的各科平均成绩，并调用。

# 第 6 章 数 据 查 询

在数据库应用系统中，表的查询是经常使用的操作。可以在 SQL Server Management Studio 中通过图形界面查询数据，也可以使用 SELECT 语句完成查询操作，这里主要介绍使用 SELECT 语句实现查询。为了演示 SELECT 语句的执行情况，本章利用 pm 数据库的 student、sc 和 course 3 个表来讲解，表结构和数据如前。

## 6.1 SELECT 语句

SELECT 语句在任何一种 SQL 语言中，都是使用频率最高的语句，它具有强大的查询功能，有的用户甚至只需要熟练掌握 SELECT 语句的一部分，就可以轻松地利用数据库来完成自己的工作。可以说，SELECT 语句是 SQL 语言的灵魂。SELECT 语句的作用是让数据库服务器根据客户端的要求搜寻出用户所需要的信息资料，并按用户规定的格式进行整理后返回给客户端。用户使用 SELECT 语句除可以查看普通数据库中的表格和视图信息外，还可以查看 SQL Sever 的系统信息。

SELECT 语句的基本语法格式如下：

```
SELECT <select_list>
[INTO <new_table>]
FROM <table_source>
[WHERE <search_condition>]
[GROUP BY <group_by_expression>]
[HAVING <search_condition>]
[ORDER BY <order_expression>[ASC|DESC]]
```

其参数说明如下。

- select_list：指明要查询的选择列表。列表可以包括若干个列名或表达式，列名或表达式之间用逗号隔开，用来指示应该返回哪些数据。表达式可以是列名、函数或常数的列表。
- INTO new_table：指定用查询的结果创建一个新表。new_table 为新表名称。
- FROM table_source：指定所查询的表或视图的名称。
- WHERE search_condition：指明查询所要满足的条件。
- GROUP BY group_by_expression：根据指定列中的值对结果集进行分组。
- HAVING search_condition：对用 FROM、WHERE 或 GROUP BY 子句创建的中间结果集进行行的筛选，通常与 GROUP BY 子句一起使用。
- ORDER BY order_expression [ ASC |DESC]：对查询结果集中的行重新排序。ASC 和 DESC 关键字分别用于指定按升序或降序排序。如果省略 ASC 或 DESC，则系统默认为升序。

# 6.2　简　单　查　询

这里主要介绍针对单表的查询，使用 SELECT 子句的功能和举例。

## 6.2.1　SELECT 子句

SELECT 子句的语法格式如下：

```
SELECT [ALL|DISTINCT][TOP <n> [PERCENT][WITH TIES]] <select_list>
```

其参数说明如下。

- ALL 关键字：为默认设置，用于指定查询结果集的所有行，包括重复行。
- DISTINCT：用于删除结果集中重复的行。
- TOP n [PERCENT]：指定只返回查询结果集中的前 n 行。如果加了 PERCENT，则表示返回查询结果集中的前 n%行。
- WITH TIES：用于指定从基本结果集中返回附加的行。
- select_list：指明要查询的选择列表。列表可以包括若干个列名或表达式，列名或表达式之间用逗号隔开，用来指示应该返回哪些数据。如果使用星号(*)则表示返回 FROM 子句中指定的表或视图中的所有列。表达式可以是列名、函数或常数的列表。

【例 6-1】在数据库 pm 中查询 student 表中的所有信息。

在查询编辑器窗口输入并执行如下 Transact-SQL 语句：

```
USE pm
GO
SELECT * FROM student
GO
```

运行结果如图 6-1 所示，它显示了 student 表的所有信息。

| | sno | sname | sex | birthday | score | dept | political | place | nation |
|---|---|---|---|---|---|---|---|---|---|
| 1 | 2015410101 | 刘聪 | 男 | 1996-02-05 | 487 | 计算机科学与技术 | 党员 | 吉林 | 汉族 |
| 2 | 2015410102 | 王腾飞 | 男 | 1997-12-03 | 498 | 计算机科学与技术 | 团员 | 辽宁 | 回族 |
| 3 | 2015410103 | 张丽 | 女 | 1996-03-09 | 482 | 计算机科学与技术 | 团员 | 黑龙江 | 朝鲜族 |
| 4 | 2015410104 | 梁薇 | 女 | 1995-07-02 | 466 | 计算机科学与技术 | 党员 | 吉林 | 汉族 |
| 5 | 2015410105 | 刘浩 | 男 | 1997-12-05 | 479 | 计算机科学与技术 | 团员 | 辽宁 | 汉族 |
| 6 | 2015410201 | 李云霞 | 女 | 1996-06-15 | 456 | 软件工程 | 党员 | 河北 | 汉族 |
| 7 | 2015410202 | 马春雨 | 女 | 1997-12-11 | 487 | 软件工程 | 团员 | 吉林 | 汉族 |
| 8 | 2015410203 | 刘亮 | 男 | 1998-01-15 | 490 | 软件工程 | 团员 | 河北 | 朝鲜族 |
| 9 | 2015410204 | 李云 | 男 | 1996-06-15 | 482 | 软件工程 | 党员 | 辽宁 | 回族 |
| 10 | 2015410205 | 刘琳 | 女 | 1997-06-21 | 480 | 软件工程 | 群众 | 黑龙江 | 汉族 |

图 6-1　student 表中的所有信息

【例 6-2】在 student 表中查询学生的学号、姓名、性别和生日信息。

在查询编辑器窗口输入并执行如下 Transact-SQL 语句：

```
USE pm
GO
```

```
SELECT sno,sname,sex,birthday FROM student
GO
```

运行结果如图 6-2 所示。

|   | sno | sname | sex | birthday |
|---|-----|-------|-----|----------|
| 1 | 2015410101 | 刘聪 | 男 | 1996-02-05 |
| 2 | 2015410102 | 王腾飞 | 男 | 1997-12-03 |
| 3 | 2015410103 | 张丽 | 女 | 1996-03-09 |
| 4 | 2015410104 | 梁薇 | 女 | 1995-07-02 |
| 5 | 2015410105 | 刘浩 | 男 | 1997-12-05 |
| 6 | 2015410201 | 李云霞 | 女 | 1996-06-15 |
| 7 | 2015410202 | 马春雨 | 女 | 1997-12-11 |
| 8 | 2015410203 | 刘亮 | 男 | 1998-01-15 |
| 9 | 2015410204 | 李云 | 男 | 1996-06-15 |
| 10 | 2015410205 | 刘琳 | 女 | 1997-06-21 |

图 6-2　student 表中的学生的学号、姓名、性别和生日信息

**【例 6-3】** 从 student 表中查询学生由哪些民族构成。

**分析：** 学生的民族有多行重复，可使用 DINSTINCT 关键字实现去掉重复的行。

在查询编辑器窗口输入并执行如下 Transact-SQL 语句：

```
USE pm
GO
SELECT DISTINCT nation FROM student
GO
```

运行结果如图 6-3 所示。

|   | nation |
|---|--------|
| 1 | 朝鲜族 |
| 2 | 汉族 |
| 3 | 回族 |

图 6-3　student 表中的学生的民族构成

**【例 6-4】** 显示 course 表中前 3 行的信息。

在查询编辑器窗口输入并执行如下 Transact-SQL 语句：

```
USE pm
GO
SELECT top 3 * FROM course
GO
```

运行结果如图 6-4 所示。

|   | cno | cname | credit | cpno |
|---|-----|-------|--------|------|
| 1 | 101 | C语言 | 3 | NULL |
| 2 | 102 | Java语言 | 4 | 101 |
| 3 | 103 | 操作系统 | 2 | 101 |

图 6-4　course 表中前 3 行的信息

**【例 6-5】** 从 student 表中显示 20%的信息。

在查询编辑器窗口输入并执行如下 Transact-SQL 语句：

```
USE pm
GO
```

```
SELECT TOP 20 PERCENT * FROM student
GO
```

运行结果如图 6-5 所示，student 表共有 10 行数据，所以使用 TOP 20 PERCENT 检索前 20%的数据行，其结果只显示 2 行信息。

图 6-5    student 表前 20%的数据行

### 6.2.2   INTO 子句

查询的结果不仅可以显示查看，还可作为一个数据表永久保存起来。使用 INTO 子句可以创建一个新表，并将查询结果直接插入新表中。INTO 子句的语法格式如下：

```
INTO <new_table>
```

其中，参数 new_table 拥有对主数据库有 CREATE TABLE 权限的用户命名，SQL Server 自动创建新表，并将查询结果数据集保存到新表中。若以#号为前缀，则保存查询结果的新表为临时表。

INTO 子句与 COMPUTE 子句具有互斥性，二者不可并存于同一查询语句中。

【例 6-6】从 student 表中查询所有汉族学生的信息资料，并形成新表，即汉族学生信息表。

在查询编辑器窗口输入并执行如下 Transact-SQL 语句：

```
USE pm
GO
SELECT * INTO 汉族学生信息表 FROM student
WHERE nation='汉族'
GO
SELECT * FROM 汉族学生信息表
GO
```

运行结果如图 6-6 所示。

图 6-6    汉族学生信息表

### 6.2.3   FROM 子句

FROM 子句用于指定 SELECT 语句查询的源表、视图、派生表和连接表，中间用逗号隔开。FROM 子句最多可以使用 16 个表或视图。其语法格式如下：

```
FROM {<table_source>}[,…n]
```

【例 6-7】从 sc 表中查询学生成绩。

在查询编辑器窗口输入并执行如下 Transact-SQL 语句：

```
USE pm
GO
SELECT * FROM sc
GO
```

运行结果如图 6-7 所示。

| | sno | cno | score |
|---|---|---|---|
| 1 | 2015410101 | 101 | 95 |
| 2 | 2015410102 | 101 | 87 |
| 3 | 2015410103 | 101 | 54 |
| 4 | 2015410101 | 102 | 45 |
| 5 | 2015410102 | 102 | 89 |
| 6 | 2015410103 | 102 | 68 |
| 7 | 2015410201 | 201 | 81 |
| 8 | 2015410202 | 201 | 79 |
| 9 | 2015410203 | 201 | 67 |
| 10 | 2015410201 | 202 | 95 |
| 11 | 2015410202 | 202 | 68 |
| 12 | 2015410203 | 202 | 84 |

图 6-7　学生成绩

【例 6-8】从相关表中查询每一位学生的学号、姓名、课程名称、成绩。

**分析**：根据各表数据可知，sno 存在于 student 表和 sc 表，sname 存在于 student 表，cname 存在于 course 表，score 存在于 sc 表，cno 存在于 sc 表和 course 表，要实现本例查询，则需要对 student、sc、course 3 个表进行多表检索。

在查询编辑器窗口输入并执行如下 Transact-SQL 语句：

```
USE pm
GO
SELECT student.sno,sname,cname,sc.score
FROM student,sc,course
WHERE student.sno=sc.sno AND sc.cno=course.cno
GO
```

运行结果如图 6-8 所示。

| | sno | sname | cname | score |
|---|---|---|---|---|
| 1 | 2015410101 | 刘聪 | C语言 | 95 |
| 2 | 2015410102 | 王腾飞 | C语言 | 87 |
| 3 | 2015410103 | 张丽 | C语言 | 54 |
| 4 | 2015410101 | 刘聪 | Java语言 | 45 |
| 5 | 2015410102 | 王腾飞 | Java语言 | 89 |
| 6 | 2015410103 | 张丽 | Java语言 | 68 |
| 7 | 2015410201 | 李云霞 | 网络 | 81 |
| 8 | 2015410202 | 马春雨 | 网络 | 79 |
| 9 | 2015410203 | 刘亮 | 网络 | 67 |
| 10 | 2015410201 | 李云霞 | 信息安全 | 95 |
| 11 | 2015410202 | 马春雨 | 信息安全 | 68 |
| 12 | 2015410203 | 刘亮 | 信息安全 | 84 |

图 6-8　学生的学号、姓名、课程名称、成绩

### 6.2.4　WHERE 子句

WHERE 子句用于查询所要满足的条件。通常情况下，必须定义一个或多个条件限制检索选择的数据行。WHERE 子句后跟逻辑表达式，结果集将返回表达式为真的数据行。WHERE 子句一般放在 FROM 子句后面。其语法格式如下：

```
WHERE <search_condition>
```

在 WHERE 子句中，查询条件表达式可以包含比较运算符、逻辑运算符。常用的查询条件如表 6-1 所示。

表 6-1　WHERE 子句中常用的查询条件

| 查 询 条 件 | 运　算　符 | 作用与意义 |
|---|---|---|
| 比较 | =, !=, <>, >, >=, !>, <, <=, !< | 比较两个值的大小 |
| 范围 | BETWEEN AND，NOT BETWEEN AND | 判断值是否在范围内 |
| 集合 | IN，NOT IN | 判断值是否在列表集合中 |
| 未知判断 | IS NULL，IS NOT NULL | 测试字段是否为空值 |
| 字符匹配 | LIKE，NOT LIKE | 用于模糊查询 |
| 组合条件 | NOT，AND，OR | 用来构造多重复合条件 |

【例 6-9】在 course 表中查找"操作系统"课程的课程编号。

在查询编辑器窗口输入并执行如下 Transact-SQL 语句：

```
USE pm
GO
SELECT cno FROM course
WHERE cname='操作系统'
GO
```

运行结果如图 6-9 所示。

图 6-9　"操作系统"课程的课程编号

【例 6-10】在 student 表中查询少数民族学生的基本情况。

在查询编辑器窗口输入并执行如下 Transact-SQL 语句：

```
USE pm
GO
SELECT * FROM student WHERE nation <>'汉族'
GO
```

运行结果如图 6-10 所示。

|  | sno | sname | sex | birthday | score | dept | political | place | nation |
|---|---|---|---|---|---|---|---|---|---|
| 1 | 2015410102 | 王腾飞 | 男 | 1997-12-03 | 498 | 计算机科学与技术 | 团员 | 辽宁 | 回族 |
| 2 | 2015410103 | 张丽 | 女 | 1996-03-09 | 482 | 计算机科学与技术 | 团员 | 黑龙江 | 朝鲜族 |
| 3 | 2015410203 | 刘亮 | 男 | 1998-01-15 | 490 | 软件工程 | 团员 | 河北 | 朝鲜族 |
| 4 | 2015410204 | 李云 | 男 | 1996-06-15 | 482 | 软件工程 | 党员 | 辽宁 | 回族 |

图 6-10　少数民族学生的基本情况

**【例 6-11】** 检索 1996 年 5 月 1 日以后出生的女生基本信息。

在查询编辑器窗口输入并执行如下 Transact-SQL 语句：

```
USE pm
GO
SELECT * FROM student
WHERE birthday>'1996-05-01' AND sex='女'
GO
```

运行结果如图 6-11 所示。

|  | sno | sname | sex | birthday | score | dept | political | place | nation |
|---|---|---|---|---|---|---|---|---|---|
| 1 | 2015410201 | 李云霞 | 女 | 1996-06-15 | 456 | 软件工程 | 党员 | 河北 | 汉族 |
| 2 | 2015410202 | 马春雨 | 女 | 1997-12-11 | 487 | 软件工程 | 团员 | 吉林 | 汉族 |
| 3 | 2015410205 | 刘琳 | 女 | 1997-06-21 | 480 | 软件工程 | 群众 | 黑龙江 | 汉族 |

图 6-11　1996 年 5 月 1 日以后出生的女生基本信息

## 6.2.5　GROUP BY 子句

在大多数情况下，使用统计函数返回的是所有行数据的统计结果。如果需要按某一列数据的值进行分类，在分类的基础上再进行统计，就要使用 GROUP BY 子句，它的语法格式如下：

```
GROUP BY <group_by_expression>
```

其参数说明如下。

- GROUP BY 子句写在 WHERE 子句之后。
- group_by_expression：可以是普通列名或一个包含 SQL 函数的计算列，但不能是字段表达式。

当使用 GROUP BY 子句进行分组时，SELECT 子句的选项列表中可以包含聚合函数，但 SELECT 子句后的各列或包含在聚合函数中或包含在 GROUP BY 子句中；否则，SQL Server 将返回如下错误信息："表名.列名在选择列表中无效，因为该列既不包含在聚合函数中，也不包含在 GROUP BY 子句中。"

**【例 6-12】** 从 sc 表中查询每位学生的课程门数、总成绩、平均成绩。

**分析：** 查询每位学生的课程成绩情况，实际上就是按照"学号"列分类统计，可使用 GROUP BY sno 子句，统计课程门数、总成绩、平均成绩分别可以使用聚合函数 COUNT(cno)、SUM(score)、AVG(score)。

在查询编辑器窗口输入并执行如下 Transact-SQL 语句：

```
USE pm
GO
SELECT sno,COUNT(cno) AS '课程门数',SUM(score) AS '总成绩',
    AVG(score) AS '平均成绩'
FROM sc
GROUP BY sno
GO
```

运行结果如图 6-12 所示。

| | sno | 课程门数 | 总成绩 | 平均成绩 |
|---|---|---|---|---|
| 1 | 2015410101 | 2 | 140 | 70 |
| 2 | 2015410102 | 2 | 176 | 88 |
| 3 | 2015410103 | 2 | 122 | 61 |
| 4 | 2015410201 | 2 | 176 | 88 |
| 5 | 2015410202 | 2 | 147 | 73 |
| 6 | 2015410203 | 2 | 151 | 75 |

图 6-12  每位学生的课程门数、总成绩、平均成绩

### 6.2.6  HAVING 子句

HAVING 子句用于限定组或聚合函数的查询条件，通常用在 GROUP BY 子句之后，即为 GROUP BY 分组的结果设置筛选条件，使满足限定条件的那些组被挑选出来，构成最终的查询结果。它的语法格式如下：

```
HAVING <search condition>
```

通常，HAVING 子句的作用与 WHERE 子句基本一样，但 WHERE 子句是对原始记录进行过滤，HAVING 子句是对查询的结果进行过滤；HAVING 子句中可以使用聚合函数，而 WHERE 子句不能使用聚合函数。

【例 6-13】从 student 表中统计各民族学生人数。

**分析**：此例实际上是要对学生按民族进行分类统计，可使用聚合函数 COUNT(nation) 实现。

在查询编辑器窗口输入并执行如下 Transact-SQL 语句：

```
USE pm
GO
SELECT nation,COUNT(nation) AS '学生人数'
FROM student
GROUP BY nation
GO
```

运行结果如图 6-13 所示。

| | nation | 学生人数 |
|---|---|---|
| 1 | 朝鲜族 | 2 |
| 2 | 汉族 | 6 |
| 3 | 回族 | 2 |

图 6-13  student 表中各民族学生人数

【例6-14】从 student 表中统计民族人数超过 2 的民族信息。

在查询编辑器窗口输入并执行如下 Transact-SQL 语句：

```
USE pm
GO
SELECT nation,COUNT(nation) AS '学生人数'
FROM student
GROUP BY nation
HAVING COUNT(nation)>2
GO
```

运行结果如图 6-14 所示。

图 6-14　student 表中民族人数超过 2 的民族信息

**说明**：因为条件含有聚合函数 COUNT，所以此例不可使用 WHERE 子句完成。

【例6-15】显示平均成绩大于等于 80 分的学生。

**分析**：此例的限定条件是 AVG(score)>=80，只能使用 HAVING 子句，如果使用 WHERE 子句限定条件，系统会显示错误信息。

在查询编辑器窗口输入并执行如下 Transact-SQL 语句：

```
USE pm
GO
SELECT sno,AVG(score) AS '平均成绩'
FROM sc
GROUP BY sno
HAVING AVG(score)>=80
GO
```

运行结果如图 6-15 所示。

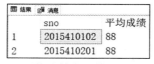

图 6-15　平均成绩大于等于 80 分的学生

## 6.2.7　ORDER BY 子句

通常情况下，SELECT 语句返回的查询数据集的记录是按表中记录的物理顺序排列的。但可以通过 ORDER BY 子句来改变查询数据集中记录的显示顺序。

ORDER BY 子句的语法格式如下：

```
ORDER BY {<order_by_expression>[ASC|DESC]}[,…n]]
```

其参数说明如下：

- ORDER BY 子句中可以指定一个或多个排序列，即嵌套排序，检索结果首先按第 1 列进行排序，对第 1 列值相同的那些数据行，再按照第 2 列排序……以此类推。

● ASC 和 DESC 关键字分别按升序或降序排序。如果省略，则系统默认为升序。

ORDER BY 子句要写在 WHERE 子句的后面，而且在 ORDER BY 子句中不能使用 NTEXT、TEXT 和 IMAGE 列。

【例 6-16】将学生平均成绩按升序排序。

在查询编辑器窗口输入并执行如下 Transact-SQL 语句：

```
USE pm
GO
SELECT sno,AVG(score) AS '平均成绩'
FROM sc
GROUP BY sno
ORDER BY AVG(score)
```

运行结果如图 6-16 所示。

| | sno | 平均成绩 |
|---|---|---|
| 1 | 2015410103 | 61 |
| 2 | 2015410101 | 70 |
| 3 | 2015410202 | 73 |
| 4 | 2015410203 | 75 |
| 5 | 2015410102 | 88 |
| 6 | 2015410201 | 88 |

图 6-16　按升序排序的学生平均成绩

【例 6-17】查询 sc 表中的全部信息，要求查询结果首先按学号升序排序，当学号相同时，按成绩降序排序。

在查询编辑器窗口输入并执行如下 Transact-SQL 语句：

```
USE pm
GO
SELECT * FROM sc ORDER BY sno,score DESC
```

运行结果如图 6-17 所示。

| | sno | cno | score |
|---|---|---|---|
| 1 | 2015410101 | 101 | 95 |
| 2 | 2015410101 | 102 | 45 |
| 3 | 2015410102 | 102 | 89 |
| 4 | 2015410102 | 101 | 87 |
| 5 | 2015410103 | 102 | 68 |
| 6 | 2015410103 | 101 | 54 |
| 7 | 2015410201 | 202 | 95 |
| 8 | 2015410201 | 201 | 81 |
| 9 | 2015410202 | 201 | 79 |
| 10 | 2015410202 | 202 | 68 |
| 11 | 2015410203 | 202 | 84 |
| 12 | 2015410203 | 201 | 67 |

图 6-17　按顺序显示的 sc 表的全部信息

# 6.3  使用其他子句或关键字查询数据

这里主要介绍集合查询、范围查询、模糊查询等。

## 6.3.1  集合查询

集合查询是指将两个或两个以上 SELECT 语句，用 UNION(并)、INTERSECT(交)或 EXCEPT(差)运算符连接起来的查询。参加集合查询的各查询结果的列数必须相同，对应项的数据类型也必须相同。

【例 6-18】从 student 表中检索男生或入学成绩超过 480 分的学生的学号、性别、入学成绩。

分析：从 student 表中检索男生学号的语句为 SELECT sno,sex,score FROM student WHERE sex='男'，查询结果如图 6-18 所示。从 student 表中检索入学成绩超过 480 分的学生的学号、性别、入学成绩的语句为 SELECT sno,sex,score FROM student WHERE score>480，查询结果如图 6-19 所示。对这两个查询的结果使用 UNION 运算符。

| | 结果 | 消息 | |
| --- | --- | --- | --- |
| | sno | sex | score |
| 1 | 2015410101 | 男 | 476 |
| 2 | 2015410102 | 男 | 498 |
| 3 | 2015410105 | 男 | 479 |
| 4 | 2015410203 | 男 | 490 |
| 5 | 2015410204 | 男 | 482 |

图 6-18  男生查询结果集

| | 结果 | 消息 | |
| --- | --- | --- | --- |
| | sno | sex | score |
| 1 | 2015410102 | 男 | 498 |
| 2 | 2015410103 | 女 | 482 |
| 3 | 2015410202 | 女 | 487 |
| 4 | 2015410203 | 男 | 490 |
| 5 | 2015410204 | 男 | 482 |

图 6-19  入学成绩超过 480 分的学生的查询结果集

在查询编辑器窗口输入并执行如下 Transact-SQL 语句：

```
USE pm
GO
SELECT sno,sex,score FROM student WHERE sex='男'
UNION
SELECT sno,sex,score FROM student WHERE score>480
GO
```

运行结果如图 6-20 所示。UNION 结果集的列标题取自第一个 SELECT 语句。

| | 结果 | 消息 | |
| --- | --- | --- | --- |
| | sno | sex | score |
| 1 | 2015410101 | 男 | 476 |
| 2 | 2015410102 | 男 | 498 |
| 3 | 2015410103 | 女 | 482 |
| 4 | 2015410105 | 男 | 479 |
| 5 | 2015410202 | 女 | 487 |
| 6 | 2015410203 | 男 | 490 |
| 7 | 2015410204 | 男 | 482 |

图 6-20  UNION 查询结果

【例 6-19】从 student 表中检索男生且入学成绩超过 480 分的学生的学号、性别、入学成绩。

    **分析**：从 student 表中检索男生学号的语句为 SELECT sno,sex,score FROM student WHERE sex='男'，查询结果如图 6-18 所示。从 student 表中检索入学成绩超过 480 分的学号、性别、入学成绩的语句为 SELECT sno,sex,score FROM student WHERE score>480，查询结果如图 6-19 所示。对这两个查询的结果使用 INTERSECT 运算符。

    在查询编辑器窗口输入并执行如下 Transact-SQL 语句：

```
USE pm
GO
SELECT sno,sex,score FROM student WHERE sex='男'
INTERSECT
SELECT sno,sex,score FROM student WHERE score>480
GO
```

    运行结果如图 6-21 所示。结果集的列标题取自第一个 SELECT 语句。

| | sno | sex | score |
|---|---|---|---|
| 1 | 2015410102 | 男 | 498 |
| 2 | 2015410203 | 男 | 490 |
| 3 | 2015410204 | 男 | 482 |

图 6-21   INTERSECT 查询结果

    **【例 6-20】** 从 student 表中检索男生且入学成绩不超过 480 分的学生的学号、性别、入学成绩。

    **分析**：从 student 表中检索男生学号的语句为 SELECT sno,sex,score FROM student WHERE sex='男'，查询结果如图 6-18 所示。从 student 表中检索入学成绩超过 480 分的学生的学号、性别、入学成绩的语句为 SELECT sno,sex,score FROM student WHERE score>480，查询结果如图 6-19 所示。对这两个查询的结果使用 EXCEPT 运算符。

    在查询编辑器窗口输入并执行如下 Transact-SQL 语句：

```
USE pm
GO
SELECT sno,sex,score FROM student WHERE sex='男'
EXCEPT
SELECT sno,sex,score FROM student WHERE score>480
GO
```

    运行结果如图 6-22 所示。结果集的列标题取自第一个 SELECT 语句。

| | sno | sex | score |
|---|---|---|---|
| 1 | 2015410101 | 男 | 476 |
| 2 | 2015410105 | 男 | 479 |

图 6-22   EXCEPT 查询结果

## 6.3.2   检索某一范围内的信息

    检索在某一范围内的信息，需要使用 WHERE 子句限定查询条件，这个条件通常是一个逻辑表达式。在表达式中除了可以使用比较运算符=(等于)、<(小于)、>(大于)、<>(不等于)等外，还可使用逻辑运算符 BETWEEN、IN、LIKE、IS NULL、NOT(非)、AND(与)、OR(或)等来限定查询条件。

### 1. 使用 BETWEEN 关键字

BETWEEN 关键字和 AND 一起使用，用来检索在一个指定范围内的信息；NOT BETWEEN 检索不在某一范围内的信息。

【例 6-21】查询 1996 年出生的学生的基本信息。

分析：1996 年出生的学生即出生日期在 1996 年 1 月 1 日～12 月 31 日的学生。

在查询编辑器窗口输入并执行如下 Transact-SQL 语句：

```
USE pm
GO
SELECT * FROM student
WHERE birthday BETWEEN '1996-01-01' AND '1996-12-31'
GO
```

运行结果如图 6-23 所示。

| | sno | sname | sex | birthday | score | dept | political | place | nation |
|---|---|---|---|---|---|---|---|---|---|
| 1 | 2015410101 | 刘聪 | 男 | 1996-02-05 | 487 | 计算机科学与技术 | 党员 | 吉林 | 汉族 |
| 2 | 2015410103 | 张丽 | 女 | 1996-03-09 | 482 | 计算机科学与技术 | 团员 | 黑龙江 | 朝鲜族 |
| 3 | 2015410201 | 李云霞 | 女 | 1996-06-15 | 456 | 软件工程 | 党员 | 河北 | 汉族 |
| 4 | 2015410204 | 李云 | 男 | 1996-06-15 | 482 | 软件工程 | 党员 | 辽宁 | 回族 |

图 6-23  1996 年出生的学生的基本信息

### 2. 使用 IN 关键字

IN 关键字允许用户选择与列表中的值相匹配的行，指定项必须用括号括起来，并用逗号隔开，表示"或"的关系。NOT IN 表示含义正好相反。

【例 6-22】查询课程编号为 101、103 的课程编号、课程名称、学分。

在查询编辑器窗口输入并执行如下 Transact-SQL 语句：

```
USE pm
GO
SELECT * FROM course
WHERE cno IN ('101','103')
GO
```

运行结果如图 6-24 所示。

| | cno | cname | credit | cpno |
|---|---|---|---|---|
| 1 | 101 | C语言 | 3 | NULL |
| 2 | 103 | 操作系统 | 2 | 101 |

图 6-24  课程编号为 101、103 的课程信息

## 3. 使用 LIKE 关键字

LIKE 关键字用于查询与指定的某些字符串表达式模糊匹配的数据行。LIKE 后的表达式被定义为字符串，必须用半角单引号括起来，字符串中可以使用以下 4 种通配符。

- %：可匹配任意类型和长度的字符串。
- _(下画线)：可以匹配任何单个字符。
- []：指定范围或集合中的任何单个字符。
- [^]：不属于指定范围或集合的任何单个字符。

例如：LIK E '刘%'匹配以'刘'开始的字符串；LIKE'%技术%'匹配的是前后字符为任意，中间含有"技术"两个字的字符串，LIKE '_秀%'匹配的是第二个字符为"秀"的任意字符串；[a-i]匹配的是 a、b、c、d、e、f、g、h、i 单个字符；LIKE 'm[^w-z]%'匹配的是以字母 m 开始并且第 2 个字母不为 w、x、y、z 的所有字符串。

【例 6-23】检索所有姓刘的学生的基本信息。

**分析**：匹配所有姓刘的学生可以表示为：姓名 LIKE '刘%'。

在查询编辑器窗口输入并执行如下 Transact-SQL 语句：

```
USE pm
GO
SELECT * FROM student
WHERE sname LIKE '刘%'
GO
```

运行结果如图 6-25 所示。

| | sno | sname | sex | birthday | score | dept | political | place | nation |
|---|---|---|---|---|---|---|---|---|---|
| 1 | 2015410101 | 刘聪 | 男 | 1996-02-05 | 487 | 计算机科学与技术 | 党员 | 吉林 | 汉族 |
| 2 | 2015410105 | 刘浩 | 男 | 1997-12-05 | 479 | 计算机科学与技术 | 团员 | 辽宁 | 汉族 |
| 3 | 2015410203 | 刘亮 | 男 | 1998-01-15 | 490 | 软件工程 | 团员 | 河北 | 朝鲜族 |
| 4 | 2015410205 | 刘琳 | 女 | 1997-06-21 | 480 | 软件工程 | 群众 | 黑龙江 | 汉族 |

图 6-25　所有姓刘的学生的基本信息

【例 6-24】检索包含"操作"两字的课程信息。

**分析**：匹配"操作"两字的课程名称可以表示为：cname LIKE '%操作%'。

在查询编辑器窗口输入并执行如下 Transact-SQL 语句：

```
USE pm
GO
SELECT * FROM course
WHERE cname LIKE '%操作%'
GO
```

运行结果如图 6-26 所示。

| | cno | cname | credit | cpno |
|---|---|---|---|---|
| 1 | 103 | 操作系统 | 2 | 101 |

图 6-26　检索包含"操作"两字的课程信息

【例6-25】检索少数民族学生的基本信息。

**分析**：少数民族学生可以表示为：WHERE nation NOT LIKE '汉族'。

在查询编辑器窗口输入并执行如下 Transact-SQL 语句：

```
USE pm
GO
SELECT * FROM student
WHERE nation NOT LIKE '汉族'
GO
```

运行结果如图 6-27 所示。

| | sno | sname | sex | birthday | score | dept | political | place | nation |
|---|---|---|---|---|---|---|---|---|---|
| 1 | 2015410102 | 王腾飞 | 男 | 1997-12-03 | 498 | 计算机科学与技术 | 团员 | 辽宁 | 回族 |
| 2 | 2015410103 | 张丽 | 女 | 1996-03-09 | 482 | 计算机科学与技术 | 团员 | 黑龙江 | 朝鲜族 |
| 3 | 2015410203 | 刘亮 | 男 | 1998-01-15 | 490 | 软件工程 | 团员 | 河北 | 朝鲜族 |
| 4 | 2015410204 | 李云 | 男 | 1996-06-15 | 482 | 软件工程 | 党员 | 辽宁 | 回族 |

图 6-27　少数民族学生的基本信息

【例6-26】查询第 2 个字为"云"的学生的信息。

**分析**：在学生信息表中，匹配第 2 个字为"云"的学生姓名应表示为：sname LIKE '_云%'。

在查询编辑器窗口输入并执行如下 Transact-SQL 语句：

```
USE pm
GO
SELECT * FROM student
WHERE sname LIKE '_云%'
GO
```

运行结果如图 6-28 所示。

| | sno | sname | sex | birthday | score | dept | political | place | nation |
|---|---|---|---|---|---|---|---|---|---|
| 1 | 2015410201 | 李云霞 | 女 | 1996-06-15 | 456 | 软件工程 | 党员 | 河北 | 汉族 |
| 2 | 2015410204 | 李云 | 男 | 1996-06-15 | 482 | 软件工程 | 党员 | 辽宁 | 回族 |

图 6-28　姓名第 2 个字为"云"的学生的信息

### 4. 使用 IS NULL 关键字

IS NULL 关键字可以检索数据列中没有赋值的行。

【例6-27】查询姓名为空的学生的信息。

在查询编辑器窗口输入并执行如下 Transact-SQL 语句：

```
USE pm
GO
SELECT * FROM student
WHERE sname IS NULL
GO
```

运行结果如图 6-29 所示，没有记录满足条件。

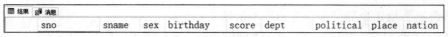

图 6-29　姓名为空的学生信息

### 6.3.3　指定结果集的列的别名

在 SELECT 语句中，有时为查询结果集中的某些列增加可读性或者为没有名称的列指定名称，使得在查询结果中以该列的别名作为列标题显示相应数据，而不再使用"无列名"这种没有任何描述特征的名称。使用 AS 子句，定义列别名的子句格式：

```
<表达式> [AS] <列别名>
AS 关键字可以省略，省略 AS 时，子句简化为
<表达式> <列别名>
```

定义列别名的另一种格式：

```
<列别名>=<表达式>
```

【例 6-28】统计 sc 表中各门课程的学生人数、总成绩、平均成绩。

**分析**：统计 sc 表中各门课程的信息，需要将学生成绩按课程编号分组，即 GROUP BY 课程编号，统计学生人数、总成绩、平均成绩分别需要使用聚合函数 COUNT(sno)、SUM(score)、AVG(score)。因为新生成的学生人数、总成绩、平均成绩 3 列没有列名，所以可使用 AS 子句指定别名。

在查询编辑器窗口输入并执行如下 Transact-SQL 语句：

```
USE pm
GO
SELECT cno AS '课程号',COUNT(sno) AS '学生人数',
    SUM(score) AS '总成绩',AVG(score) AS '平均成绩'
FROM sc
GROUP BY cno
GO
```

运行结果如图 6-30 所示。

| | 课程号 | 学生人数 | 总成绩 | 平均成绩 |
|---|---|---|---|---|
| 1 | 101 | 3 | 236 | 78 |
| 2 | 102 | 3 | 202 | 67 |
| 3 | 201 | 3 | 227 | 75 |
| 4 | 202 | 3 | 247 | 82 |

图 6-30　sc 表中各门课程的学生人数、总成绩、平均成绩

# 6.4　连　接　查　询

连接查询是关系数据库中最主要的查询，主要包括内连接、外连接和交叉连接等。通过连接运算符可以实现多个表查询。连接是关系数据库模型的主要特点，也是它区别于其

他类型数据库管理系统的一个标志。在关系数据库管理系统中，表建立时各数据之间的关系不必确定，常把一个实体的所有信息存放在一个表中。当检索数据时，通过连接操作查询出存放在多个表中的不同实体的信息。连接操作给用户带来很大的灵活性，可以在任何时候增加新的数据类型。为不同实体创建新的表，然后通过连接进行查询。

## 6.4.1 连接概述

用户在前面所做的查询大多是对单个表进行的查询，而在数据库的应用中，经常需要从多个相关的表中查询数据，这就需要使用连接查询。由于连接涉及多个表及其之间的引用，所以列的引用必须明确，对于重复的列名必须用表名限定。

连接的类型有内连接、外连接、交叉连接 3 种。连接的格式有如下两种。

(1) 在 FROM 子句中定义连接。

```
SELECT <输出列表>
FROM 表1 <连接类型> 表2 [ON (<连接条件>)]
```

(2) 在 WHERE 子句中定义连接。

```
SELECT <输出列表>
FROM <表1>,<表2>
WHERE<表1>.<列名> <连接操作符> <表2>.<列名>
```

说明如下：

- 在<输出列表>中使用多个数据表来源且有同名字段时，必须明确定义字段所在的数据表名称。
- 连接操作符可以是=、!=、<>、>、>=、<、<=、!>、!<。当操作符是"="时，表示等值连接。
- 连接类型用于指定所执行的连接类型：内连接(INNER JOIN)、外连接(OUTER JOIN)或交叉连接(CROSS JOIN)。

FROM 子句中可以指定连接类型，可实现内连接、外连接、交叉连接的设置；而 WHERE 子句中没有指定连接类型，所以建议使用 FROM 子句的方法。

## 6.4.2 内连接

内连接(INNER JOIN)是组合两个表的常用方法，它将两个表中的列进行比较，将两个表中满足连接条件的行组合起来生成第 3 个表，仅包含那些满足连接条件的数据行。内连接有等值连接、自然连接和不等值连接 3 种。

当连接操作符是"="时，该连接操作被称为等值连接，使用其他运算符的连接运算称为非等值连接。当等值连接中的连接字段相同，并且在 SELECT 语句的<输出列表>中去除了重复字段时，该连接操作为自然连接。

【例 6-29】查询每个学生的成绩信息，要求显示学生学号、姓名、课程名称、学分、成绩信息。

分析：有关学生的学号、姓名存放在 student 表中，课程名称和学分信息存放在 course 表中，成绩存放在 sc 表中，本题查询涉及 3 张表，所以利用表的连接技术，首先连接 student

表和 sc 表，它们有共同属性 sno；然后用新表与 course 表连接，共同属性为 cno。

在查询编辑器窗口输入并执行如下 Transact-SQL 语句：

```
USE pm
GO
SELECT s.sno,sname,cname,credit,sc.score
FROM student s INNER JOIN sc ON s.sno=sc.sno INNER JOIN course c ON c.cno=sc.cno
GO
```

运行结果如图 6-31 所示。

| | sno | sname | cname | credit | score |
|---|---|---|---|---|---|
| 1 | 2015410101 | 刘聪 | C语言 | 3 | 95 |
| 2 | 2015410102 | 王腾飞 | C语言 | 3 | 87 |
| 3 | 2015410103 | 张丽 | C语言 | 3 | 54 |
| 4 | 2015410101 | 刘聪 | Java语言 | 4 | 45 |
| 5 | 2015410102 | 王腾飞 | Java语言 | 4 | 89 |
| 6 | 2015410103 | 张丽 | Java语言 | 4 | 68 |
| 7 | 2015410201 | 李云霞 | 网络 | 3 | 81 |
| 8 | 2015410202 | 马春雨 | 网络 | 3 | 79 |
| 9 | 2015410203 | 刘亮 | 网络 | 3 | 67 |
| 10 | 2015410201 | 李云霞 | 信息安全 | 2 | 95 |
| 11 | 2015410202 | 马春雨 | 信息安全 | 2 | 68 |
| 12 | 2015410203 | 刘亮 | 信息安全 | 2 | 84 |

图 6-31　自然连接查询出的每个学生的成绩信息

**说明：**

本例也可用如下 SELECT 语句完成。

```
SELECT student.sno, sname, cname, credit, sc.score
FROM student, course, sc
WHERE student.sno=sc.sno AND course.cno=sc.cno
```

### 6.4.3　外连接

在内连接中，只有在两个表中匹配的记录才能在结果集中出现。而外连接(OUTER JOIN)只限制一个表，而对另外一个表不加限制(即所有的行都出现在结果集中)。

外连接分为左外连接(LEFT [OUTER] JOIN)、右外连接(RIGHT [OUTER] JOIN)和全外连接(FULL [OUTER] JOIN)。括号中为使用 FROM 子句定义外连接的关键字，使用中可以省略 OUTER。

#### 1. 左外连接(LEFT OUTER JOIN)

左外连接对左边的表不加限制。左外连接需要在 FROM 子句中采用下列语法格式。

```
FROM <左表名> LEFT [OUTER] JOIN <右表名> ON <连接条件>
```

【例 6-30】查询是否所有的课程都有成绩，包括课程编号、课程名称、学号、成绩。

**分析**：所有的课程信息都在 course 表中，成绩信息在 sc 表中，有关课程的成绩涉及两张表，由于要查询所有的课程信息，所以所有课程的信息都要出现在结果中，采用左外连接，左表为课程信息表。

在查询编辑器窗口输入并执行如下 Transact-SQL 语句：

```
USE pm
GO
SELECT course.cno, cname, sno, score
FROM course LEFT JOIN sc ON course.cno =sc.cno
GO
```

运行结果如图 6-32 所示。

| | cno | cname | sno | score |
|---|---|---|---|---|
| 1 | 101 | C语言 | 2015410101 | 95 |
| 2 | 101 | C语言 | 2015410102 | 87 |
| 3 | 101 | C语言 | 2015410103 | 54 |
| 4 | 102 | Java语言 | 2015410101 | 45 |
| 5 | 102 | Java语言 | 2015410102 | 89 |
| 6 | 102 | Java语言 | 2015410103 | 68 |
| 7 | 103 | 操作系统 | NULL | NULL |
| 8 | 104 | 数据库 | NULL | NULL |
| 9 | 201 | 网络 | 2015410201 | 81 |
| 10 | 201 | 网络 | 2015410202 | 79 |
| 11 | 201 | 网络 | 2015410203 | 67 |
| 12 | 202 | 信息安全 | 2015410201 | 95 |
| 13 | 202 | 信息安全 | 2015410202 | 68 |
| 14 | 202 | 信息安全 | 2015410203 | 84 |

图 6-32 使用左外连接查询课程成绩信息

### 2. 右外连接(RIGHT OUTER JOIN)

右外连接对右边的表不加限制。右外连接需要在 FROM 子句采用下列语法格式。

```
FROM <左表名> RIGHT [OUTER] JOIN <右表名> ON <连接条件>
```

**【例 6-31】**使用右外连接查询学生选修课程的信息。

**分析**：本查询涉及 student 表和 sc 表，由于要显示所有学生选课信息，且用右外连接，所以 student 表为右表。

在查询编辑器窗口输入并执行如下 Transact-SQL 语句：

```
USE pm
GO
SELECT cno,sc.score,sname
FROM sc RIGHT JOIN student
ON sc.sno=student.sno
GO
```

运行结果如图 6-33 所示。

| | cno | score | sname |
|---|---|---|---|
| 1 | 101 | 95 | 刘聪 |
| 2 | 102 | 45 | 刘聪 |
| 3 | 101 | 87 | 王腾飞 |
| 4 | 102 | 89 | 王腾飞 |
| 5 | 101 | 54 | 张丽 |
| 6 | 102 | 68 | 张丽 |
| 7 | NULL | NULL | 梁薇 |
| 8 | NULL | NULL | 刘浩 |
| 9 | 201 | 81 | 李云霞 |
| 10 | 202 | 95 | 李云霞 |
| 11 | 201 | 79 | 马春雨 |
| 12 | 202 | 68 | 马春雨 |
| 13 | 201 | 67 | 刘亮 |
| 14 | 202 | 84 | 刘亮 |
| 15 | NULL | NULL | 李云 |
| 16 | NULL | NULL | 刘琳 |

图 6-33 使用右外连接查询的学生选修课程信息

### 3. 全外连接(FULL OUTER JOIN)

全外连接对两个表都不加限制，即两个表中所有的行都会出现在结果集中。使用全外连接需要在 FROM 子句采用下列语法格式。

```
FROM <左表名> FULL [OUTER] JOIN <右表名> ON <连接条件>
```

【例 6-32】使用全外连接查询每个学生及其选修课程的情况(包括未选课的学生信息以及未被选修的课程信息)。

在查询编辑器窗口输入并执行如下 Transact-SQL 语句：

```
USE pm
GO
SELECT student.sno,sname,course.cno,cname,sc.score
FROM student FULL JOIN sc ON student.sno=sc.sno
    FULL JOIN course ON course.cno=sc.cno
GO
```

运行结果如图 6-34 所示。

| | sno | sname | cno | cname | score |
|---|---|---|---|---|---|
| 1 | 2015410101 | 刘聪 | 101 | C语言 | 95 |
| 2 | 2015410101 | 刘聪 | 102 | Java语言 | 45 |
| 3 | 2015410102 | 王腾飞 | 101 | C语言 | 87 |
| 4 | 2015410102 | 王腾飞 | 102 | Java语言 | 89 |
| 5 | 2015410103 | 张丽 | 101 | C语言 | 54 |
| 6 | 2015410103 | 张丽 | 102 | Java语言 | 68 |
| 7 | 2015410104 | 梁薇 | NULL | NULL | NULL |
| 8 | 2015410105 | 刘浩 | NULL | NULL | NULL |
| 9 | 2015410201 | 李云霞 | 201 | 网络 | 81 |
| 10 | 2015410201 | 李云霞 | 202 | 信息安全 | 95 |
| 11 | 2015410202 | 马春雨 | 201 | 网络 | 79 |
| 12 | 2015410202 | 马春雨 | 202 | 信息安全 | 68 |
| 13 | 2015410203 | 刘亮 | 201 | 网络 | 67 |
| 14 | 2015410203 | 刘亮 | 202 | 信息安全 | 84 |
| 15 | 2015410204 | 李云 | NULL | NULL | NULL |
| 16 | 2015410205 | 刘琳 | NULL | NULL | NULL |
| 17 | NULL | NULL | 103 | 操作系统 | NULL |
| 18 | NULL | NULL | 104 | 数据库 | NULL |

图 6-34　使用全外连接查询每个学生及其选修课程的情况

## 6.4.4　交叉连接

交叉连接(Cross Join)又称非限制连接，它将两个表不加任何约束地组合起来。在数学上，就是两个表的笛卡尔积。交叉连接后得到的结果集的行数是两个被连接表的行数的乘积。交叉连接只用于测试一个数据库的执行效率，在实际应用中是无意义的。

【例 6-33】查询 student 表和 course 表的所有组合。

在查询编辑器窗口输入并执行如下 Transact-SQL 语句：

```
USE pm
GO
SELECT * FROM student CROSS JOIN course
GO
```

运行结果如图 6-35 所示，检索结果为 60 行，由 student 表的 10 行和 course 表的 6 行组合而成(10×6=60)，由连接结果可以看出，这种交叉连接的结果没有实际意义。

| | sno | sname | sex | birthday | score | dept | political | place | nation | cno | cname | credit | cpno |
|---|---|---|---|---|---|---|---|---|---|---|---|---|---|
| 1 | 2015410101 | 刘聪 | 男 | 1996-02-05 | 487 | 计算机科学与技术 | 党员 | 吉林 | 汉族 | 101 | C语言 | 3 | NULL |
| 2 | 2015410102 | 王腾飞 | 男 | 1997-12-03 | 498 | 计算机科学与技术 | 团员 | 辽宁 | 回族 | 101 | C语言 | 3 | NULL |

图 6-35　student 表和 course 表的所有组合

## 6.4.5　自连接

自连接就是一个表与它自身的不同行进行连接。因为表名要在 FROM 子句中出现两次，所以需要对表指定两个别名，使之在逻辑上成为两张表。

【例 6-34】输出课号及间接先行课号(先行课(cpno)的先行课(cpno))。

**分析**：该例是对 course 表进行自连接，这里将 course 表定义别名为 c1、c2，将 FROM 子句写成 FROM course c1,course c2，连接条件为 WHERE c1.cpno=c2.cno。

在查询编辑器窗口输入并执行如下 Transact-SQL 语句：

```
USE pm
GO
SELECT c1.cno,c2.cpno FROM course c1,course c2
WHERE c1.cpno=c2.cno
GO
```

运行结果如图 6-36 所示。

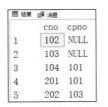

| | cno | cpno |
|---|---|---|
| 1 | 102 | NULL |
| 2 | 103 | NULL |
| 3 | 104 | 101 |
| 4 | 201 | 101 |
| 5 | 202 | 103 |

图 6-36　间接先行课号

# 6.5　嵌 套 查 询

Transact-SQL 中将一个 SELECT-FROM-WHERE 语句称作一个查询块。嵌套查询又称子查询，是多个 SELECT 语句的一种嵌套包含结构，即在一个查询块的 WHERE 子句或 HAVING 子句中允许包含另一个查询块。嵌套查询是 Transact-SQL 语句的扩展，能够将多个简单查询语句通过嵌套关系关联起来，创建出更为复杂的查询结果。

## 6.5.1　嵌套查询的结构与组织

在嵌套查询结构中，外部的 SELECT 语句被称为父查询或外层查询，内部的 SELECT 语句被称为子查询或内层查询。子查询中还可以嵌套更深一级的子查询，因此嵌套查询的嵌套级别可以达到多级，但通常不超过 32 级。

两级嵌套查询结构的一般语法格式如下：

```
SELECT <select_list1>
FROM <table_source1>
WHERE <search_condition1> <谓词>
    (
    SELECT <select_list2>
    FROM <table_source2>
    WHERE <search_condition2>
    [GROUP BY <group_by_expression>]
    [HAVING <search_condition>]
)
```

语法说明如下：

- 多层嵌套查询的执行逻辑是按照从内层向外层逐级求解的顺序进行，只有完成了内层的查询，外层的查询才能开始；而内层查询的结果往往又是外层查询所依据的查询条件。
- 外层查询块在其 WHERE 子句中通过 search_condition1 与谓词来关联内层查询块。
- 嵌套查询结构中可以使用所有能够出现在简单查询中的关键字，如 DISTICNT、GROUP BY、ORDER BY 等。
- 嵌套查询只能在最外层的查询块中使用 ORDER BY 子句进行排序，所有的内层查询中不允许使用 ORDER BY 与 COMPUTE BY 子句，但可以使用 GROUP BY 子句或 HAVING 子句。

通常要将内层查询块放在一对圆括号中使用。

## 6.5.2　使用 IN 或 NOT IN 谓词的嵌套查询

IN 关键字在嵌套查询中被称为谓词。谓词(Predicate)是 Transact-SQL 中用来刻画操作对象性质或描述表达式关系的一种运算符号。

通过 IN 谓词关联内、外查询块的嵌套查询的语法格式如下：

```
SELECT-FROM-WHERE <search_condition> [NOT] IN(<子查询>)
```

这类嵌套查询的处理逻辑：内层查询先求解，以此解作为构建外层查询条件的基础；外层查询通过集合谓词将一个列名或表达式与内层查询返回的结果集进行比较，根据列值或表达式的值是否等于内层查询的结果集中的某个值来决定外层查询的条件返回值是 TRUE 还是 FALSE，从而进一步决定哪些记录能够放入最终的查询结果集。

NOT 关键字的作用是将 IN 运算符的运算结果置反。

【例 6-35】查询没有录入成绩的课程信息。

分析：本题首先要在 sc 表中找到有成绩的课程，在子查询中完成；然后在课程信息表中用 NOT IN 找出没有成绩的课程信息。

在查询编辑器窗口输入并执行如下 Transact-SQL 语句：

```
USE pm
GO
SELECT * FROM course WHERE cno NOT IN (SELECT DISTINCT cno FROM sc)
GO
```

运行结果如图 6-37 所示。

图 6-37 查询没有录入成绩的课程信息

【例 6-36】查询选修了 101 和 102 课程的学生学号。

**分析**：由于条件在同一列上，不能用 cno='101' AND cno='102'这样的条件，因为 sc 表的任意一行都不能使得这个条件为真，所以查询结果是空集。

在查询编辑器窗口输入并执行如下 Transact-SQL 语句：

```
USE pm
GO
SELECT sno
FROM sc
WHERE cno='101' AND sno IN (SELECT sno FROM sc WHERE cno='102')
GO
```

运行结果如图 6-38 所示。

| | sno |
|---|---|
| 1 | 2015410101 |
| 2 | 2015410102 |
| 3 | 2015410103 |

图 6-38 选修了 101 和 102 课程的学生学号

### 6.5.3 使用比较运算符的嵌套查询

在嵌套查询中，当子查询的返回结果为某一单值类型时，常用比较运算符来关联内、外层查询块，此时，比较操作引导的内层查询块中，SELECT 关键字后的 select_list 中只能包含单一字段列名或单一表达式。

通过比较运算符关联内、外层查询块的嵌套查询语法格式如下：

```
SELECT-FROM-WHERE <列名或表达式> <OP>(<子查询>)
```

语法说明如下：

- OP 为=、!=、<>、>、>=、<、<=、!>、!<等比较运算符。
- 子查询必须放在比较运算符之后。

这类嵌套查询的处理逻辑：内层查询先求解，得到某个单值；外层查询通过比较运算符将一个列名或单一表达式与内层查询返回的单值进行比较，根据比较的结果，返回 TRUE 或 FALSE，从而进一步决定哪些记录能够放入最终的查询结果集。

对于使用 IN 谓词的嵌套查询，当内层查询的返回结果集是一个单值时，可以用等于号(=)来替换 IN，从而转化为使用比较运算符的嵌套查询。

【例 6-37】检索成绩高于平均分的学生成绩信息。

**分析**：此例中，平均成绩为 SELECT AVG(score) FROM sc，成绩高于全班平均分可以表述为 WHERE score>(SELECT AVG(score) FROM sc)。

在查询编辑器窗口输入并执行如下 Transact-SQL 语句：

```
USE pm
GO
SELECT * FROM sc
WHERE score>(SELECT AVG(score) FROM sc)
GO
```

运行结果如图 6-39 所示。

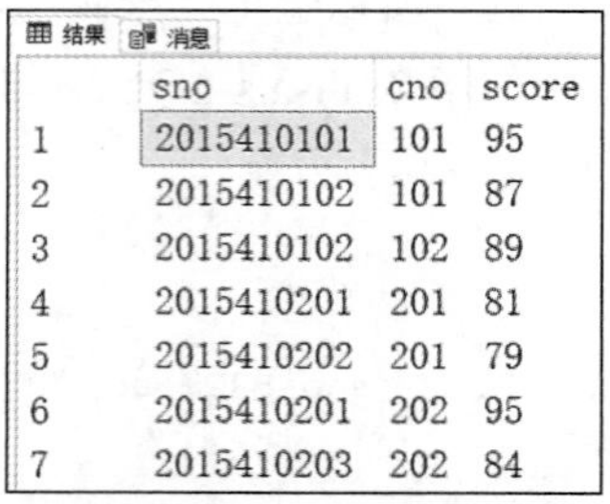

| | sno | cno | score |
|---|---|---|---|
| 1 | 2015410101 | 101 | 95 |
| 2 | 2015410102 | 101 | 87 |
| 3 | 2015410102 | 102 | 89 |
| 4 | 2015410201 | 201 | 81 |
| 5 | 2015410202 | 201 | 79 |
| 6 | 2015410201 | 202 | 95 |
| 7 | 2015410203 | 202 | 84 |

图 6-39  单科成绩高于全班平均分的学生成绩信息

### 6.5.4  使用 ANY 或 ALL 谓词的嵌套查询

ANY 或 ALL 关键字必须与比较运算符联合使用，用来对比较运算符的运算范围进行特定的语义修饰。与不同的比较运算符结合时，比较运算符在左，ANY 与 ALL 关键字在右，中间不需加空格。结合所产生的不同语义的运算如表 6-2 所示。

表 6-2  ANY 或 ALL 关键字与不同的比较运算符组合的语义对照表

| 运算符+ALL | 语　义 | 运算符+ANY | 语　义 |
|---|---|---|---|
| =ALL | 等于子查询结果集中所有值 | =ANY | 等于子查询结果集中某个值 |
| !=ALL 或<>ALL | 不等于子查询结果集中所有值 | !=ANY 或<>ANY | 不等于子查询结果集中某个值 |
| >ALL | 大于子查询结果集中所有值 | >ANY | 大于子查询结果集中某个值 |
| >=ALL | 大于或等于子查询结果集中所有值 | >=ANY | 大于或等于子查询结果集中某个值 |
| <ALL | 小于子查询结果集中所有值 | <ANY | 小于子查询结果集中某个值 |
| <=ALL | 小于或等于子查询结果集中所有值 | <=ANY | 小于或等于子查询结果集中某个值 |
| !>ALL | 不大于子查询结果集中所有值 | !>ANY | 不大于子查询结果集中某个值 |
| !<ALL | 不小于子查询结果集中所有值 | !<ANY | 不小于子查询结果集中某个值 |

使用 ANY 或 ALL 谓词的嵌套查询与使用比较运算符的嵌套查询不同，后者要求子查询的返回结果为某一单值，而前者子查询的返回结果为一组单值的集合。其语法格式如下：

```
SELECT-FROM-WHERE <列名或表达式> <比较运算符> [ANY|ALL](<子查询>)
```

这类嵌套查询的处理逻辑：子查询先求解，得到单值数据集；父查询通过比较运算符与 ANY 或 ALL 谓词，将列名或表达式与子查询返回的数据集中的某个或所有元素进行比较，根据比较的结果，返回 TRUE 或 FALSE，并进一步决定哪些记录能够放入最终的查询结果集。

【例 6-38】在例 6-35 中，查询没有录入成绩的课程信息，也可以使用!=ALL 运算符来完成。

在查询编辑器窗口输入并执行如下 Transact-SQL 语句：

```
USE pm
GO
SELECT * FROM course WHERE cno!=ALL (SELECT DISTINCT cno FROM sc)
GO
```

运行结果和图 6-37 相同。

使用 ANY 或 ALL 谓词的嵌套查询，可以用包含集合运算符或聚集函数的查询结构来替换，两种实现方法在功能上完全等价，但后者查询效率更高，或者在语法结构上更为简洁。

=ANY 运算符与 IN 集合运算符等价，!=ALL(或<>ALL)与 NOT IN 集合运算符等价。其他那些比较运算符与 ANY/ALL 谓词组合成的运算符，也大都有等价的聚集函数与之对应，详见表 6-3。

表 6-3　比较运算符+ANY/ALL 谓词与等价的聚集函数对照表

| 运算符+ALL | 等价的聚集函数 | 运算符+ANY | 等价的聚集函数 |
|---|---|---|---|
| >ALL | >MAX() | >ANY | >MIN() |
| 运算符+ALL | 等价的聚集函数 | 运算符+ANY | 等价的聚集函数 |
| >=ALL | >=MAX() | >=ANY | >=MIN() |
| <ALL | <MIN() | <ANY | <MAX() |
| <=ALL | <=MIN() | <=ANY | <=MAX() |
| !>ALL | <=MIN() | !>ANY | <=MAX() |
| !<ALL | >=MAX() | !<ANY | >=MIN() |

替换后的代码与替换前的代码在执行效果上完全相同。

## 6.5.5　使用 EXISTS 或 NOT EXISTS 谓词的嵌套查询

EXISTS 或 NOT EXISTS 关键字通常用在子查询块的前面，用来构造一种条件判断。这种条件判断的实质是进行一次存在测试，外层查询的 WHERE 子句测试内层查询返回的数据集是否存在记录。带有 EXISTS 或 NOT EXISTS 谓词的嵌套查询语法格式如下：

```
SELECT-FROM-WHERE [NOT]EXISTS(<子查询>)
```

由于嵌套查询中子查询的作用仅仅是判断其返回的数据集是否为空集，至于数据集包含哪些字段列，对查询结果毫无意义，因此子查询的 select_list 一般为*号。

使用 EXISTS 谓词的嵌套查询的处理逻辑：先对子查询求解，父查询根据子查询返回的结果进行不同的处理，若子查询返回结果集非空(即结果集至少包含一条记录)，则父查询的 WHERE 子句返回真值(TRUE)，否则返回假值(FALSE)。

NOT EXISTS 谓词与 EXISTS 谓词的作用相反：若子查询返回结果集为空，则父查询的 WHERE 子句返回 TRUE，否则返回 FALSE。

**【例 6-39】**查询有课程成绩不及格的学生的信息。

在查询编辑器窗口输入并执行如下 Transact-SQL 语句：

```
USE pm
GO
SELECT * FROM student WHERE EXISTS
(SELECT * FROM sc
WHERE student.sno=sc.sno AND score<60)
GO
```

运行结果如图 6-40 所示。

| | sno | sname | sex | birthday | score | dept | political | place | nation |
|---|---|---|---|---|---|---|---|---|---|
| 1 | 2015410101 | 刘聪 | 男 | 1996-02-05 | 487 | 计算机科学与技术 | 党员 | 吉林 | 汉族 |
| 2 | 2015410103 | 张丽 | 女 | 1996-03-09 | 482 | 计算机科学与技术 | 团员 | 黑龙江 | 朝鲜族 |

图 6-40　课程成绩不及格的学生的信息

**【例 6-40】**查询和张丽同一个系的学生姓名。

在查询编辑器窗口输入并执行如下 Transact-SQL 语句：

```
USE pm
GO
SELECT sname
FROM student s1
WHERE EXISTS
(SELECT * FROM student s2 WHERE s2.dept=s1.dept AND s2.sname='张丽')
GO
```

运行结果如图 6-41 所示。

| | sname |
|---|---|
| 1 | 刘聪 |
| 2 | 王腾飞 |
| 3 | 张丽 |
| 4 | 梁薇 |
| 5 | 刘浩 |

图 6-41　和张丽同一个系的学生姓名

**【例 6-41】**查询既没有选修 101 课程也没有选修 102 课程的学生的姓名。

在查询编辑器窗口输入并执行如下 Transact-SQL 语句：

```
USE pm
GO
SELECT sname
FROM student
WHERE NOT EXISTS (SELECT * FROM sc WHERE cno='101' AND sno=student.sno)
     AND
     NOT EXISTS (SELECT * FROM sc WHERE cno='102' AND sno=student.sno)
GO
```

运行结果如图 6-42 所示。

结果　消息

| | sname |
|---|---|
| 1 | 梁薇 |
| 2 | 刘浩 |
| 3 | 李云霞 |
| 4 | 马春雨 |
| 5 | 刘亮 |
| 6 | 李云 |
| 7 | 刘琳 |

图 6-42　没有选修 101 课程和 102 课程的学生的姓名

**说明：** 嵌套查询除用于 SELECT 语句外，还可以出现在 INSERT、UPDATE、DELETE 等 Transact-SQL 语句中。任何允许使用表达式的地方都可以使用嵌套查询。

**【例 6-42】** 给 course 表没有被选修的课程学分加 1。

在查询编辑器窗口输入并执行如下 Transact-SQL 语句：

```
USE pm
GO
UPDATE course
SET credit=credit+1
WHERE NOT EXISTS (SELECT * FROM sc WHERE cno=course.cno)
GO
```

程序运行后，查看 course 表，记录发生了相应变化。

此例的 UPDATE 语句可以换成如下形式，效果一样。

```
UPDATE course
SET credit=credit+1
WHERE cno NOT IN (SELECT cno FROM sc)
```

子查询是被选修的课号。

# 习　题　6

## 一、填空题

1. 查询得到的数据被称为________，简称________。
2. 在限制返回的记录行数中，取前 n 条或前 n%条记录需要用到关键字________。
3. 复合条件中可以使用的组合条件运算符包括________、________和________。
4. 如果要删除查询结果集中的重复记录行，需要使用关键字________。
5. 检索某表姓名字段中含有“庆”的表达式为“姓名 LIKE________”。
6. 比较运算符主要用于对________表达式的比较运算。
7. 范围运算符________与________用来限制查询数据的范围。

**二、单项选择题**

1. 在 SELECT 语句中，下列哪种子句用于选择列表？（    ）
    A. SELECT 子句                B. INTO 子句
    C. FROM 子句                 D. WHERE 子句

2. 在 SELECT 语句中，下列哪种子句用于将查询结果存储在一个新表中？（    ）
    A. SELECT 子句                B. INTO 子句
    C. FROM 子句                 D. WHERE 子句

3. 在 SELECT 语句中，下列哪种子句用于指出所查询的数据表名？（    ）
    A. SELECT 子句                B. INTO 子句
    C. FROM 子句                 D. WHERE 子句

4. 在 SELECT 语句中，下列哪种子句用于对数据按照某个字段分组？（    ）
    A. HAVING 子句              B. GROUP BY 子句
    C. ORDER BY 子句            D. WHERE 子句

5. 在 SELECT 语句中，下列哪种子句用于对分组统计进一步设置条件？（    ）
    A. HAVING 子句              B. GROUP BY 子句
    C. ORDER BY 子句            D. WHERE 子句

6. 在 SELECT 语句中，下列哪种子句用于对搜索的结果进行排序？（    ）
    A. HAVING 子句              B. GROUP BY 子句
    C. ORDER BY 子句            D. WHERE 子句

7. 在 SELECT 语句中，如果想要返回的结果集中不包含相同的行，应该使用关键字（    ）。
    A. TOP                       B. AS
    C. DISTINCT                 D. JOIN

**三、简答题**

1. 说明 SELECT 语句中可以存在哪几个子句？它们的作用分别是什么？
2. 在使用 SELECT 语句时，在选择列表中更改列标题有哪些格式？
3. 在表和表之间可以使用哪几种连接方式？它们各自有何特点？
4. LIKE 匹配字符有哪几个？
5. HAVING 子句与 WHERE 子句中的条件有什么不同？

**四、实验题**

创建 spj 数据库，包括 s、p、j、spj 等 4 个表，表数据如表 6-4～表 6-7 所示。结构如下：

```
s(sno, sname, status, city)
p(pno, pname, color, weight)
j(jno, jname, city)
spj(sno, pno, jno, qty)
```

供应商表 s 由供应商代码(sno)、供应商姓名(sname)、供应商状态(status)、供应商所在城市(city)组成。

零件表 p 由零件代码(pno)、零件名(pname)、颜色(color)、重量(weight)组成。

工程项目表 j 由工程项目代码(jno)、工程项目名(jname)、工程项目所在城市(city)组成。

供应情况表 spj 由供应商代码(sno)、零件代码(pno)、工程项目代码(jno)、供应数量(qty)组成，表示某供应商供应某种零件给某工程项目的数量为 qty。

表 6-4 s 表

| sno | sname | status | city |
| --- | --- | --- | --- |
| s1 | 精益 | 20 | 天津 |
| s2 | 盛锡 | 10 | 北京 |
| s3 | 东方红 | 30 | 北京 |
| s4 | 丰泰盛 | 20 | 天津 |
| s5 | 为民 | 30 | 上海 |
| s6 | 益达龙 | 25 | 吉林 |

表 6-5 p 表

| pno | pname | color | weight |
| --- | --- | --- | --- |
| p1 | 螺母 | 红 | 12 |
| p2 | 螺栓 | 绿 | 17 |
| p3 | 螺丝刀 | 蓝 | 14 |
| p4 | 螺丝刀 | 红 | 14 |
| p5 | 凸轮 | 蓝 | 40 |
| p6 | 齿轮 | 红 | 30 |

表 6-6 j 表

| jno | jname | city |
| --- | --- | --- |
| j1 | 三建 | 北京 |
| j2 | 一汽 | 长春 |
| j3 | 弹簧厂 | 天津 |
| j4 | 造船厂 | 天津 |
| j5 | 机车厂 | 唐山 |
| j6 | 无线电厂 | 常州 |
| j7 | 半导体厂 | 南京 |

表 6-7 spj 表

| sno | pno | jno | qty |
| --- | --- | --- | --- |
| s1 | p1 | j1 | 200 |
| s1 | p1 | j3 | 100 |
| s1 | p1 | j4 | 700 |
| s1 | p2 | j2 | 100 |
| s2 | p3 | j1 | 400 |

(续表)

| sno | pno | jno | qty |
|-----|-----|-----|-----|
| s2 | p3 | j2 | 200 |
| s2 | p3 | j4 | 500 |
| s2 | p3 | j5 | 400 |
| s2 | p5 | j1 | 400 |
| s2 | p5 | j2 | 100 |
| s3 | p1 | j1 | 200 |
| s3 | p3 | j1 | 200 |
| s4 | p5 | j1 | 100 |
| s4 | p6 | j3 | 300 |
| s4 | p6 | j4 | 200 |
| s5 | p2 | j4 | 100 |
| s5 | p3 | j1 | 200 |

试用 SQL 完成以下各项操作：

(1) 找出所有供应商的姓名和所在城市。

(2) 找出所有零件的名称、颜色、重量。

(3) 找出使用供应商 s1 所供应零件的工程号码。

(4) 找出工程项目 j2 使用的各种零件的名称及其数量。

(5) 找出上海厂商供应的所有零件的号码。

(6) 找出使用上海产的零件的工程名称。

(7) 找出没有使用天津供应商供应零件的工程号码。

(8) 把全部红色零件的颜色改成蓝色。

(9) 由 s5 供给 j4 的零件 p6 改为由 s3 供应，请作必要的修改。

(10) 从供应商关系中删除 s2 的记录，并从供应情况关系中删除相应的记录。

(11) 请将(s2, j6, p4, 200)插入供应情况关系。

# 第7章　视图和索引

视图是指计算机数据库中的视图，是一个虚拟表，其内容由查询定义。同真实的表一样，视图包含一系列带有名称的列和行数据。但是，视图并不在数据库中以存储的数据值集形式存在。行和列数据来自由定义视图的查询所引用的表，并且在引用视图时动态生成。

在关系数据库中，索引是一种单独的、物理的对数据库表中一列或多列的值进行排序的一种存储结构，它是某个表中一列或若干列值的集合和相应的指向表中物理标识这些值的数据页的逻辑指针清单。索引的作用相当于图书的目录，可以根据目录中的页码快速找到所需的内容。

索引提供指向存储在表的指定列中的数据值的指针，然后根据指定的排序顺序对这些指针排序。数据库使用索引以找到特定值，然后顺指针找到包含该值的行。这样可以使对应于表的 SQL 语句执行得更快，可快速访问数据库表中的特定信息。

当表中有大量记录时，若要对表进行查询，第一种搜索信息方式是全表搜索，是将所有记录一一取出，和查询条件进行一一对比，然后返回满足条件的记录，这样做会消耗大量数据库系统时间，并造成大量磁盘 I/O 操作；第二种就是在表中建立索引，然后在索引中找到符合查询条件的索引值，最后通过保存在索引中的 ROWID(相当于页码)快速找到表中对应的记录。

# 7.1　视　　图

本节主要介绍视图概述、定义视图、修改视图、删除视图和基于视图的相关操作。

## 7.1.1　视图概述

视图是一种常用的数据库对象，可以把它看成从一个或几个基本表导出的虚表或存储在数据库中的查询。对其中所引用的基本表来说，视图的作用类似于筛选。定义视图的筛选可以来自当前或其他数据库的一个或多个表，或者其他视图。

数据库中只存放视图的定义，而不存放视图对应的数据，数据存放在原来的基本表中，当基本表中的数据发生变化时，从视图中查询出的数据也会随之变化。

### 1. 视图的类型

在 SQL Server 中，根据视图工作机制的不同，通常将视图分为标准视图、索引视图与分区视图 3 种类型。

(1) 标准视图(Regular View)是一种虚拟表，数据库中不保存视图数据集，只保存视图定义，其数据来源于一个或多个基本表的 SELECT 查询，建立的目的是简化数据的操作。

标准视图是最常见的形式，一般情况下建立的视图都是标准视图。

(2) 索引视图(Indexed View)是为提高聚合多行数据的视图性能而建立的一种带有索引的视图类型，索引视图数据集被物理存储在数据库中。该类视图建立的目的是提高检索的性能。对于内容经常变更的基本表，不适合为其建立索引视图。

(3) 分区视图(Distributed Partitioned View)是一种特殊的视图，也被称为分布式视图，其数据来自一台或多台服务器中的分区数据。分区视图屏蔽了不同物理数据源的差异性，使得视图中的数据仿佛来自同一个数据表。当分区视图的分区数据来自同一台服务器时，分区视图就成为本地分区视图。

下面主要介绍标准视图。

### 2. 视图的作用

视图一经定义，就可以像基本表一样被查询、修改、删除。视图为查看和存取数据提供了另外一种途径。对于查询完成的大多数操作，使用视图一样可以完成；使用视图还可以简化数据操作；当通过视图修改数据时，相应的基本表的数据也会发生变化；同时，若基本表的数据发生变化，则这种变化也可以自动地反映到视图中。视图具有如下作用。

(1) 以透明的方式操作数据库。视图屏蔽了数据库原有的复杂结构，隐藏了表与表之间的依赖与连接关系，用户不必关心物理记录繁杂的内容与结构，只需关注视图这一虚拟表所包含的简单而清晰的数据关系，便于用户以简化手段实现复杂的查询操作。视图能自动保持与数据表的同步更新，不需用户过问，从而大大简化了用户对数据的操作。

(2) 集中而灵活地管理多源数据。当用户所需操作的数据并不是集中保存在一个表内，而是分散存放在多个不同的表中时，可以通过定义视图将所需数据集中到一起，简化用户的查询与处理。对于同一组数据表，不同的用户可根据自己的需求，以不同的角度看待它们，并分别构造出满足自己需求的、能够解决实际问题的不同视图。当不同用户使用同一组数据表时，这种灵活性至关重要。

(3) 提高数据的安全性。在设计数据库应用系统时，通过对不同用户定义不同的视图，或授予使用视图的不同权限，来控制不同类型用户使用数据的范围，从而避免为用户指定数据表的使用权限及字段列的访问权限，实现更为简单的数据安全机制。视图机制能够提供对机密数据的安全保护功能，将数据库中部分不允许用户访问的重要数据或敏感数据从视图中排除，从而定义了一种可以控制的操作环境。

(4) 提高数据的共享性。借助于视图机制，每个用户从共享数据库的数据中定义对自己有用的数据子集，而不必分别定义和存储自己所需的数据，从而避免同样的数据多次存储。不同用户还可以共享相同的视图定义。

(5) 重新组织数据，实现异源数据共享。对于多个数据表，可以基于连接建立查询，将一些能够被其他软件所识别的数据组织到特定的视图中，以便输出给应用程序进行转换或利用。如可将部分字符类型与数值类型的数据组织到视图中，并通过应用程序转换为 Excel 表格。

## 7.1.2　创建视图

视图在数据库中是作为一个对象来存储的。创建视图前，要保证创建视图的用户已被数据库所有者授权使用 CREATE VIEW 语句，并且有权操作视图所涉及的表或其他视图。在 SQL Server 2019 中，创建视图可以在 SQL Server Management Studio 中进行，也可以使用 CREATE VIEW 语句实现。

创建视图需要注意以下事项。

(1) 只能在当前数据库中创建视图。

(2) 视图的名称必须遵循标识符的规则，且对每个用户必须是唯一的。此外，该名称不得与该用户拥有的任何表的名称相同。

(3) 如果视图引用的基本表或者视图被删除，则该视图不能再被使用，直到创建新的基本表或者视图。

(4) 如果视图中某一列是函数、数学表达式、常量或者与该视图中其他列是来自多个表的同名列，则必须为列定义名称。

(5) 不能在视图上创建全文索引，不能在规则、默认值、触发器的定义中引用视图。

(6) 视图可以嵌套定义，即视图的创建是基于其他的源视图。在多层嵌套定义视图时，不能超过 32 层。

下面介绍使用 CREATE VIEW 语句创建视图。

创建视图只能在当前数据库中进行。创建视图时，SQL Server 会自动检验视图定义中引用的对象是否存在。使用 CREATE VIEW 语句创建视图的语法格式如下：

```
CREATE VIEW <view_name>[(<column>[,…n])]
[WITH ENCRYPTION]
AS
<select_statement>
[WITH CHECK OPTION]
```

其参数说明如下。

- view_name：视图的名称，视图名称必须符合有关标识符的规则。
- column：表示视图中的列名，如果未指定列名，则视图列将获得与 SELECT 语句中的列相同的名称。
- WITH ENCRYPTION：对 CREATE VIEW 语句的定义文本进行加密。
- select_statement：定义视图的 SELECT 语句。该语句可以使用多个表和其他视图。
- WITH CHECK OPTION：强制针对视图执行的所有数据修改语句都必须符合在 select_statement 中设置的条件。

只有在下列情况下才必须命名 CREATE VIEW 子句中的列名。

(1) 列是从算术表达式、函数或常量派生的。

(2) 两个或更多的列可能会具有相同的名称(因为连接表的需要)，视图中的某列被赋予了不同于派生来源列的名称。当然也可以在 SELECT 语句中指定列名。

对于定义视图的 SELECT 语句，有以下若干限制。

(1) 定义视图的 SELECT 语句中不允许包含 ORDER BY、COMPUTE BY、INTO 子句及 OPTION 子句。

(2) 不能在临时表或表变量上定义视图。

【例 7-1】创建 v_stuinfo 视图,包括男生的学号、姓名、性别和民族信息。

**分析**:有关学生的学号、姓名、性别等信息在 student 表中。

在查询编辑器窗口输入并执行如下 Transact-SQL 语句:

```
USE pm
GO
CREATE VIEW v_stuinfo
AS
SELECT sno,sname,sex,nation FROM student WHERE sex='男'
GO
```

**说明**:在创建视图前,建议首先测试 SELECT 语句(语法中 AS 后面的部分)是否能正确执行,测试成功后,再创建视图。

【例 7-2】使用 v_stuinfo 视图查看学生信息。

在查询编辑器窗口输入并执行如下 Transact-SQL 语句:

```
USE pm
GO
SELECT * FROM v_stuinfo
GO
```

运行结果如图 7-1 所示。

| | sno | sname | sex | nation |
|---|---|---|---|---|
| 1 | 2015410101 | 刘聪 | 男 | 汉族 |
| 2 | 2015410102 | 王腾飞 | 男 | 回族 |
| 3 | 2015410105 | 刘浩 | 男 | 汉族 |
| 4 | 2015410203 | 刘亮 | 男 | 朝鲜族 |
| 5 | 2015410204 | 李云 | 男 | 回族 |

图 7-1　学生信息

【例 7-3】在数据库中,创建一个统计各民族学生人数的视图,包括民族和学生人数信息。

在查询编辑器窗口输入并执行如下 Transact-SQL 语句:

```
USE pm
GO
CREATE VIEW v_nation_count
AS
SELECT nation, COUNT(sno) AS '民族' FROM student GROUP BY nation
GO
```

【例 7-4】使用 v_nation_count 视图查看各民族学生人数。

在查询编辑器窗口输入并执行如下 Transact-SQL 语句:

```
USE pm
GO
SELECT * FROM v_nation_count
GO
```

运行结果如图 7-2 所示。

结果　消息

| | nation | 民族 |
|---|---|---|
| 1 | 朝鲜族 | 2 |
| 2 | 汉族 | 6 |
| 3 | 回族 | 2 |

图 7-2　各民族学生人数

### 7.1.3　修改视图

#### 1. 查看视图信息

SQL Server 允许用户查看视图的一些信息，如视图的基本信息、定义信息、与其他对象间的依赖关系等。这些信息可以通过相应的存储过程来查看。

(1) 查看视图的基本信息。

可以使用系统存储过程 sp_help 来显示视图的名称、所有者、创建日期、列信息、参数等。其语法格式如下：

```
[EXECUTE] sp_help <view_name>
```

其中，EXECUTE 可以简写为 EXEC 或省略。

**【例 7-5】** 查看视图 v_stuinfo 的基本信息。

在查询编辑器窗口输入并执行如下 Transact-SQL 语句：

```
USE pm
GO
EXECUTE sp_help v_stuinfo
GO
```

运行结果如图 7-3 所示。

结果　消息

| | Name | Owner | Type | Created_datetime |
|---|---|---|---|---|
| 1 | v_stuinfo | dbo | view | 2019-10-22 18:50:59.317 |

| | Column_name | Type | Computed | Length | Prec | Scale | Nullable | TrimTrailingBlanks | FixedLenNullInSource | Collation |
|---|---|---|---|---|---|---|---|---|---|---|
| 1 | sno | char | no | 10 | | | no | no | no | Chinese_PRC_CI_AS |
| 2 | sname | char | no | 8 | | | yes | no | yes | Chinese_PRC_CI_AS |
| 3 | sex | char | no | 2 | | | yes | no | yes | Chinese_PRC_CI_AS |
| 4 | nation | char | no | 10 | | | yes | no | yes | Chinese_PRC_CI_AS |

| | Identity | Seed | Increment | Not For Replication |
|---|---|---|---|---|
| 1 | No identity column defined. | NULL | NULL | NULL |

| | RowGuidCol |
|---|---|
| 1 | No rowguidcol column defined. |

图 7-3　视图 v_stuinfo 的基本信息

(2) 查看视图的定义信息。

如果视图在创建时没有加密，即创建视图没有选择 WITH ENCRYPTION，则可以使用系统存储过程 sp_helptext 显示视图的定义信息。其语法格式如下：

```
[EXECUTE] sp_helptext <view_name>
```

【例 7-6】查看视图 v_nation_count 的定义文本。

在查询编辑器窗口输入并执行如下 Transact-SQL 语句：

```
USE pm
GO
EXECUTE sp_helptext v_nation_count
GO
```

运行结果如图 7-4 所示。

| | Text |
|---|---|
| 1 | CREATE VIEW v_nation_count |
| 2 | AS |
| 3 | SELECT nation, COUNT(sno) AS '民族' FROM student GROUP BY nation |

图 7-4　视图 v_nation_count 的定义文本

(3) 查看视图与其他对象间的依赖关系。

使用系统存储过程 sp_depends 查看视图与其他对象间的依赖关系，如视图中引用了哪些表中的哪些字段等。其语法格式如下：

```
[EXECUTE] sp_depends <view_name>
```

【例 7-7】查看视图 v_nation_count 所依赖的对象。

在查询编辑器窗口输入并执行如下 Transact-SQL 语句：

```
USE pm
GO
EXECUTE sp_depends v_nation_count
GO
```

运行结果如图 7-5 所示。

| | name | type | updated | selected | column |
|---|---|---|---|---|---|
| 1 | dbo.student | user table | no | yes | sno |
| 2 | dbo.student | user table | no | yes | nation |

图 7-5　视图 v_nation_count 依赖对象

## 2. 修改视图

视图创建成功后，根据需要还可以修改其定义。视图定义可以通过 SQL Server Management Studio 修改，或通过 ALTER VIEW 语句进行修改，但对于加密存储的视图定义，只能通过 ALTER VIEW 语句命令进行修改。

对于一个已存在的视图，可以使用 ALTER VIEW 语句对其进行修改，修改视图的语法格式如下：

```
ALTER VIEW <view_name>[(<column>[,…n])]
[WITH ENCRYPTION]
AS
<select_statement>
[WITH CHECK OPTION]
```

其参数含义同 CREATE VIEW 语句。

**【例 7-8】** 修改视图 v_stuinfo，使其只显示女生的学号、姓名、民族信息。

在查询编辑器窗口输入并执行如下 Transact-SQL 语句：

```
USE pm
GO
ALTER VIEW v_stuinfo
AS
SELECT sno,sname, nation FROM student WHERE sex='女'
GO
```

## 7.1.4　使用视图

视图一经定义，在遵循一定的限制条件下，可以像使用数据表一样执行查询与修改操作。当对视图数据进行插入、修改、删除等操作时，实际上是在修改导出视图的基本表中的数据，SQL Server 系统会将这些操作自动转换为对基本表的相应操作。并不是所有的基本表都可通过视图进行修改，只有可更新的视图才能通过修改自身达到间接修改基本表数据的目的。

可更新视图通常包括以下情形。

(1) 满足以下条件的标准视图。

① 导出视图的数据源至少包含一个基本表，即创建视图语句的 FROM 子句中至少要有一个基本表名。

② 创建视图所用的 SELECT 语句中没有 TOP、GROUP BY、UNION 子句及 DISTINCT 关键字。

③ 视图的数据列不包含聚合函数。

(2) 通过 INSTEAD OF 触发器创建的可更新视图。

(3) 可更新的分区视图。

### 1. 利用视图查询数据

利用视图查询数据是视图的最常用的操作，查询视图数据的方法和查询表是一样的，前面例 7-2 和例 7-4 就是查询视图的操作。

**【例 7-9】** 查询修改后 v_stuinfo 视图的数据。

在查询编辑器窗口输入并执行如下 Transact-SQL 语句：

```
USE pm
GO
SELECT * FROM v_stuinfo
GO
```

运行结果如图 7-6 所示。

结果　消息

| | sno | sname | nation |
|---|---|---|---|
| 1 | 2015410103 | 张丽 | 朝鲜族 |
| 2 | 2015410104 | 梁薇 | 汉族 |
| 3 | 2015410201 | 李云霞 | 汉族 |
| 4 | 2015410202 | 马春雨 | 汉族 |
| 5 | 2015410205 | 刘琳 | 汉族 |

图 7-6　修改后的 v_stuinfo 视图

### 2. 利用视图更新数据

由于视图是一张虚表，所以对视图的更新实际上最终要转化成对基本表的更新。其更新操作包括插入、修改和删除数据。其语法格式与对基本表的更新操作一样。在关系数据库中，并不是所有的视图都是可更新的。

【例 7-10】利用视图 v_stuinfo 添加一条学号为 2015410111，姓名为"张娜"，民族为"朝鲜族"的学生记录。

在查询编辑器窗口输入并执行如下 Transact-SQL 语句：

```
USE pm
GO
INSERT INTO v_stuinfo
VALUES('2015410111','张娜','朝鲜族')
GO
SELECT * FROM student WHERE sno='2015410111'
GO
```

运行结果如图 7-7 所示，张娜的信息已经加入表 student 中。

| | sno | sname | sex | birthday | score | dept | political | place | nation |
|---|---|---|---|---|---|---|---|---|---|
| 1 | 2015410111 | 张娜 | NULL | NULL | | NULL | NULL | NULL | 朝鲜族 |

图 7-7　插入数据到表 student

【例 7-11】利用视图 v_stuinfo 把张丽同学的民族改为"回族"。

在查询编辑器窗口输入并执行如下 Transact-SQL 语句：

```
USE pm
GO
UPDATE v_stuinfo SET nation='回族'
WHERE sname='张丽'
GO
SELECT * FROM student WHERE sname='张丽'
GO
```

运行结果如图 7-8 所示。

| | sno | sname | sex | birthday | score | dept | political | place | nation |
|---|---|---|---|---|---|---|---|---|---|
| 1 | 2015410103 | 张丽 | 女 | 1996-03-09 | 482 | 计算机科学与技术 | 团员 | 黑龙江 | 回族 |

图 7-8　修改后的数据

【例 7-12】利用视图 v_nation_count 删除民族为"汉族"的记录。

在查询编辑器窗口输入并执行如下 Transact-SQL 语句：

```
USE pm
GO
DELETE FROM v_nation_count WHERE nation='汉族'
GO
```

运行结果如图 7-9 所示。由于该删除操作涉及多个基本表，所以删除失败。

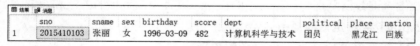

> 消息
> 消息 4403，级别 16，状态 1，第 8 行
> 因为视图或函数 'v_nation_count' 包含聚合、DISTINCT 或 GROUP BY 子句或者 PIVOT 或 UNPIVOT 运算符，所以无法进行更新。

图 7-9　删除数据时失败

　　**说明：** 可以对基于两个或多个基本表或者视图的视图进行修改，但是每次修改只能影响一个基本表；不能修改那些通过计算得到的字段。

## 7.1.5　删除视图

　　可以使用 DROP VIEW 语句完成删除视图的功能，它的语法格式如下：

```
DROP VIEW <view_name>[,…n]
```

　　DROP VIEW 语句一次能够删除一个或多个视图，只需在要删除的视图名称之间用逗号隔开即可。

　　**【例 7-13】** 删除 v_stuinfo 视图对象。

　　在查询编辑器窗口输入并执行如下 Transact-SQL 语句：

```
USE pm
GO
DROP VIEW v_stuinfo
GO
```

# 7.2　索　　引

　　本节主要介绍索引的概述、分类、定义、删除和使用。

## 7.2.1　索引概述

### 1. 索引的定义

　　如果要在一本书中快速地查找所需的信息，可以利用目录中给出的章节页码快速地查找到其对应的内容，而不是一页一页地查找。数据库中的索引与书籍中的目录类似，也允许数据库应用程序利用索引迅速找到表中特定的数据，而不必扫描整个数据库。在图书中，目录是内容和相应页码的列表清单。在数据库中，索引就是表中数据和相应存储位置的列表。

　　索引是以表的字段列为基础而建立的一种数据库对象，是一种实现数据快速定位与加快数据访问速度的技术手段。索引通过存储排序的索引关键字与表记录的物理空间位置，建立索引数据与物理数据间的映射关系，从而实现表记录的逻辑排序。

　　如表 7-1 所示的 student 表，包含班级学号、姓名、性别等字段。如果要查找姓名为"李云"的信息，必须在表中姓名字段逐行查找，直到扫描到第 9 条记录为止。

表 7-1　student 表

| 记录号 | 学号 | 姓名 | 性别 | 生日 | 入学成绩 | 专业 | 政治面貌 | 籍贯 | 民族 |
|---|---|---|---|---|---|---|---|---|---|
| 1 | 2015410101 | 刘　聪 | 男 | 1996-02-05 | 487 | 计算机科学与技术 | 党员 | 吉林 | 汉族 |
| 2 | 2015410102 | 王腾飞 | 男 | 1997-12-03 | 498 | 计算机科学与技术 | 团员 | 辽宁 | 回族 |

（续表）

| 记录号 | 学号 | 姓名 | 性别 | 生日 | 入学成绩 | 专业 | 政治面貌 | 籍贯 | 民族 |
|---|---|---|---|---|---|---|---|---|---|
| 3 | 2015410103 | 张 丽 | 女 | 1996-03-09 | 482 | 计算机科学与技术 | 团员 | 黑龙江 | 朝鲜族 |
| 4 | 2015410104 | 梁 薇 | 女 | 1995-07-02 | 466 | 计算机科学与技术 | 党员 | 吉林 | 汉族 |
| 5 | 2015410105 | 刘 浩 | 男 | 1997-12-05 | 479 | 计算机科学与技术 | 团员 | 辽宁 | 汉族 |
| 6 | 2015410201 | 李云霞 | 女 | 1996-06-15 | 456 | 软件工程 | 党员 | 河北 | 汉族 |
| 7 | 2015410202 | 马春雨 | 女 | 1997-12-11 | 487 | 软件工程 | 团员 | 吉林 | 汉族 |
| 8 | 2015410203 | 刘 亮 | 男 | 1998-01-15 | 490 | 软件工程 | 团员 | 河北 | 朝鲜族 |
| 9 | 2015410204 | 李 云 | 男 | 1996-06-15 | 482 | 软件工程 | 党员 | 辽宁 | 回族 |
| 10 | 2015410205 | 刘 琳 | 女 | 1997-06-21 | 480 | 软件工程 | 群众 | 黑龙江 | 汉族 |

　　为了查找方便，按照姓名创建索引表，索引表如表 7-2 所示。索引表中包含了索引码和指针信息，索引码列是按着姓名升序排列的，在一个有序的序列中可以实现快速查找，提高效率，利用索引表，可以快速查找姓名为"李云"的指针值为 9。根据指针值，到数据表中快速找到李云的相关信息，而不必扫描所有记录，从而提高查找的效率。

表 7-2 　 student 姓名索引表

| 索 引 码 | 指 针 | 索 引 码 | 指 针 |
|---|---|---|---|
| 李 云 | 9 | 刘 亮 | 8 |
| 李云霞 | 6 | 刘 琳 | 10 |
| 梁 薇 | 4 | 马春雨 | 7 |
| 刘 聪 | 1 | 王腾飞 | 2 |
| 刘 浩 | 5 | 张 丽 | 3 |

### 2. 索引的作用

　　索引作为单独的物理数据库结构，与其所依附的数据表是不能割裂开来的。索引提供了一种对数据库表中记录进行逻辑排序的内部方法。索引一旦建立成功，将由数据库引擎自动维护和管理。当对索引所依附的表进行记录的添加、更新或删除操作时，数据库引擎会即时更新与调整索引的内容，以始终保持与表一致。在数据库系统中建立索引能够极大地改善系统的性能。索引的作用与意义体现在如下几个方面。

　　(1) 加快数据检索的速度。在数据库中查询数据时，如果不使用索引，需要将数据表文件分块，逐个读到内存，进行全表扫描，通过比较操作完成数据查找。如果使用索引，则先将索引文件读入内存，根据索引记录找到记录的地址，根据地址，将目标记录数据装载到内存中，因此涉及的数据量大大减小，从而提高了查询的效率。

　　(2) 确保数据记录的唯一性。通过定义唯一索引，建立表数据的唯一性约束，在对相关索引关键字进行数据输入或修改操作时，系统要对操作进行唯一性检查，从而确保每一行的数据不重复。

(3) 加快表与表之间的连接速度，能够更好地实现表的参照完整性。当对两个或多个基本表或视图进行连接操作时，只需对连接字段建立索引，不需对涉及的每一个字段进行查询操作。这不仅加快了表间的连接速度，也加快了表间的查询速度。

(4) 在使用 ORDER BY、GROUP BY 子句进行数据检索时，利用索引机制，能够显著地减少查询中排序和分组所消耗的时间。

(5) 在数据检索过程中使用优化器，提高系统性能。在执行查询过程中，数据库引擎会自动对查询进行优化，一旦建立了索引，数据库引擎会依据索引采取相应的优化策略，使检索的速度更快。

当然，任何收益都要付出相应的代价。在获得数据检索速度与效率提升的同时，使用索引也会带来一些不利的方面。索引主要有以下缺点。

(1) 索引本身要占用数据表以外的额外存储空间，带索引的表在数据库中需要更多的物理存储空间。

(2) 创建索引与维护索引需要花费一定的时间，这种时间的消耗随着数据量的增长而相应地增加。当对表数据进行增、删、改等操作时，索引也需要做相应的更新，这显然会降低数据的维护速度，增加数据操纵的时间。

### 3. 索引的分类

SQL Server 中包含两种最基本的索引：聚集索引和非聚集索引。此外还有唯一索引、包含列索引、索引视图、全文索引、空间索引、筛选索引和 XML 索引等。其中，聚集索引和非聚集索引是数据库引擎最基本的索引。

(1) 聚集索引。在聚集索引(也称为簇索引或簇集索引)中，表中的行的物理存储顺序和索引顺序完全相同(类似于图书目录和正文内容之间的关系)。聚集索引对表的物理数据页按列进行排序，然后再重新存储到磁盘上。由于聚集索引对表中的数据一一进行了排序，因此使用聚集索引查找数据很快。但由于聚集索引将表的所有数据完全重新排列，它所需要的空间也就特别大，大概相当于表中数据所占空间的 120%。由于表的数据行只能以一种排序方式存储在磁盘上，所以一个表只能有一个聚集索引。为数据建立聚集索引后，改变了表中的数据行存储的物理顺序。

(2) 非聚集索引。非聚集索引(也称为非簇索引或非簇集索引)具有与表的数据行完全分离的结构，使用非聚集索引不用将物理数据页中的数据按列排序。非聚集索引存储了组成非聚集索引的关键字值和一个指针，指针指向数据页中的数据行，该行具有与索引键值相同的列值，非聚集索引不会改变数据行的物理存储顺序，因而一个表可以有多个非聚集索引。

在默认情况下，CREATE INDEX 语句建立的索引为非聚集索引。从理论上讲，一个表最多可以建立 249 个非聚集索引，而只有一个聚集索引。

(3) 唯一索引。如果为了保证表或视图的每一行在某种程度上是唯一的，可以使用唯一索引，也就是说索引值是唯一的。创建数据表时如果设置了主键，则 SQL Server 2008 就会默认建立一个唯一索引。由于唯一索引是从索引值是否唯一的角度来定义的，所以它可以是聚集索引，也可以是非聚集索引。

(4) 包含列索引。在 SQL Server 中，索引列的数量(最多 16 个)和字节总数(最大 900 字节)是受限制的。使用包含列索引，可以通过将非键列添加到非聚集索引的叶级来扩展其功能，创建覆盖更多查询的非聚集索引。

(5) 视图索引。视图索引是为视图创建的索引。其存储方法与带聚集索引的表的存储方法相同。

(6) 全文索引。全文索引是一种特殊类型的基于标记的功能性索引，由 SQL Server 全文引擎(msftesql)服务创建和维护。其目的是帮助用户在字符串数据库中检索复杂的词语。

(7) 空间索引。空间索引是对包含空间数据的表列("空间列")定义的。每个空间索引指向一个有限空间。利用空间索引，可以更高效地对 geometry 数据类型的列中的空间对象(空间数据)执行某些操作。空间索引可减少需要应用开销相对较大的空间操作的对象数。

(8) 筛选索引。

筛选索引是一种经过优化的非聚集索引，尤其适用于从定义完善的数据子集中选择数据的查询。筛选索引使用筛选谓词对表中的部分行进行索引。与全表索引相比，设计良好的筛选索引可以提高查询性能、减少索引维护开销并可降低索引存储开销。

(9) XML 索引。XML 索引是 XML 数据关联的索引形式，是 XML 二进制 BLOB 的已拆分持久表示形式，可分为主索引和辅助索引。

### 4. 索引与约束的关系

对列定义 PRIMARY KEY 约束和 UNIQUE 约束时，会自动创建索引。

(1) PRIMARY KEY 约束和索引。如果创建表时将一个特定列标识为主键，则 SQL Server 2019 数据库引擎会自动为该列创建 PRIMARY KEY 约束和唯一聚集索引。

(2) UNIQUE 约束和索引。在默认情况下，创建 UNIQUE 约束时，SQL Server 2019 数据库引擎会自动为该列创建唯一非聚集索引。

当用户从表中删除主键约束或唯一约束时，创建在这些约束列上的索引也会被自动删除。

(3) 独立索引。使用 CREATE INDEX 语句创建独立于约束的索引。

## 7.2.2　创建索引

创建索引有两种方法：一种是使用 SQL Server Management Studio 创建索引，另一种是使用 CREATE INDEX 语句创建索引。本文只介绍使用 CREATE INDEX 语句创建索引。

使用 CREATE INDEX 语句，既可以创建聚集索引，也可以创建非聚集索引。它的语法格式如下：

```
CREATE [UNIQUE][CLUSTERED|NONCLUSTERED]
INDEX <index_name>
ON <table_or_view_name>(<column> [ASC|DESC] [,…n])
```

其参数说明如下。

- UNIQUE：用于指定为表或视图创建唯一索引，即不允许存在索引值相同的两行。省略表示非唯一索引。
- CLUSTERED：用于指定创建的索引为聚集索引。
- NONCLUSTERED：用于指定创建的索引为非聚集索引，为默认值。
- index_name：索引的名称。索引名称在表或视图中必须唯一，但在数据库中不必唯一。索引名称必须符合标识符的规则。
- ASC|DESC：用于指定具体某个索引列以升序或降序方式排序。

【例 7-14】为 student 表的 sname 列创建一个升序索引。

在查询编辑器窗口输入并执行如下 Transact-SQL 语句：

```
USE pm
GO
CREATE INDEX is_name_student ON student(sname)
GO
```

【例 7-15】在 sc 表中，经常使用 sno 来连接查询信息，希望提高连接查询速度，在 sno 列上创建索引。

**分析**：sno 是 sc 表的外键，在 sc 表中，该列的取值可以重复，所以在此列创建不唯一的非聚集索引。

在查询编辑器窗口输入并执行如下 Transact-SQL 语句：

```
USE pm
GO
CREATE INDEX is_sno ON sc(sno)
GO
```

## 7.2.3　管理索引

### 1. 查看索引

查看索引的方法有两种：一种是使用 SQL Server Management Studio 查看索引；另一种是通过系统存储过程查看。本文只讲解通过系统存储过程查看。

【例 7-16】使用系统存储过程查看 student 表中的索引信息。

在查询编辑器窗口输入并执行如下 Transact-SQL 语句：

```
USE pm
GO
EXEC sp_helpindex student
GO
```

运行结果如图 7-10 所示，显示索引的名称、索引类型和创建索引列等信息。

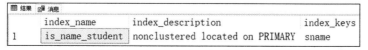

图 7-10　student 表上的索引信息

### 2. 重命名索引

重命名索引的方法有使用 SQL Server Management Studio 和系统存储过程两种。这里只介绍使用系统存储过程 sp_rename 更改索引名称的方法。语法格式如下：

```
sp_rename '表名.原索引名', '新索引名'
```

【例 7-17】将 student 表中的 is_name_student 索引重命名为 is_name。

在查询编辑器窗口输入并执行如下 Transact-SQL 语句：

```
USE pm
GO
EXEC sp_rename 'student.is_name_student ','is_name'
GO
```

运行结果如图 7-11 所示。

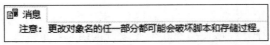

图 7-11　更改索引名称

## 7.2.4　删除索引

当一个索引不再被需要时，可以将其从数据库中删除，以回收它当前使用的磁盘空间。根据索引的创建方式，要删除的索引分为两类：一类为创建表约束时自动创建的索引。必须通过删除 PRIMARY KEY 或 UNIQUE 约束，才能删除约束使用的索引；另一类通过创建索引的方式创建的独立于约束的索引，可以利用 SQL Server Management Studio 工具或 DROP INDEX 语句直接删除。

下面介绍使用 DROP INDEX 语句删除独立于约束的索引。

其语法结构如下：.

```
DROP INDEX {<表名>.<索引名>|<视图名>.<索引名>}[,…n]
```

【例 7-18】删除 student 表上的 is_name 索引。

在查询编辑器窗口输入并执行如下 Transact-SQL 语句：

```
USE pm
GO
DROP INDEX student.is_name
GO
```

# 习 题 7

### 一、填空题

1. 视图是由一个或多个_____或视图导出的_____或存储在数据库中的查询。
2. 对视图的数据进行操作时，系统根据视图的定义操作与视图相关联的_____。

3. SQL Server 系统只在数据库中存放视图的_____，视图的所有数据都保存在导出它们的_____中。

4. 对视图的_____操作将会影响基本表的数据。

5. 不能把规则、_____及_____与视图相关联。

6. 在正式创建一个索引之前，通常需要从_____、_____和_____这 3 个方面进行考虑。

7. 在一般情况下，当对数据进行_____时，会产生索引碎片，索引碎片会降低数据库系统的性能，通过使用_____系统函数，可以检测索引中是否存在碎片。

8. 在数据表中创建主键约束时，会自动产生_____索引。

9. 可以使用_____创建独立于约束的索引。

## 二、单项选择题

1. 关于视图，下列说法错误的是(　　　)。

　　A. 视图中也存有数据　　　　　　　B. 视图是一种虚拟表

　　C. 视图是保存在数据库中的查询　　D. 视图也可由视图派生出来

2. 在视图上不能完成的操作是(　　　)。

　　A. 查询视图数据　　　　　　　　　B. 更新视图数据

　　C. 在视图上定义新的基本表　　　　D. 在视图上定义新视图

3. 在 Transact-SQL 中，建立视图用的命令是(　　　)。

　　A. CREATE INDEX　B. CREATE VIEW

　　C. CREATE SCHEMA　　　　　　　D. CREATE TABLE

4. 视图是从(　　　)中导出的。

　　A. 基本表或视图　　　B. 数据库　　　C. 视图　　　　　　　D. 基本表

5. 以下关于视图的说法错误的是(　　　)。

　　A. 并非所有的视图都可更新　　　　B. 视图只能在当前数据库中创建

　　C. 视图名可以与已有的数据表同名　D. 视图可以嵌套定义

6. 下列情况的列适合使用聚集索引的是(　　　)。

　　A. 包含大量非重复值的列，即该列或更多的组合在数据表的记录中重复值极少

　　B. 精确匹配查询的搜索条件 WHERE 子句中经常使用的列

　　C. 包含数量有限的唯一值的列

　　D. 以上都不对

7. 下列情况的列适合使用非聚集索引的是(　　　)。

　　A. 包含数量有限的唯一值的列

　　B. 经常使用 BETWEEN、>、>=、<和<=运算符限制某列来查询满足条件的数据时

　　C. 包含大量非重复值的列

　　D. 以上都不对

8. 每个数据表可以创建(　　)个聚集索引。

    A. 1　　　　　　　　B. 2　　　　　　　　C. 10　　　　　　　　D. 无数个

9. 每个数据表可以创建(　　) 个非聚集索引。

    A. 1　　　　　　　　B. 100　　　　　　　C. 249　　　　　　　D. 无数个

10. 为表创建索引的目的是(　　)。

    A. 提高查询的检索性能　　　　　　　B. 创建唯一索引

    C. 创建主键　　　　　　　　　　　　D. 归类

### 三、简答题

1. 什么是视图？它和表有什么区别？

2. 在 SQL Sever 中，使用视图的好处是什么？

3. 根据导出视图的方式，视图可被分为哪几类？

4. 创建视图的方法和注意事项有哪些？

5. 在使用视图更新数据时，有哪些注意事项？

6. 简述索引的概念和作用。

7. 简述聚集索引和非聚集索引的含义与要求。

8. 简述索引的使用原则。

### 四、上机练习题

1. 创建视图 viewl，使该视图包含 pm 数据库中 student 表的信息(视图中的列名全部使用中文)。

2. 显示第 1 题创建的视图 viewl 的所有数据。

3. 利用第 1 题创建的视图 viewl，列出视图中所有李姓学生的信息。

4. 使用 ALTER VIEW 修改第 1 题创建的视图 view1，使其只包含所有学生的姓名、年龄和性别 3 列(视图中的列名全部使用中文)。

5. 删除以上创建的视图 viewl。

6. 执行以下语句，利用数据库 pm 的表 student 产生一个新表 stu，该新表包含了表 student 中的所有记录。

```
USE pm
SELECT * INTO stu FROM student
```

(1) 在新表 stu 上建立一个唯一聚集索引，索引名称为 name_ind，索引字段为 sname。

(2) 使用 SQL Server Management Studio 查看索引 name_ind 的属性信息。

(3) 使用 DROP INDEX 语句删除索引 name_ind。

# 第8章　存储过程和触发器

存储过程和触发器实际上都是使用 Transact-SQL 语言编写的程序。存储过程和函数需要显式调用才能执行，而触发器则在满足指定条件时自动执行。了解它们的工作原理是编写存储过程、函数和触发器的前提。

## 8.1　存储过程概述

本节主要介绍存储过程的概念、优点及分类。

### 8.1.1　存储过程的概念

存储过程(Stored Procedure)是在数据库服务器执行的一组 Transact-SQL 语句集合，经编译后存放在数据库服务器端，是在数据库中运用得十分广泛的一种数据库对象。存储过程作为一个单元进行处理并以一个名称来标识。它能够向用户返回数据，向数据库中写入或修改数据，还可以执行系统函数和管理操作，用户在编程中只需要给出存储过程的名称和必需的参数，就可以方便地调用它们。存储过程与其他编程语言中的过程有些类似。

### 8.1.2　存储过程的优点

存储过程与存储在本地客户端计算机的 Transact-SQL 语句相比，具有以下优点。

(1) 执行速度快、效率高。因为 SQL Server 2019 会事先将存储过程编译成二进制可执行代码。在运行存储过程时不需要再对存储过程进行编译，从而加快执行的速度。

(2) 模块化编程。存储过程在创建完毕之后，可以在程序中被多次调用，而不必重新编写该 Transact-SQL 语句。也可以对其进行修改，而且修改之后，所有调用的结果都会改变，提高了程序的可移植性。

(3) 减少网络流量。由于存储过程是保存在数据库服务器上的一组 Transact-SQL 代码，在客户端调用时，只需要使用存储过程名及参数即可，从而减少网络流量。

(4) 安全性高。存储过程可以作为一种安全机制来使用，当用户要访问一个或多个数据表，但没有存取权限时，可以设计一个存储过程来存取这些数据表中的数据。当一个数据表没有设置权限，而对该数据表的操作又需要进行权限控制时，也可以使用存储过程来作为一个存取通道，对不同权限的用户使用不同的存储过程。同时，参数化存储过程有助于保护应用程序不受 SQL Injection 攻击。

说明：SQL Injection 是一种攻击方法，它可以将恶意代码插入传递给 SQL Server 供分析和执行的字符串中。

### 8.1.3  存储过程的分类

在 SQL Server 2019 中，提供了以下 3 种类型的存储过程。

#### 1. 系统存储过程

从物理意义上讲，系统存储过程(System Stored Procedures)存储在源数据库(Resource)中，并且带有"sp_"前缀。从逻辑意义上讲，系统存储过程出现在每个系统定义数据库和用户定义数据库的 sys 构架中。用户自创建的存储过程最好不要以"sp_"开头，因为当用户存储过程与系统存储过程重名时，调用系统存储过程。

#### 2. 扩展存储过程

扩展存储过程(Extended Stored Procedures)通常是以"xp_"为前缀。扩展存储过程允许使用其他编辑语言(如 C#等)创建自己的外部存储过程，其内容并不存储在 SQL Server 2019 中，而是以 DLL 形式单独存在。不过该功能在以后的 SQL Server 版本中可能会被删除，所以尽量不要使用。

#### 3. 用户存储过程

用户存储过程(User-defined Stored Procedures)是由用户自行创建的存储过程，可以输入参数、向客户端返回表格或结果、消息等，也可以返回输出参数。在 SQL Server 2019 中，用户存储过程又分为 Transact-SQL 存储过程和 CLR 存储过程两种。

Transact-SQL 存储过程保存 Transact-SQL 语句的集合，可以接受和返回用户提供的参数。

CLR 存储过程是针对 Microsoft 的.NET Framework 公共语言运行时(CLR)方法的引用，可以接受和返回用户提供的参数。CLR 存储过程在.NET Framework 程序中是作为公共静态方法实现的。

本章只介绍 Transact-SQL 存储过程。

## 8.2  创建和执行用户存储过程

可以使用 SQL Server Management Studio 工具和语句创建和执行存储过程，这里只介绍使用语句实现相关操作。

### 8.2.1  创建用户存储过程

在 SQL Server 2019 中，可以用 SQL Server Management Studio 工具和 CREATE PROCEDURE 语句创建存储过程。本文只介绍使用 CREATE PROCEDURE 语句创建存储过程。

使用 SQL Server Management Studio 创建存储过程，归根结底与直接使用 CREATE

PROCEDURE 语言来创建存储过程是一样的，只是有些参数可以用模板来添加而已。用 CREATE PROCEDURE 语句创建存储过程的语法格式如下：

```
CREATE {PROC|PROCEDURE} <procedure_name>
 [{@parameter <data_type> [=<default>][OUT|OUTPUT]}][,…n]
  [WITH ENCRYPTION]
AS
     {<sql_statement>[,…n]}
```

其参数说明如下。

- procedure_name：新存储过程的名称。必须遵循标识符命名规则，并且在架构中必须唯一。建议不在过程名称中使用前缀 sp_。可在 procedure_name 前面使用一个数字符号(#)来创建局部临时存储过程，使用两个数字符号(##)来创建全局临时存储过程。存储过程或全局临时存储过程的完整名称(包括##)不能超过 128 个字符。局部临时存储过程的完整名称(包括#)不能超过 116 个字符。

- @parameter：是一个形参变量，存储过程中的参数。在 CREATE PROCEDURE 过程中可以声明一个或多个参数。必须在执行过程时提供每个所声明参数的值(除非定义了该参数的默认值)。存储过程最多可以有 2100 个参数。

- data_type：参数所属架构的数据类型。

- default：参数的默认值。如果定义了默认值，不必指定该参数的值即可执行过程。默认值必须是常量或 NULL。

- OUT|OUTPUT：表明参数是返回参数。该选项的值可以返回给调用语句。

- WITH ENCRYPTION：表示 SQL Server 2019 加密 CREATE PROCEDURE 语句文本。

存储过程可以参考表、视图或其他存储过程。如果在存储过程中创建了临时表，那么该临时表只在该存储过程中有效，当存储过程执行结束时，临时表也消失。存储过程可以嵌套使用。

【例 8-1】创建一个简单的存储过程 pro_s，查询所有学生的信息。

在查询编辑器窗口输入并执行如下 Transact-SQL 语句：

```
USE pm
GO
CREATE PROCEDURE pro_s
AS
SELECT * FROM student
GO
```

【例 8-2】创建一个带有输入参数的存储过程 pro_s_i，根据学号查询学生的所有课程成绩记录。其中，输入参数用于接收学号，默认值为 2015410101。

在查询编辑器窗口输入并执行如下 Transact-SQL 语句：

```
USE pm
GO
CREATE PROCEDURE pro_s_i
@studentid CHAR(10)='2015410101'
AS
SELECT sno,cname,score FROM sc,course
WHERE course.cno=sc.cno AND sno=@studentid
GO
```

【例 8-3】创建一个带有输入参数和输出参数的存储过程 pro_s_s，返回指定学生的姓名和专业。其中输入参数用于接收学生的学号，输出参数用于返回该学生的姓名和专业。

在查询编辑器窗口输入并执行如下 Transact-SQL 语句：

```
USE pm
GO
CREATE PROCEDURE pro_s_s
@id CHAR(10)='2015410101',
@name NVARCHAR(50) OUTPUT,
@specialty NVARCHAR(50) OUTPUT
AS
SELECT @name=sname,@specialty=dept FROM student WHERE sno=@id
GO
```

**说明**：存储过程可以接收输入参数，并以输出参数的形式向调用它的过程返回多个值，也可以向调用它的过程返回状态值，以说明该存储过程运行成功或失败。在执行存储过程时，可以有 3 种不同形式的返回值。

- 在存储过程中以 RETURN n 的形式返回一个整数值。
- 在存储过程中指定一个 OUTPUT 的返回参数用以返回值。
- 在存储过程中执行 Transact-SQL 语句返回数据集，如 SELECT 语句。

### 8.2.2　执行用户存储过程

执行存储过程也有两种方法，一种是用 SQL Server Management Studio 工具执行，另一种是使用 EXECUTE 语句执行，本文只介绍使用 EXECUTE 语句。

使用 EXECUTE 执行存储在服务器上的存储过程，其语法格式如下：

```
[EXEC[UTE]]
[<@return_status>=]<procedure_name>
{[[@parameter=]{<value>|<@variable>[OUTPUT]}|[DEFAULT]}[,…n]
```

各参数说明如下。

- @return_status：是一个可选的整型变量，用于保存存储过程的返回状态。这个变量在用于 EXECUTE 语句时，必须已在批处理、存储过程或函数中声明。
- procedure_name：存储过程名称。
- @parameter：是在创建存储过程时定义的参数。当使用该选项时，各参数的枚举顺序可以与创建存储过程时的定义顺序不一致，否则两者顺序必须一致。
- value：是存储过程中输入参数的值。如果参数名称没有指定，参数值必须按创建存储过程时的定义顺序给出。如果在创建存储过程时指定了参数的默认值，执行时可以不再指定。
- @variable：用来存储参数或返回参数的变量。当存储过程中有输出参数时，只能用变量来接收输出参数的值，并在变量后加上 OUTPUT 关键字。
- OUTPUT：用来指定参数是输出参数。该关键字必须与@variable 连用，表示输出参数的值由变量接收。
- DEFAULT：表示参数使用定义时指定的默认值。

【**例 8-4**】执行存储过程 pro_s 查询所有学生的信息。

在查询编辑器窗口输入并执行如下 Transact-SQL 语句：

```
USE pm
GO
EXECUTE pro_s
GO
```

运行结果如图 8-1 所示。

| | sno | sname | sex | birthday | score | dept | political | place | nation |
|---|---|---|---|---|---|---|---|---|---|
| 1 | 2015410101 | 刘聪 | 男 | 1996-02-05 | 487 | 计算机科学与技术 | 党员 | 吉林 | 汉族 |
| 2 | 2015410102 | 王腾飞 | 男 | 1997-12-03 | 498 | 计算机科学与技术 | 团员 | 辽宁 | 回族 |
| 3 | 2015410103 | 张丽 | 女 | 1996-03-09 | 482 | 计算机科学与技术 | 团员 | 黑龙江 | 回族 |
| 4 | 2015410104 | 梁薇 | 女 | 1995-07-02 | 466 | 计算机科学与技术 | 党员 | 吉林 | 汉族 |
| 5 | 2015410105 | 刘浩 | 男 | 1997-12-05 | 479 | 计算机科学与技术 | 团员 | 辽宁 | 汉族 |
| 6 | 2015410201 | 李云霞 | 女 | 1996-06-15 | 456 | 软件工程 | 党员 | 河北 | 汉族 |
| 7 | 2015410202 | 马春雨 | 女 | 1997-12-11 | 487 | 软件工程 | 团员 | 吉林 | 汉族 |
| 8 | 2015410203 | 刘亮 | 男 | 1998-01-15 | 490 | 软件工程 | 团员 | 河北 | 朝鲜族 |
| 9 | 2015410204 | 李云 | 男 | 1996-06-15 | 482 | 软件工程 | 党员 | 辽宁 | 回族 |
| 10 | 2015410205 | 刘琳 | 女 | 1997-06-21 | 480 | 软件工程 | 群众 | 黑龙江 | 汉族 |

图 8-1　执行存储过程 pro_s 查询到的学生信息

【**例 8-5**】执行存储过程 pro_s_i，分别查询学号为 2015410101 和 2015410102 的学生的成绩信息。

在查询编辑器窗口输入并执行如下 Transact-SQL 语句：

```
USE pm
GO
EXECUTE pro_s_i
EXECUTE pro_s_i @studentid='2015410102'
GO
```

运行结果如图 8-2 所示。

| | sno | cname | score |
|---|---|---|---|
| 1 | 2015410101 | C语言 | 95 |
| 2 | 2015410101 | Java语言 | 45 |

| | sno | cname | score |
|---|---|---|---|
| 1 | 2015410102 | C语言 | 87 |
| 2 | 2015410102 | Java语言 | 89 |

图 8-2　指定学号学生的成绩信息

【**例 8-6**】执行存储过程 pro_s_s，获取学号为 201541030102 的学生的姓名和专业。

在查询编辑器窗口输入并执行如下 Transact-SQL 语句：

```
USE pm
GO
DECLARE @stusno CHAR(12)
DECLARE @stuname NVARCHAR(50)
DECLARE @stuspecialty NVARCHAR(50)
SET @stusno='2015410102'
EXECUTE pro_s_s @stusno,@stuname OUTPUT,@stuspecialty OUTPUT
PRINT '学号：'+@stusno+'姓名：'+@stuname+'专业是：'+@stuspecialty
GO
```

运行结果如图 8-3 所示。

图 8-3　指定学号学生的姓名和专业

**说明：**如果存储过程的调用是批处理的第一行，可以不使用 EXECUTE 关键字。

# 8.3　管理存储过程

存储过程的管理主要包括存储过程的查看、修改、重命名和删除等操作。

## 8.3.1　查看存储过程

存储过程被创建之后，它的名字被存储在系统表 sysobjects 中，它的源代码被存储在系统表 syscomments 中。用户可以使用系统存储过程来查看用户创建的存储过程的相关信息。

(1) sp_help 用于显示存储过程的信息，如存储过程的参数、创建日期等。其语法格式如下：

```
EXEC[UTE] sp_help <存储过程名>
```

【例 8-7】查看存储过程 pro_s_s 的所有者、创建时间和各个参数的信息。

在查询编辑器窗口输入并执行如下 Transact-SQL 语句：

```
USE pm
GO
EXEC sp_help pro_s_s
GO
```

运行结果如图 8-4 所示。

| | Name | Owner | Type | | | Created_datetime | |
|---|---|---|---|---|---|---|---|
| 1 | pro_s_s | dbo | stored procedure | | | 2019-10-23 09:33:26.030 | |

| | Parameter_name | Type | Length | Prec | Scale | Param_order | Collation |
|---|---|---|---|---|---|---|---|
| 1 | @id | char | 10 | 10 | NULL | 1 | Chinese_PRC_CI_AS |
| 2 | @name | nvarchar | 100 | 50 | NULL | 2 | Chinese_PRC_CI_AS |
| 3 | @specialty | nvarchar | 100 | 50 | NULL | 3 | Chinese_PRC_CI_AS |

图 8-4　查看存储过程 pro_s_s 的基本信息

(2) sp_helptext 用来查看存储过程的源代码。其语法格式如下：

```
EXEC[UTE] sp_helptext <存储过程名>
```

【例 8-8】查看存储过程 pro_s_i 的源代码。

在查询编辑器窗口输入并执行如下 Transact-SQL 语句：

```
USE pm
GO
EXEC sp_helptext pro_s_i
GO
```

运行结果如图 8-5 所示。

| | Text |
|---|---|
| 1 | CREATE PROCEDURE pro_s_i |
| 2 | @studentid char(10)='2015410101' |
| 3 | AS |
| 4 | SELECT sno,cname,score FROM sc,course |
| 5 | WHERE course.cno=sc.cno AND sno=@studentid |

图 8-5　存储过程 pro_s_i 的源代码

**说明：** 如果在创建存储过程时使用了 WITH ENCRYPTION 选项，那么使用 sp_helptext 将无法显示存储过程的源代码。

(3) sp_depends 用于显示和存储相关的数据库对象。其语法格式如下：

```
EXEC[UTE] sp_depends<存储过程名>
```

**【例 8-9】** 查看与存储过程 pro_s_i 相关的数据库对象信息。

在查询编辑器窗口输入并执行如下 Transact-SQL 语句：

```
USE pm
GO
EXEC sp_depends pro_s_i
GO
```

运行结果如图 8-6 所示。

| | name | type | updated | selected | column |
|---|---|---|---|---|---|
| 1 | dbo.course | user table | no | yes | cno |
| 2 | dbo.course | user table | no | yes | cname |
| 3 | dbo.sc | user table | no | yes | sno |
| 4 | dbo.sc | user table | no | yes | cno |
| 5 | dbo.sc | user table | no | yes | score |

图 8-6　与存储过程 pro_s_i 相关的数据库对象

## 8.3.2　修改存储过程

在使用过程中，一旦发现存储过程不能完成需要的功能或功能需求有所改变，则需要修改原有的存储过程。修改原有的存储过程有两种方法：一种是使用SQLServer Management Studio 工具修改存储过程，另一种是使用 ALTER PROCEDURE 语句修改存储过程。本文介绍第二种方法。

用 ALTER PROCEDURE 语句修改存储过程的语法格式如下：

```
ALTER {PROC|PROCEDURE}<procedure_name>
 [{{@parameter <data_type> [=<default>][OUT|OUTPUT]}[,…n]]
  [WITH ENCRYPTION]
AS
    {<sql_statement>[,…n]}
```

除了 ALTER PROCEDURE 之外，其他代码与创建存储过程的代码相同。其中，各参数的含义与 CREATE PROCEDURE 语句中对应参数的含义相同。

【例 8-10】修改存储过程 pro_s，使其按姓名排序查询所有学生的信息，同时加密定义文本。

在查询编辑器窗口输入并执行如下 Transact-SQL 语句：

```
USE pm
GO
ALTER PROCEDURE pro_s
WITH ENCRYPTION
AS
SELECT * FROM student ORDER BY sname
GO
```

### 8.3.3　删除存储过程

不再需要的存储过程，可以删除。使用 DROP PROCEDURE 语句删除存储过程。

DROP PROCEDURE 语句用于从当前数据库中删除一个或多个存储过程，语法格式如下：

```
DROP {PROC|PROCEDURE} <procedure>[,…n]
```

其中，参数 procedure 为要删除的存储过程或存储过程组的名称。

【例 8-11】删除存储过程 pro_s 和 pro_s_s。

在查询编辑器窗口输入并执行如下 Transact-SQL 语句：

```
USE pm
GO
DROP PROCEDURE pro_s, pro_s_s
GO
```

## 8.4　触发器概述

触发器是一种特殊类型的存储过程，它是在执行某些特定的 Transact-SQL 语句时自动执行的一种存储过程。

### 8.4.1　触发器的分类

在 SQL Server 2019 中，包括 3 种常见类型的触发器：DML 触发器、DDL 触发器和登录触发器。

#### 1. DML 触发器

当数据库服务器中发生数据操作语言(Data Manipulation Language)事件时将调用 DML 触发器。DML 事件包括在指定表或视图中修改数据的 INSERT 语句、UPDATE 语句或 DELETE 语句。DML 触发器有助于在表或视图中修改数据时强制业务规则，扩展数据的完整性。

(1) DML 触发器的作用如下：

- DML 触发器可通过数据库中的相关表实现级联修改。
- DML 触发器可以防止恶意或错误的 INSERT、UPDATE 以及 DELETE 操作，并强制执行比 CHECK 约束定义的限制更为复杂的其他限制。

- DML 触发器可以评估数据修改前后表的状态，并根据该差异采取措施。

一个表中的多个同类 DML 触发器(INSERT、UPDATE 或 DELETE)可以采取多个不同的操作来响应同一个修改语句。

(2) DML 触发器的分类。

SQL Server 的 DML 触发器分为两类。

- AFTER 触发器：这类触发器是在记录已经改变之后，才会被激活执行，它主要用于记录变更后的处理或检查，一旦发现错误，也可以用 ROLLBACK TRANSACTION 语句来回滚本次操作。
- INSTEAD OF 触发器：一般用于取代原本的操作，在记录变更之前发生，它并不执行原来 SQL 语句的操作(INSERT、UPDATE 和 DELETE)，而执行触发器本身所定义的操作。

### 2. DDL 触发器

DDL 触发器是 SQL Server 2005 开始新增的一个触发器类型，是一种特殊的触发器，在响应数据定义语言(DDL)语句时触发，一般在数据库中执行管理任务。

与 DML 触发器一样，DDL 触发器也是通过事件来激活，并执行其中的 SQL 语句。但两种触发器不同，DML 触发器是响应 INSERT、UPDATE 或 DELETE 语句而激活的，DDL 触发器是响应 CREATE、ALTER 或 DROP 开头的语句而激活的。一般来说，在以下几种情况下可以使用 DDL 触发器。

- 数据库里的库架构或数据表架构很重要，不允许修改。
- 防止数据库或数据表被误删除。
- 在修改某个数据表结构的同时，修改另一个数据表的相应结构。
- 要记录对数据库结构操作的事件。
- 仅在运行触发 DDL 触发器的 DDL 语句后，DDL 触发器才会被激活。DDL 触发器无法作为 INSTEAD OF 触发器使用。

### 3. 登录触发器

登录触发器将为响应 LOG ON 事件而激发存储过程。与 SQL Server 实例建立用户会话时将引发此事件。登录触发器将在登录的身份验证阶段完成之后且用户会话实际建立之前激发。可以使用登录触发器来审核和控制服务器会话，如通过跟踪登录活动，限制 SQL Server 的登录名或限制特定登录名的会话数。

本章将重点介绍 DML 触发器，DDL 触发器和登录触发器只作简单介绍。

## 8.4.2　DML 触发器与约束

DML 触发器和约束在不同情况下各有优点。DML 触发器的主要优点在于可以包含使用 Transact-SQL 代码的复杂处理逻辑。DML 触发器可以支持约束的所有功能，但 DML 触发器对于给定的功能并不总是最恰当的方法。

当约束支持的功能无法满足应用程序的功能要求时，DML 触发器非常有用。例如：

(1) 除非 REFERENCES 子句定义了级联引用操作，否则 FOREIGN KEY 约束只能用与另一列中的值完全匹配的值来验证列值。DML 触发器可以将更改通过级联方式传递给数据库中的相关表，不过通过级联引用，完整性约束可以更有效地执行这些更改。

(2) 约束只能通过标准化的系统错误信息来传递错误信息。如果应用程序需要使用自定义消息和较为复杂的错误处理机制，则必须用触发器。

(3) DML 触发器可以禁止或回滚违反引用完整性的更改，从而取消所尝试的数据修改。当更改外键且新值与其主键不匹配时，这样的触发器将生效。但是，FOREIGN KEY 约束通常用于此目的。

(4) 如果触发器表上存在约束，则在 INSTEAD OF 触发器执行后但在 AFTER 触发器执行前检查这些约束。如果违反了约束，则回滚 INSTEAD OF 触发器操作并且不执行 AFTER 触发器。

### 8.4.3　INSERTED 表和 DELETED 表

在使用 DML 触发器的过程中，SQL Server 提供了两张特殊的临时表，分别是 INSERTED 表和 DELETED 表，它们与创建触发器的表具有相同的结构。

用户可以使用这两张表来检测某些修改操作所产生的影响。无论是后触发还是替代触发，触发器被激活时，系统自动为它们创建这两张临时表。触发器一旦执行完成，这两张表将被自动删除，所以只能在触发器运行期间使用 SELECT 语句查询到这两张表，但不允许进行修改。

对具有 DML 触发器的表进行 INSERT、DELETE 和 UPDATE 操作时，过程分别如下。

(1) INSERT 操作：系统在原表插入记录的同时，自动把记录插入 INSERTED 临时表中。

(2) DELETE 操作：系统在原表删除记录的同时，自动把删除的记录添加到 DELETED 临时表中。

(3) UPDATE 操作：这一事务由两部分组成，首先将旧的数据行从基本表中转移到 DELETED 表中，然后将新的数据行同时插入基本表和 INSERTED 临时表中。

## 8.5　创建 DML 触发器

在 SQL Server 2019 中，可以用 SQL Server Management Studio 工具和 CREATE TRIGGER 语句创建触发器。使用 SQL Server Management Studio 工具创建触发器只是系统根据触发器模板自动生成一个代码框架，需要用户进一步填写代码，其本质与使用 CREATE TRIGGER 语句一样。在这里只介绍 CREATE TRIGGER 语句的使用，其语法格式如下：

```
CREATE TRIGGER <trigger_name>
ON {<table>|<view>}
[WITH ENCRYPTION]
{FOR|AFTER|INSTEAD OF}
{[INSERT][,][UPDATE][,][DELETE]}
```

```
AS
{<sql_statement> [···n]}
```

其参数说明如下。

- trigger_name：触发器的名称。trigger_name 必须遵循标识符规则，且不能以#或##开头。
- table|view：对其执行 DML 触发器的数据表名或视图名。视图只能被 INSTEAD OF 触发器引用。不能对局部或全局临时表定义 DML 触发器。
- WITH ENCRYPTION：对 CREATE TRIGGER 语句的定义文本进行加密处理。放在 ON {table | view}的后面，FOR 的前面。
- FOR|AFTER：AFTER 指定 DML 触发器仅在触发 SQL 语句中指定的所有操作都已成功执行时才被触发。不能对视图定义 AFTER 触发器。其中 AFTER 可以用 FOR 来代取。
- INSTEAD OF：指定执行 DML 触发器而不是触发 SQL 语句，因此，其优先级高于触发语句的操作。
- [INSERT] [,] [UPDATE] [,] [DELETE]：指定数据修改语句，这些语句可在 DML 触发器对此表或视图进行尝试时激活该触发器。必须至少指定一个选项，允许使用上述选项的任意顺序组合。

创建触发器时注意如下事项:

- CREATE TRIGGER 语句必须是一个批处理的第一条语句。
- 创建 DML 触发器的权限默认分配给表的所有者，不能将该权限转给其他用户。
- 一个触发器只能创建在一个表上，一个表可以有一个替代触发器和多个后触发器。
- 虽然 DML 触发器可以引用当前数据库以外的对象，但只能在当前数据库中创建 DML 触发器。
- 触发器的定义语句中不能用 CREATE、ALTER、DROP 语句操作数据库或各种数据库对象。
- TRUNCATE TABLE 虽然在功能上与 DELETE 类似，但是由于 TRUNCATE 删除记录时不被记入事务日志，所以该语句不能激活 DELETE 触发器。
- WRITETEXT 命令不会触发 INSERT 或者 UPDATE 触发器。

【例 8-12】创建一个触发器，每当修改 student 表时，提示修改记录的条数。

在查询编辑器窗口输入并执行如下 Transact-SQL 语句:

```
USE pm
GO
--检测是否存在相同名字的触发器,如果存在就把它删除,避免调试时的麻烦
IF EXISTS(SELECT name FROM sysobjects
    WHERE name='st_t' and type='TR')
DROP TRIGGER st_t
GO
CREATE TRIGGER st_t        --创建触发器
ON student
AFTER UPDATE
AS
DECLARE @count_u INT
```

```
SELECT @count_u = @@rowcount
PRINT '一共修改了'+str(@count_u,3)+'行'
RETURN
GO
```

有关该触发器的验证，可以在查询编辑器中输入如下语句，单击"执行"按钮即可看到正确结果，如图 8-7 所示。

```
USE pm
GO
UPDATE student SET sex='女' WHERE sno='2015410101'
GO
```

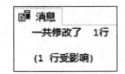

图 8-7　触发器的验证结果

【例 8-13】在 sc 表上创建触发器，检查插入的成绩是否在 0～100。

在查询编辑器窗口输入并执行如下 Transact-SQL 语句：

```
USE pm
GO
IF EXISTS(SELECT name FROM sysobjects
   WHERE name='tr_sc' and type='TR')
DROP TRIGGER tr_sc
GO
--创建触发器
CREATE TRIGGER tr_sc
   ON sc
   FOR INSERT, UPDATE
AS
   DECLARE @score INT
   SELECT @score=score FROM INSERTED
   IF @score<0 OR @score>100
      BEGIN
         PRINT '成绩必须在 0 到 100 之间！'
         ROLLBACK
      END
GO
--测试触发器
INSERT INTO sc(sno,cno,score)
VALUES('2015410101','201',-10)     --插入一个学生的成绩为-10
GO
```

运行结果：插入失败。

# 8.6　管理 DML 触发器

管理 DML 触发器主要是对 DML 触发器进行查看、修改、删除和禁用或启用等操作。

## 8.6.1　查看触发器

使用系统存储过程 sp_help、sp_helptext 和 sp_depends 分别查看触发器的相关信息。

- sp_help：显示触发器名称、类型、创建时间等基本信息。
- sp_helptext：显示触发器的源代码。
- sp_depends：显示该触发器参考的对象清单。

【例 8-14】查看触发器 tr_sc 的所有者和创建日期。

在查询编辑器窗口输入并执行如下 Transact-SQL 语句：

```
USE pm
GO
EXEC sp_help tr_sc
GO
```

运行结果如图 8-8 所示。

图 8-8　触发器 tr_sc 的所有者和创建日期

【例 8-15】查看触发器 tr_sc 的源代码。

在查询编辑器窗口输入并执行如下 Transact-SQL 语句：

```
USE pm
GO
EXEC sp_helptext tr_sc
GO
```

运行结果如图 8-9 所示。

图 8-9　触发器 tr_sc 的源代码

## 8.6.2　修改触发器

修改已有的触发器有两种方法：一种是使用 SQL Server Management Studio 工具，另一种是使用 ALTER TRIGGER 语句。这里只介绍第二种 ALTER TRIGGER 语句的使用，其语法格式如下：

```
ALTER TRIGGER <trigger_name>
ON {<table>|<view>}
```

```
[WITH ENCRYPTION]
{FOR|AFTER|INSTEAD OF}
{[INSERT][,][UPDATE][,][DELETE]}
AS
{<sql_statement> [···n]}
```

除了 ALTER TRIGGER 之外，其他代码与创建触发器的代码相同。其中，各参数的含义与 CREATE TRIGGER 语句中对应参数的含义相同。

【例 8-16】在例 8-13 中，用 AFTER 触发器并不是最好的方法，如果用 INSTEAD OF 触发器，在判断学生成绩不合法时，就中止更新操作，避免在修改数据之后再进行回滚操作，减少服务器负担。现将原来的触发器 tr_sc 改为 INSTEAD OF 触发器。

在查询编辑器窗口输入并执行如下 Transact-SQL 语句：

```
USE pm
GO
--修改触发器
ALTER TRIGGER tr_sc
ON sc
INSTEAD OF INSERT
AS
    SET NOCOUNT ON
    DECLARE    @score FLOAT,
               @stuno CHAR(10),
               @stucourseid CHAR(3)
    SET @stuno=(SELECT sno FROM INSERTED)
    SET @stucourseid =(SELECT cno FROM INSERTED)
    SELECT @score=score FROM INSERTED
    IF @score<0 OR @score>100
      BEGIN
          PRINT '成绩必须在 0 到 100 之间！'
      END
    ELSE
      BEGIN
          INSERT INTO sc(sno,cno,score)
          VALUES(@stuno,@stucourseid, @score)
      END
GO
```

## 8.6.3　禁用或启用触发器

### 1. 禁用触发器

禁用触发器与删除触发器不同，禁用触发器后，触发器仍存在于该表上，只是在执行 INSERT、UPDATE 或 DELETE 语句时，不会执行触发器中的操作。

可以在 SQL Server Management Studio 中，使用"禁用"选项禁用触发器，也可以使用 DISABLE TRIGGER 语句禁用触发器，其语法格式如下：

```
DISABLE TRIGGER{ALL|<触发器名>[,···n]} ON [<表名>|<视图名>]
```

其中，ALL 表示禁用在 ON 子句作用域中定义的所有触发器。

【例 8-17】使用代码禁用 sc 表上的 tr_sc 触发器。

在查询编辑器窗口输入并执行如下 Transact-SQL 语句：

```
USE pm
GO
DISABLE TRIGGER tr_sc ON sc
GO
```

### 2. 启用触发器

已禁用的触发器可以被重新启用，触发器会以最初被创建的方式激活。在默认情况下，创建触发器后会启用触发器。

使用 ENABLE TRIGGER 语句启用触发器。其语法格式如下：

```
ENABLE TRIGGER{ALL|<触发器名>[,…n]} ON [<表名>|<视图名>]
```

【例 8-18】使用代码启用 sc 表上的 tr_sc 触发器。

在查询编辑器窗口输入并执行如下 Transact-SQL 语句：

```
USE pm
GO
ENABLE TRIGGER tr_sc ON sc
GO
```

## 8.6.4　删除触发器

用户可以删除不再需要的触发器，此时原来的触发表以及表中的数据不受影响。如果删除表，则表中所有的触发器将被自动删除。

使用 DROP TRIGGER 语句删除触发器，其语法格式如下：

```
DROP TRIGGER <触发器名>[,…n]}
```

【例 8-19】删除 student 表上的 st_t 触发器。

在查询编辑器窗口输入并执行如下 Transact-SQL 语句：

```
USE pm
GO
DROP TRIGGER st_t
GO
```

# 习　题　8

## 一、填空题

1. 一个存储过程的名称不能超过_____个字符。

2. 使用_____可以对存储过程的定义文本进行查看。

3. 在 SQL Server 2019 中，有 3 种常规的触发器分别为 DML 触发器、_____触发器和_____触发器。其中，DML 触发器又分为_____触发器和_____触发器两种。

4. 用_____语句可以删除触发器。

## 二、单项选择题

1. 用于创建存储过程的 Transact-SQL 语句为(    )。
   A. CREATE DATABASE              B. CREATE TABLE
   C. CREATE TRIGGER               D. CREATE PROCEDURE
2. 用于修改存储过程的 Transact-SQL 语句为(    )。
   A. ALTER TABLE                   B. ALTER TRIGGER
   C. ALTER DATABASE               D. ALTER PROCEDURE
3. 一个表上可以有(    )不同类型的触发器。
   A. 1 种                          B. 2 种
   C. 3 种                          D. 无限制
4. 使用(    )语句可以删除触发器 Test_Trigger。
   A. DROP * FORM Test_Trigger
   B. DROP Test_Trigger
   C. DROP TRIGGER WHERE sname='Test_Trigger'
   D. DROP TRIGGER Test_Trigger

## 三、简答题

1. 简述什么是存储过程，存储过程分成哪几类。
2. 存储过程有哪些优点？
3. 触发器与约束的区别是什么？
4. AFTER 触发器与 INSTEAD OF 触发器有什么不同？

## 四、上机练习题

利用 pm 数据库，完成以下操作。

1. 存储过程

完成以下各题功能，保存或记录实现各题功能的 Transact-SQL 语句。

(1) 在数据库 pm 中创建存储过程 avg_score，用于求所有学生的平均入学成绩，并通过输出参数返回该平均入学成绩。要求在创建存储过程之前要先判断该存储过程是否已经存在，如果存在，则将其删除。

(2) 执行第(1)题创建的存储过程 avg_ score，打印学生的平均入学成绩。

(3) 在数据库 pm 中创建存储过程 max_ score，根据指定的专业名称(输入参数)返回该专业的最高入学成绩(输出参数)。要求在创建存储过程之前要先判断该存储过程是否已经存在，如果存在，则将其删除。

(4) 执行第(3)题创建的存储过程 max_ score，指定专业为"软件工程"，打印该专业入学成绩的最高分。

(5) 删除存储过程 avg_ score 和 max_ score。

2. 触发器

(1) 在 course 表上创建一个 INSERT 触发器 tri1。当向 course 表插入数据时，将显示插入的记录。

(2) 在 course 表上创建一个 DELETE 触发器 tri2，当发生删除操作时，将给出警告、列出删除的记录并撤销删除。

(3) 在 course 表上创建一个 UPDTAE 触发器 tri3，当发生更新 cno 字段的操作时，给出警告并撤销更新。

(4) 在 student 表上创建一个更新触发器 tri4，当发生更新 sno 或 sname 字段的操作时给出警告，并撤销更新。

(5) 删除以上各题创建的触发器。

# 第9章 游 标

游标通常是在存储过程中使用的。在存储过程中使用 SELECT 语句查询数据库时，查询返回的数据存放在结果集中。用户在得到结果集后，需要逐行逐列地获取其中包含的数据，从而在应用程序中使用这些值。游标就是一种定位并控制结果集的机制。掌握游标的概念和使用方法，对于编写复杂的存储过程是必要的。

## 9.1 游 标 概 述

把复杂的数据库访问和处理放在存储过程中实现可以减少客户端应用程序的工作量和访问数据库的次数，客户端程序只要调用一次存储过程，所有的工作就都完成了。如果要在存储过程中对数据进行处理，就要使用游标来读取结果集中的数据，可以说比较复杂的存储过程几乎离不开游标。

### 9.1.1 游标的概念

用数据库语言来描述，游标是映射结果集并在结果集内的单个行上建立一个位置的实体。有了游标，用户就可以访问结果集中的任意一行数据了。在将游标放置到某行之后，可以在该行或从该位置开始的行块上执行操作。最常见的操作是提取(检索)当前行或行块。

游标的示意图如图 9-1 所示。可以看到，游标对应结果集中的一行，它定义了用户可以读取和修改数据的范围。用户可以在结果集中移动游标的位置，对结果集中不同的数据进行读/写操作。

| 学号 | 姓名 | 性别 | 入学成绩 | 籍贯 | 民族 |
|---|---|---|---|---|---|
| 2015410101 | 刘聪 | 男 | 487 | 吉林 | 汉族 |
| 2015410102 | 王腾飞 | 男 | 498 | 辽宁 | 回族 |
| 2015410103 | 张丽 | 女 | 482 | 黑龙江 | 朝鲜族 |
| 2015410104 | 梁薇 | 女 | 466 | 吉林 | 汉族 |

图 9-1　游标示意图

执行 SELECT 语句所得到的结果集叫做游标结果集，而指向游标结果集中某一条记录的指针叫做游标位置。

游标主要有以下功能。
- 允许定位在结果集的特定行。
- 从结果集的当前位置检索一行或多行。
- 支持对结果集中当前位置的行进行数据修改。

- 如果其他用户需要对显示在结果集中的数据库数据进行修改，游标可以提供不同级别的可见性支持。
- 提供在脚本、存储过程和触发器中使用的、访问结果集中的数据的 Transact-SQL 语句。

游标被定义后存在两种状态，即打开和关闭。当游标被关闭时，游标结果集不存在；当游标被打开时，用户可以按行读取或修改游标结果集中的数据。

## 9.1.2　游标的分类

SQL Server 支持以下 3 种游标的实现。

- Transact-SQL 游标：使用 Transact-SQL 语句创建的游标，主要用在 Transact-SQL 脚本、存储过程和触发器中。Transact-SQL 游标在服务器上实现并由从客户端发送到服务器的 Transact-SQL 语句管理。它们还包含在批处理、存储过程或触发器中。
- 应用编程接口(API)服务器游标：支持 OLEDB、ODBC 和 DB-Library 中的 API 游标函数。API 服务器游标在服务器上实现。每次客户应用程序调用 API 游标函数时，SQL Server OLE DB 提供程序、ODBC 驱动程序或 DB-Library 动态链接库(DLL)就把请求传送到服务器，以便对 API 服务器游标进行操作。
- 客户端游标：由 SQL Server ODBC 驱动程序、DB-Library DLL 和实现 ADO API 的 DLL 在内部实现。客户端游标通过在客户端高速缓存所有结果集行来实现。每次客户应用程序调用 API 游标函数时，SQL Server ODBC 驱动程序、DB-LibraryDLL 或 ADO DLL 就对高速缓存在客户端中的结果集进行执行游标操作。

由于 Transact-SQL 游标和 API 服务器游标都在服务器端实现，它们一起被称为服务器游标。

SQL Server 支持 4 种 API 服务器游标类型，分别为静态游标、动态游标、只进游标和键集驱动游标。

### 1. 静态游标

静态游标的完整结果集在游标打开时建立在 tempdb 中，它总是按照游标打开时的原样显示结果集。

静态游标被打开以后，数据库中任何影响结果集的变化都不会体现在游标中。例如：

- 静态游标将不会显示其被打开以后在数据库中新插入的行，即使它们符合游标 SELECT 语句的查询条件时也如此。
- 静态游标仍会显示在游标被打开以后删除的行。
- 静态游标将仍然显示被修改行的原始数据。

也就是说，在静态游标中不显示 UPDATE、INSERT 或者 DELETE 操作的结果，除非关闭游标并重新打开。

- 静态游标始终是只读的。

### 2. 动态游标

动态游标是与静态游标相对应的概念。当滚动游标时，动态游标反映结果集中所做的所有更改。结果集中的行数据值、顺序和成员在每次提取时都可能会改变。所有用户执行的全部 UPDATE、INSERT 和 DELETE 语句的结果均通过游标可见。

### 3. 只进游标

只进游标不支持滚动，它只支持游标从头到尾顺序提取。行只在从数据库中提取出来后才能检索。对所有影响结果集中行的 INSERT、UPDATE 和 DELETE 语句其效果在这些行从游标中提取时是可见的。但是，因为游标不能向后滚动，所以在行被提取后对行所做的更改对游标是不可见的。

### 4. 键集驱动游标

键集驱动游标由一套被称为键集的唯一标识符(键)控制。键由以唯一方式在结果集中标识行的列构成。键集是游标打开时来自所有适合 SELECT 语句的行中的一系列键值。键集驱动游标的键集在游标被打开时建立在 tempdb 中。

对非键集列中的数据值所做的更改，在用户滚动游标时是可见的。在游标外对数据库所做的插入在游标内是不可见的，除非关闭并重新打开游标。使用 API 函数通过游标所做的插入在游标的末尾可见。如果试图提取一个在打开游标后被删除的行，则 @@FETCH_STATUS 将返回一个"行缺少"状态。

在声明游标时需要指定游标类型，在使用游标时也应考虑游标的类型。

## 9.2　游标的使用

使用游标的流程是声明游标，打开游标，读取游标中的数据，获取游标的属性和状态，最后一定记得关闭游标，释放游标占用的资源。如果不再使用游标，那么还应该及时将其删除。

### 9.2.1　声明游标

可以使用 DECLARE CURSOR 语句来声明 Transact-SQL 服务器游标和定义游标的特性，如游标的滚动行为和结果集的查询方式等。DECLARE CURSOR 的语法结构如下。

```
DECLARE <cursor_name> CURSOR
[LOCAL|GLOBAL]
[FORWARD_ONLY|SCROLL]
[STATIC|KEYSET|DYNAMICK|FAST_FORWARD]
[READ_ONLY|SCROLL_LOCKS|OPTIMISTIC]
[TYPE_WARNING]
FOR <select_statement>
[FOR UPDATE [OF <column_name>[,…n]]]
```
其参数说明如下。

- cursor_name：指定所声明的游标名称。Cursor_name 必须遵从 SQL Server 的标识符规则。
- LOCAL：指定该游标的作用域对创建它的批处理、存储过程或触发器是局部的。该游标名称仅在这个作用域内有效。
- GLOBAL：指定该游标的作用域对数据库连接是全局的。在由数据库连接执行的任何存储过程或批处理中，都可以引用该游标名称。该游标仅在断开连接时被隐性释放。
- FORWARD_ONLY：指定声明的游标为只进游标。如果在指定 FORWARD_ONLY 时不指定 STATIC、KEYSET 和 DYNAMIC 关键字，则游标作为动态游标进行操作。如果 FORWARD_ONLY 和 SCROLL 均未指定，除非指定 STATIC、KEYSET 或 DYNAMIC 关键字，否则默认为 FORWARD_ONLY。STATIC、KEYSET 和 DYNAMIC 游标则默认为 SCROLL。
- STATIC：指定声明的游标为静态游标。
- KEYSET：指定当前游标为键集驱动游标。
- DYNAMIC：指定声明的游标为动态游标。
- FAST_FORWARD：指定启用了性能优化的 FORWARD_ONLY、READ_ONLY 游标。如果指定 FAST_FORWARD，则不能指定 SCROLL 或 FOR_UPDATE。FAST_FORWARD 和 FORWARD_ONLY 是互斥的，如果指定一个，则不能指定另一个。
- READ_ONLY：禁止通过该游标对数据进行更新。在 UPDATE 或 DELETE 语句的 WHERE CURRENT OF 子句中不能引用游标。
- SCROLL_LOCKS：指定确保通过游标完成的定位更新或定位删除可以成功。当将行读入游标用于修改时，SQL Server 会锁定这些行。如果还指定了 FAST_FORWARD，则不能指定 SCROLL_LOCKS。
- OPTIMISTIC：指定如果行自从被读入游标以来已得到更新，则通过游标进行的定位更新或定位删除不成功。当将行读入游标时 SQL Server 不锁定行。
- TYPE_WARNING：指定如果游标从所请求的类型隐性转换为另一种类型，则给客户端发送警告消息。
- select_statement：是定义游标结果集的标准 SELECT 语句。在游标声明的 select_statement 内不允许使用关键字 COMPUTE、COMPUTE BY、FOR BROWSE 和 INTO。

如果 select_statement 内的子句与所请求的游标类型冲突，SQL Server 将游标隐性转换成另一种类型。

- FOR UPDATE [OF <column_name>[,…n]]：用于定义游标内可更新的列。如果提供了 OF <column_name>[,…n]，则只允许修改列出的列。如果在 UPDATE 子句中未指定列的列表，除非指定了 READ_ONLY 并发选项，否则所有列均可更新。

【例 9-1】定义游标的一个简单示例。

在查询编辑器窗口输入并执行如下 Transact-SQL 语句：

```
USE pm
GO
DECLARE student_cursor CURSOR
FOR
    SELECT *
    FROM student
    WHERE sex='男'
GO
```

游标结果集是表 student 中所有的男性员工。

## 9.2.2　打开游标

OPEN 语句的功能是打开 Transact-SQL 服务器游标，然后通过执行在 DECLARE CURSOR 或 SET cursor_variable 语句中指定的 Transact-SQL 语句填充游标。

OPEN 语句的语法结构如下。

```
OPEN {{[GLOBAL] <cursor_name>}|<cursor_variable_name>}
```

其参数说明如下。

● cursor_name：已声明的游标名称。如果指定了 GLOBAL，cursor_name 指的是全局游标，否则 cursor_name 指的是局部游标。

● cursor-variable-name：指定游标变量的名称。

【例 9-2】打开游标的一个简单示例。

在查询编辑器窗口输入并执行如下 Transact-SQL 语句：

```
USE pm
GO
DECLARE student_cursor CURSOR
FOR
    SELECT *
    FROM student
    WHERE sex='男'
OPEN student_cursor
GO
```

## 9.2.3　读取游标数据

定义游标的最终目的就是读取游标中的数据，下面介绍读取游标数据的方法。

### 1. FETCH 语句

FETCH 语句的功能是从 Transact-SQL 服务器游标中检索特定的一行，语法结构如下：

```
FETCH
[
    [
        NEXT|PRIOR|FIRST|LAST|ABSOLUTE {n|@nvar}|RELATIVE {n|@nvar}
    ]
FROM
    ]
{{[GLOBAL] <cursor_name>}|<@cursor_variable_name>}
[INTO <@variable_name>[,…n]
```

其参数说明如下。

- NEXT：返回紧跟当前行之后的结果行，并且当前行递增为结果行。如果 FETCH NEXT 为对游标的第一次提取操作，则返回结果集中的第一行。NEXT 为默认的游标提取选项。
- PRIOR：返回紧临当前行前面的结果行，并且当前行递减为结果行。如果 FETCH PRIOR 为对游标的第一次提取操作，则没有行返回并且游标置于第一行之前。
- FIRST：返回游标中的第一行并将其作为当前行。
- LAST：返回游标中的最后一行并将其作为当前行。
- ABSOLUTE {n|@nvar}：如果 n 或@nvar 为正数，返回从游标头开始的第 n 行并将返回的行变成新的当前行。如果 n 或@nvar 为负数，返回游标尾之前的第 n 行并将返回的行变成新的当前行。如果 n 或@nvar 为 0，则没有行返回。n 必须为整型常量且@nvar 类型必须为 SMALLINT、TINYINT 或 INT。
- RELATIVE {n|@nvar}：如果 n 或@nvar 为正数，返回当前行之后的第 n 行并将返回的行变成新的当前行。如果 n 或@nvar 为负数，返回当前行之前的第 n 行并将返回的行变成新的当前行。如果 n 或@nvar 为 0，返回当前行。如果对游标的第一次提取操作时将 FETCH RELATIVE 的 n 或@nvar 指定为负数或 0，则没有行返回。n 必须为整型常量且@nvar 的类型必须为 SMALLINT、TINYINT 或 INT。
- GLOBAL：指定 cursor_name 指的是全局游标。
- cursor_name：要从中进行提取的开放游标的名称。在同时有以 cursor_name 作为名称的全局和局部游标存在的情况下，若指定为 GLOBAL，则 cursor_name 对应于全局游标，未指定 GLOBAL 则对应于局部游标。
- @cursor_variable_name：引用要进行提取操作的打开的游标。
- INTO @variable_name[,…n]：允许将提取操作的列数据放到局部变量中。列表中的各个变量从左到右与游标结果集中的相应列相关联。各变量的数据类型必须与相应的结果列的数据类型匹配或是结果列数据类型所支持的隐性转换。变量的数目必须与游标选择列表中的列的数目一致。

【例 9-3】读取游标数据的一个简单示例。

在查询编辑器窗口输入并执行如下 Transact-SQL 语句：

```
USE pm
GO
DECLARE student_cursor CURSOR
FOR
   SELECT *
   FROM student
   WHERE sex='男'
OPEN student_cursor
FETCH NEXT FROM student_cursor
GO
```

执行结果如图 9-2 所示。

| | sno | sname | sex | birthday | score | dept | political | place | nation |
|---|---|---|---|---|---|---|---|---|---|
| 1 | 2015410101 | 刘聪 | 男 | 1996-02-05 | 487 | 计算机科学与技术 | 党员 | 吉林 | 汉族 |

图 9-2   读取游标数据

在查询编辑器窗口输入并执行如下 Transact-SQL 语句：

```
GO
FETCH NEXT FROM student_cursor
GO
```

执行结果如图 9-3 所示。

| | sno | sname | sex | birthday | score | dept | political | place | nation |
|---|---|---|---|---|---|---|---|---|---|
| 1 | 2015410102 | 王腾飞 | 男 | 1997-12-03 | 498 | 计算机科学与技术 | 团员 | 辽宁 | 回族 |

图 9-3   再次读取游标数据

如果要显示结果集中的最后一行，必须在定义游标时使用 SCROLL 关键字。

【例 9-4】使用 FETCH LAST 读取最后一行数据的示例。

在查询编辑器窗口输入并执行如下 Transact-SQL 语句：

```
USE pm
GO
DECLARE student_scroll_cursor SCROLL CURSOR
FOR
   SELECT *
   FROM student
   WHERE sex='男'
OPEN student_scroll_cursor
FETCH LAST FROM student_scroll_cursor
GO
```

执行结果如图 9-4 所示。

| | sno | sname | sex | birthday | score | dept | political | place | nation |
|---|---|---|---|---|---|---|---|---|---|
| 1 | 2015410204 | 李云 | 男 | 1996-06-15 | 482 | 软件工程 | 党员 | 辽宁 | 回族 |

图 9-4   游标中的最后一行数据

### 2. @@FETCH_STATUS 函数

可以使用@@FETCH_STATUS 函数获取 FETCH 语句的状态。返回值等于 0 表示 FETCH 语句执行成功；返回值等于-1 表示 FETCH 语句执行失败；返回值等于-2 表示提取的行不存在。

【例 9-5】执行下面的语句可以使用游标获取表 student 中所有男生的数据。

在查询编辑器窗口输入并执行如下 Transact-SQL 语句：

```
USE pm
GO
DECLARE student_scroll_cursor SCROLL CURSOR
FOR
   SELECT *
   FROM student
```

```
   WHERE sex='男'
OPEN student_scroll_cursor
FETCH FROM student_scroll_cursor
WHILE @@FETCH_STATUS=0
   BEGIN
      FETCH FROM student_scroll_cursor
   END
GO
```

执行结果如图 9-5 所示。

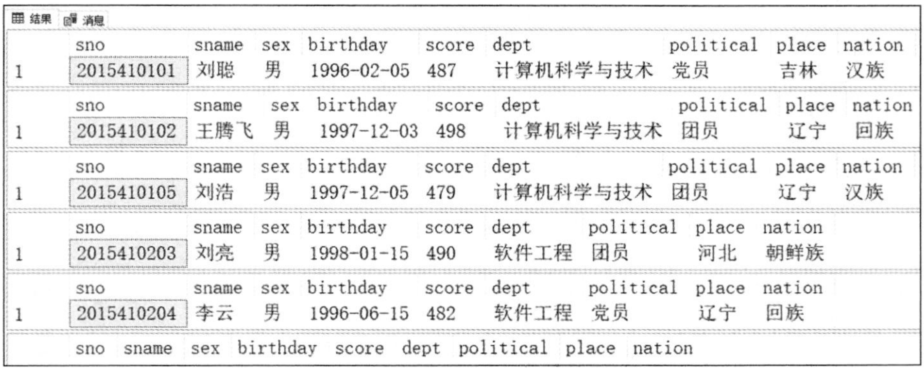

图 9-5　表 student 中所有男生的数据

### 3. @@CURSOR_ROWS 函数

@@CURSOR_ROWS 函数返回最后打开的游标中当前存在的行数量，返回值如表 9-1 所示。

表 9-1　@@CURSOR_ROWS 函数的返回值

| 返　回　值 | 说　　　明 |
|---|---|
| -m | 游标被异步填充。返回值是键集中当前的行数 |
| -1 | 游标为动态。因为动态游标可反映所有更改，所以符合游标的行数不断变化。因而永远不能确定地说所有符合条件的行均已被检索到 |
| 0 | 没有被打开的游标，没有符合最后打开的游标的行，或最后打开的游标已被关闭或被释放 |
| n | 游标已完全填充。返回值是在游标中的总行数 |

【例 9-6】验证@@CURSOR_ROWS 函数的使用方法。

在查询编辑器窗口输入并执行如下 Transact-SQL 语句：

```
USE pm
GO
DECLARE man SCROLL CURSOR
FOR
   SELECT *
   FROM student
   WHERE sex='男'
--没有打开游标时，@@CURSOR_ROWS 返回值为 0
IF @@CURSOR_ROWS=0
   PRINT '没有打开的游标'
OPEN man
```

```
--打开游标后，@@CURSOR_ROWS 返回值是当前游标中的总行数
IF @@CURSOR_ROWS>0
    PRINT @@CURSOR_ROWS
GO
```

执行结果如下：

```
没有打开的游标
5
```

在没有打开游标 man 之前，@@CURSOR_ROWS 返回 0。在打开游标 man 之后，@@CURSOR_ROWS 返回 5，表示游标中包含 5 条记录。

### 9.2.4　关闭游标

CLOSE 语句的功能是关闭一个打开的游标。关闭游标将完成以下工作：

- 释放当前结果集。
- 解除定位于游标行上的游标锁定。

不允许在关闭的游标上提取、定位和更新数据，直到游标重新打开为止。CLOSE 语句的语法结构如下：

```
CLOSE {[GLOBAL] cursor_name}|cursor_variable_name
```

其参数说明如下。

- cursor_name：指定游标的名称。如果全局游标和局部游标都使用 cursor_name 作为名称，那么当指定 GLOBAL 时，cursor_name 引用全局游标；否则，cursor_name 引用局部游标。
- cursor_variable_name：指定与开放游标关联的游标变量的名称。

关闭游标并不意味着释放它的所有资源，所以在关闭游标后，不能创建同名的游标。

【例 9-7】关闭游标后不能创建同名游标的示例。

在查询编辑器窗口输入并执行如下 Transact-SQL 语句：

```
USE pm
GO
DECLARE man_cursor SCROLL CURSOR
FOR
    SELECT *
    FROM student
    WHERE sex='男'
OPEN man_cursor
CLOSE man_cursor
GO
DECLARE man_cursor CURSOR
FOR
    SELECT sno,sname,birthday
    FROM student
    WHERE sex='男'
```

执行结果如下：

```
消息 16915，级别 16，状态 1，第 13 行
```
名为 man_cursor 的游标已存在。

## 9.2.5　获取游标的状态和属性

在使用游标时，经常需要根据游标的状态来决定所要进行的操作。使用 CURSOR_STATUS 函数可以获取指定游标的状态，其基本语法如下：

CURSOR_STATUS(<游标类型>，<游标名称或游标变量>)

函数返回值的说明如表 9-2 所示。

表 9-2　CURSOR_STATUS 函数的返回值

| 返　回　值 | 说　　明 |
|---|---|
| -1 | 游标的结果集中至少存在一行数据 |
| 0 | 游标的结果集为空 |
| 1 | 游标被关闭 |
| 2 | 游标不适用 |
| 3 | 指定名称的游标不存在 |

【例 9-8】检测声明游标前、打开游标后和关闭游标后游标的状态。

在查询编辑器窗口输入并执行如下 Transact-SQL 语句：

```
USE pm
GO
SELECT CURSOR_STATUS('GLOBAL','cursor1') AS '声明前状态'
DECLARE cursor1 CURSOR
FOR
    SELECT sname
    FROM student
OPEN cursor1
SELECT CURSOR_STATUS('GLOBAL','cursor1') AS '打开状态'
CLOSE cursor1
SELECT CURSOR_STATUS('GLOBAL','cursor1') AS '关闭后状态'
```

执行结果如图 9-6 所示。可以看到，在未声明游标时，游标的状态等于-3，即指定的游标不存在；在打开游标后，游标的状态为 1，在关闭游标时，游标的状态等于-1。

图 9-6　游标的状态

可以使用一组系统存储过程获取游标属性。

### 1. 使用存储过程 sp_cursor_list 获取游标属性

sp_cursor_list 的基本语法如下：

sp_cursor_list @cursor_return=<游标名称> OUTPUT,@cursor_scope=<游标级别>

游标级别等于 1 表示所有本地游标，游标级别等于 2 表示所有全局游标，游标级别等于 3 表示所有本地和全局游标。

【例 9-9】使用 sp_cursor_list 存储过程获取游标信息的方法。

在查询编辑器窗口输入并执行如下 Transact-SQL 语句：

```
USE pm
GO
DECLARE s_cursor CURSOR
FOR
    SELECT *
    FROM student
    WHERE sex='男'
OPEN s_cursor
--声明一个游标变量，用于保存从 sp_cursor_list 中返回的游标信息
DECLARE @report CURSOR
--执行 sp_cursor_list 存储过程
EXEC sp_cursor_list @cursor_return=@report OUTPUT,@cursor_scope=2
--从 sp_cursor_list 获得的游标中返回所有行
FETCH NEXT FROM @report
WHILE (@@FETCH_STATUS<>-1)
    BEGIN
      FETCH NEXT FROM @report
    END
--关闭并释放从 sp_cursor_list 获得的游标
CLOSE s_cursor
DEALLOCATE s_cursor
```

脚本的运行过程如下：

(1) 使用 DECLARE CURSOR 语句声明一个服务器游标 s_cursor。

(2) 使用 OPEN 语句打开游标 s_cursor。

(3) 定义一个游标变量@report，用于保存从 sp_cursor_list 中返回的游标信息。

(4) 执行存储过程 sp_cursor_list，获取当前打开的游标信息到@report。

(5) 使用 WHILE 语句遍历变量@report 中的所有游标信息。

(6) 关闭并释放游标变量@report。

(7) 关闭并释放游标 s_cursor。执行结果如图 9-7 所示。

| | reference_name | cursor_name | cursor_scope | status | model | concurrency | scrollable | open_status |
|---|---|---|---|---|---|---|---|---|
| 1 | man_cousor | man_cousor | 2 | -1 | 2 | 3 | 1 | 0 |

| | reference_name | cursor_name | cursor_scope | status | model | concurrency | scrollable | open_status |
|---|---|---|---|---|---|---|---|---|
| 1 | cursor1 | cursor1 | 2 | -1 | 3 | 3 | 0 | 0 |

| | reference_name | cursor_name | cursor_scope | status | model | concurrency | scrollable | open_status |
|---|---|---|---|---|---|---|---|---|
| 1 | s_cursor | s_cursor | 2 | 1 | 3 | 3 | 0 | 1 |

| | reference_name | cursor_name | cursor_scope | status | model | concurrency | scrollable | open_status |
|---|---|---|---|---|---|---|---|---|

图 9-7　使用 sp_cursor_list 存储过程的结果

存储过程 sp_cursor_list 的返回结果集中的常用字段及其说明如表 9-3 所示。

表 9-3　存储过程 sp_cursor_list 的返回结果集中的常用字段及其说明

| 列　　名 | 说　　明 |
| --- | --- |
| reference_name | 用于引用的游标名称，可以是游标名称，也可以是定义游标的变量 |
| cursor_name | 在 DECLARE CURSOR 中声明的游标名称 |
| cursor_scope | 游标的范围，1 表示 LOCAL，2 表示 GLOBAL |
| status | 游标的状态 |
| model | 游标的类型，1 表示静态游标，2 表示键集游标，3 表示动态游标，4 表示快进游标 |
| concurrency | 1 表示只读游标，2 表示滚动锁定，3 表示乐观锁定 |
| scrollable | 0 表示只进，1 表示可滚动 |
| open_status | 0 表示关闭，1 表示打开 |
| cursor_row | 游标结果集中的行数 |
| fetch_status | 游标上次提取数据的状态。0 表示提取成功，-1 表示提取失败或超出游标的界限，-2 表示缺少所请求的行 |
| column_count | 游标结果集中的列数 |
| row_count | 上次游标操作所影响的行数 |
| last_operation | 上次对游标执行的操作 |

### 2. 使用存储过程 sp_describe_cursor 读取游标属性

sp_describe_cursor 的基本语法如下：

```
sp_describe_cursor @cursor_return=<输出游标的名称> OUTPUT
    ,@cursor_source=<游标类型>
    ,@cursor_identity=<游标名称>
```

游标类型等于 N'local'表示局部游标，等于 N'global'表示全局游标，等于 N'variable'表示游标变量。

【例 9-10】使用 sp_describe_cursor 存储过程获取游标属性的方法。

在查询编辑器窗口输入并执行如下 Transact-SQL 语句：

```
USE pm
GO
DECLARE s1_cursor CURSOR
FOR
    SELECT *
    FROM student
    WHERE sex='男'
OPEN s1_cursor
--声明一个游标变量，用于保存从 sp_describe_cursor 中返回的游标信息
DECLARE @report CURSOR
--执行 sp_cursor_list 存储过程
EXEC sp_describe_cursor @cursor_return=@report OUTPUT,
    @cursor_source=N'global',@cursor_identity=N's1_cursor'
--从 sp_cursor_list 获得的游标中返回所有行
FETCH NEXT FROM @report
WHILE (@@FETCH_STATUS<>-1)
    BEGIN
        FETCH NEXT FROM @report
END
```

```
--关闭并释放从 sp_describe_cursor 获得的游标
CLOSE @report
GO
```

脚本的运行过程与例 9-9 相似，请参考理解。执行结果如图 9-8 所示。

| | reference_name | cursor_name | cursor_scope | status | model | concurrency |
|---|---|---|---|---|---|---|
| 1 | sl_cursor | sl_cursor | 2 | 1 | 3 | 3 |

| | reference_name | cursor_name | cursor_scope | status | model | concurrency |

图 9-8　使用 sp_describe_cursor 存储过程的结果

存储过程 sp_describe_cursor 的返回结果集与 sp_cursor_list 的返回结果集中的字段相同，请参照表 9-3 理解。

### 3. 使用存储过程 sp_describe_cursor_columns 获取游标属性

sp_describe_cursor_columns 的基本语法如下：

```
sp_describe_cursor_columns @cursor_return=<输出游标的名称> OUTPUT
    ,@cursor_source=<游标类型>
    ,@cursor_identity=<游标名称>
```

游标类型等于 N'local'表示局部游标，等于 N'global'表示全局游标，等于 N'variable'表示游标变量。

【例 9-11】使用 sp_describe_cursor_columns 存储过程获取游标列属性的方法。
在查询编辑器窗口输入并执行如下 Transact-SQL 语句：

```
USE pm
GO
DECLARE s2_cursor CURSOR
FOR
SELECT *
FROM student
WHERE sex='男'
OPEN s2_cursor
--声明一个游标变量，用于保存从 despribe-cursor-columns 中返回的游标信息
DECLARE @report CURSOR
--执行 sp_describe_cursor_columns 存储过程
EXEC sp_describe_cursor_columns @cursor_return=@report OUTPUT,
  @cursor_source=N'global',@cursor_identity=N's2_cursor'
--从 sp_describe_cursor_columns 获得的游标中返回所有行
FETCH NEXT FROM @report
WHILE (@@FETCH_STATUS<>-1)
BEGIN
FETCH NEXT FROM @report
END
--关闭并释放从 sp_describe_cursor_columns 获得的游标
CLOSE @report
DEALLOCATE @report
GO
--关闭并释放 s2_cursor
CLOSE s2_cursor
DEALLOCATE s2_cursor
GO
```

脚本的运行过程与例 9-9 相似，请参考理解。执行结果如图 9-9 所示。

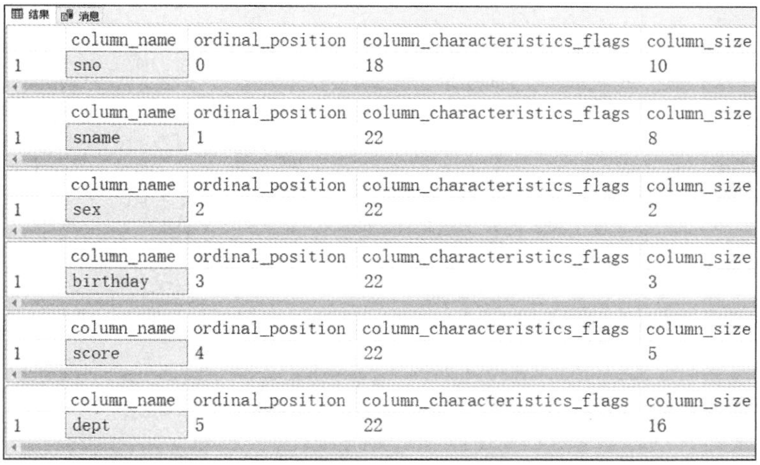

| | column_name | ordinal_position | column_characteristics_flags | column_size |
|---|---|---|---|---|
| 1 | sno | 0 | 18 | 10 |

| | column_name | ordinal_position | column_characteristics_flags | column_size |
|---|---|---|---|---|
| 1 | sname | 1 | 22 | 8 |

| | column_name | ordinal_position | column_characteristics_flags | column_size |
|---|---|---|---|---|
| 1 | sex | 2 | 22 | 2 |

| | column_name | ordinal_position | column_characteristics_flags | column_size |
|---|---|---|---|---|
| 1 | birthday | 3 | 22 | 3 |

| | column_name | ordinal_position | column_characteristics_flags | column_size |
|---|---|---|---|---|
| 1 | score | 4 | 22 | 5 |

| | column_name | ordinal_position | column_characteristics_flags | column_size |
|---|---|---|---|---|
| 1 | dept | 5 | 22 | 16 |

图 9-9　使用 sp_describe_cursor_columns 存储过程的结果

存储过程 sp_describe_cursor_columns 的返回结果集中的常用字段及其说明如表 9-4 所示。

表 9-4　存储过程 sp_describe_cursor_columns 的返回结果集中的常用字段及其说明

| 列　名 | 说　明 |
|---|---|
| column_name | 结果集中的列名 |
| ordinal_position | 从结果集最左侧算起的相对位置 |
| column_size | 此列中值的最大可能尺寸 |
| data_type_sql | 表示列的数据类型的数字 |
| column_precision | 列的最大精度 |
| columns_cale | 指定 numeric 或 decimal 数据类型小数点右边的位数 |
| order_position | 如果此列参与结果集的排序，则它表示当前列在排序列中的位置 |
| order_direction | 等于 A 表示升序排列，等于 D 表示降序排列，等于 NULL 表示当前列没有参与排序 |
| columnid | 基列的列 ID |
| objectid | 列所属的对象或基表的 ID |
| dbid | 基表所属的数据库的 ID |
| dbname | 基表所属的数据库的名称 |

### 4. 使用存储过程 sp_describe_cursor_tables 获取游标的基表

sp_describe_cursor_tables 的基本语法如下：

```
sp_describe_cursor_tables @cursor_return=<输出游标的名称> OUTPUT
,@cursor_source=<游标类型>
,@cursor_identity=<游标名称>
```

游标类型等于 N'local'表示局部游标，等于 N'global'表示全局游标，等于 N'variable'表示游标变量。

**【例 9-12】** 使用 sp_describe_cursor_tables 存储过程获取游标列属性的方法。

在查询编辑器窗口输入并执行如下 Transact-SQL 语句：

```
USE pm
GO
DECLARE s3_cursor CURSOR
FOR
SELECT *
FROM student
WHERE sex='男'
OPEN s3_cursor
--声明一个游标变量，用于保存从 sp_describe_cursor_tables 中返回的游标信息
DECLARE @report CURSOR
--执行 sp_describe_cursor_tables 存储过程
EXEC sp_describe_cursor_tables @cursor_return=@report OUTPUT,
  @cursor_source=N'global',@cursor_identity=N's3_cursor'
--从 sp_describe_cursor_tables 获得的游标中返回所有行
FETCH NEXT FROM @report
WHILE (@@FETCH_STATUS<>-1)
BEGIN
FETCH NEXT FROM @report
END
--关闭并释放从 sp_describe_cursor_tables 获得的游标
CLOSE @report
DEALLOCATE @report
GO
--关闭并释放 s3_cursor
CLOSE s3_cursor
DEALLOCATE s3_cursor
GO
```

脚本的运行过程与例 9-9 相似，请参考理解。执行结果如图 9-10 所示。

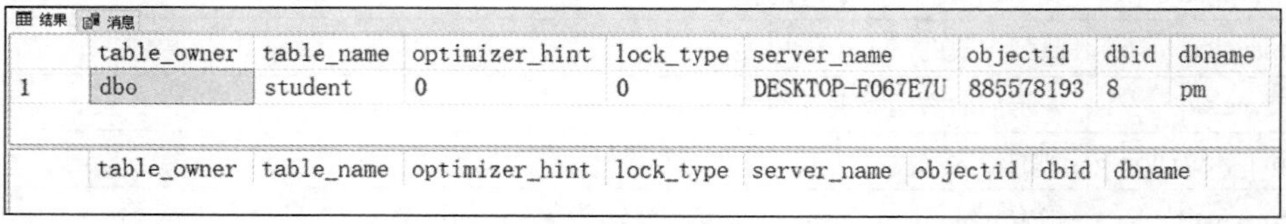

| | table_owner | table_name | optimizer_hint | lock_type | server_name | objectid | dbid | dbname |
|---|---|---|---|---|---|---|---|---|
| 1 | dbo | student | 0 | 0 | DESKTOP-F067E7U | 885578193 | 8 | pm |
| | table_owner | table_name | optimizer_hint | lock_type | server_name | objectid | dbid | dbname |

图 9-10 使用 sp_describe_cursor_tables 存储过程的结果

存储过程 sp_describe_cursor_tables 的返回结果集中的常用字段及其说明如表 9-5 所示。

表 9-5 存储过程 sp_describe_cursor_tables 的返回结果集中的常用字段及其说明

| 列　　名 | 说　　明 |
|---|---|
| table_owner | 表所有者的用户 ID |
| table_name | 表名 |
| server_name | 数据库服务器的名称 |
| objectid | 表的对象 ID |
| dbid | 表所属的数据库 ID |
| dbname | 表所属的数据库名称 |

## 9.2.6 修改游标结果集中的行

UPDATE 语句可以修改表中数据，也可以和游标相结合，修改当前游标指定的数据，
基本语法如下：

```
UPDATE <表名>
SET <column_name>=<expression>
WHERE CURRENT OF <游标名)
```

【例 9-13】使用游标来修改表 student 中的姓名为刘聪的学生记录，将其入学成绩改为 476。

在查询编辑器窗口输入并执行如下 Transact-SQL 语句：

```
USE pm
GO
DECLARE my_cursor CURSOR
FOR
SELECT sno
FROM student
WHERE sname='刘聪'
OPEN my_cursor
FETCH FROM my_cursor
UPDATE student
SET score=476
WHERE CURRENT OF my_cursor
CLOSE my_cursor
DEALLOCATE my_cursor
GO
```

脚本的运行过程如下。

(1) 使用 DECLARE CURSOR 语句声明一个服务器游标 my_cursor，查询表 student 中姓名为刘聪的学生。

(2) 使用 OPEN 语句打开游标 my_cursor。

(3) 使用 FETCH 语句从游标 my_cursor 中获取数据。

(4) 在 UPDATE 语句中使用 WHERE CURRENT OF 子句，修改当前游标中的记录。

(5) 关闭并释放游标 my_cursor。

执行上面的脚本后，在 SQL Server Management Studio 中查询表 student 中的数据，确认姓名为刘聪的记录的 score 字段值已经被修改为 476。

## 9.2.7 删除游标结果集中的行

使用 DELETE 语句可以删除表中数据，也可以和游标相结合，删除当前游标指定的数据，基本语法如下：

```
DELETEFROM<表名>
WHERE CURRENT OF <游标名>
```

【例 9-14】使用游标来删除表 student 中的姓名为刘聪的记录。

在查询编辑器窗口输入并执行如下 Transact-SQL 语句：

```
USE pm
GO
DECLARE my_cursor1 CURSOR
FOR
SELECT sno
FROM student
WHERE sname='刘聪'
OPEN my_cursor1
```

```
FETCH FROM my_cursor1
DELETE FROM student
WHERE CURRENT OF my_cursor1
CLOSE my_cursor1
DEALLOCATE my_cursor1
GO
```

脚本运行过程如下:

(1) 使用 DECLARE CURSOR 语句声明一个服务器游标 my_cursor1, 查询表 student 中姓名为刘聪的记录。

(2) 使用 OPEN 语句打开游标 my_cursor1。

(3) 使用 FETCH 语句从游标 my_cursor1 中获取数据。

(4) 在 DELETE 语句中使用 WHERE CURRENT OF 子句, 删除当前游标中的记录。

(5) 关闭并释放游标 my_cursor1。

执行上面的脚本后, 在 SQL Server Management Studio 中查询表 student 的数据, 确认姓名为刘聪的记录已经被删除。

### 9.2.8　删除游标

DEALLOCATE 语句的功能是删除游标引用。当释放最后的游标引用时, 组成该游标的数据结构由 SQL Server 释放。

DEALLOCATE 语句的语法结构如下:

```
DEALLOCATE {[GLOBAL] cursor_name}|@cursor_variable_name}
```

其参数说明如下。

- cursor_name 是已声明游标的名称。如果指定 GLOBAL, 则 cursorname 引用全局游标; 如果未指定 GLOBAL, 则 cursor_name 引用局部游标。
- @cursor_variable_name 是 cursor 变量的名称。@cursor_variable_name 必须为 CURSOR 类型。

对游标进行操作的语句使用游标名称或游标变量引用游标。DEALLOCATE 删除游标与游标名称或游标变量之间的关联。如果名称或变量是最后引用游标的名称或变量, 则游标使用的任何资源也会随之释放。

【例 9-15】在例 9-14 中, 由于包含 DEALLOCATE 语句, 则可以创建新的同名游标。

在查询编辑器窗口输入并执行如下 Transact-SQL 语句:

```
USE pm
GO
DECLARE my_cursor1 CURSOR
FOR
SELECT sno
FROM student
WHERE sname='刘聪'
OPEN my_cursor1
FETCH FROM my_cursor1
CLOSE my_cursor1
DEALLOCATE my_cursor1
GO
```

```
DECLARE my_cursor1 CURSOR
FOR
SELECT *
FROM student
WHERE nation='汉族'
GO
```

执行此脚本，在删除游标后，可以创建同名游标 my_cursor1。

# 习　题　9

## 一、选择题

1. (　　)不显示 UPDATE、INSERT 或者 DELETE 操作对数据的影响。

　　A. 静态游标　　　　B. 动态游标　　　　C. 只进游标　　　　　　D. 键集驱动游标

2. 定义游标的语句为(　　)。

　　A. CREATE CURSOR　　　　　　B. CREATE PROC

　　C. DECLARE CURSOR　　　　　　D. DECLARE PROC

3. 读取游标数据的语句为(　　)。

　　A. READ　　　　　　B. GET　　　　　　C. FETCH　　　　　　D. MAKE

4. @@CURSOR_ROWS 函数的功能是(　　)。

　　A. 返回当前游标的所有行　　　　B. 返回当前游标的当前行

　　C. 定位游标在当前结果集中的位置　D. 返回当前游标中行的数量

5. 如果@@CURSOR_ROWS 函数返回 0，则表示(　　)。

　　A. 当前游标为动态游标　　　　　B. 游标结果集为空

　　C. 游标已被完全填充　　　　　　D. 不存在被打开的游标

6. CURSOR_STATUS 函数返回-1，表示(　　)。

　　A. 游标的结果集中至少存在一行　B. 游标被关闭

　　C. 游标不可用　　　　　　　　　D. 游标名称不存在

## 二、填空题

1. SQL Server 支持 3 种游标的实现，即_____、_____和_____。

2. SQL Server 支持 4 种 APT 服务器游标类型，即_____、_____、_____和_____。

3. 打开游标的语句是_____。

4. 如果要显示游标结果集中的最后一行，必须在定义游标时使用_____关键字。

5. 读取游标数据的语句是_____。

6. _____函数返回被 FETCH 语句执行的最后游标的状态。

7. 关闭游标的语句是_____。

8. 删除游标的语句是_____。

## 三、判断题

1. 由于 Transact-SQL 游标和 API 服务器游标都在客户端实现，它们一起被称为客户端游标。（　　）

2. 打开一个已经打开的游标时，会产生错误。（　　）

3. 关闭游标后，组成该游标的数据结构被释放。（　　）

4. 关闭游标后，可以声明一个同名的游标。（　　）

5. @@FETCH_STATUS 函数返回值等于 0，表示 FETCH 语句执行成功。（　　）

## 四、问答题

1. 简述游标的基本概念。

2. 简述 SQL Server 支持的游标类型。

3. 简述使用游标的过程。

## 五、上机练习题

完成以下各题功能，保存或记录实现各题功能的代码。

1. 使用数据库 pm，声明游标 cur1，打开该游标，并提取结果集的第一行和最后一行。

要求：打开该游标时所生成的结果集包括 pm 数据库的 student 表中所有入学成绩大于 460 的记录信息。

2. 验证@@CURSOR_ROWS 函数的使用。

(1) 声明一个静态游标 cur2，结果集包含 pm 数据库的 student 表的所有行，打开该游标，用 SELECT 显示@@CURSOR_ROWS 函数的值。

(2) 声明一个键集游标 cur3，结果集包含 pm 数据库的表 student 的所有行，打开该游标，用 SELECT 显示@@CURSOR_ROWS 函数的值。

(3) 声明一个动态游标 cur4，结果集包含 pm 数据库的表 student 的所有行，打开该游标，用 SELECT 显示@@CURSOR_ROWS 函数的值。比较打开以上 3 种不同类型的游标后@@CURSOR_ROWS 函数的值。

3. 使用数据库 pm，声明游标 cur5，打开该游标，并提取结果集的所有行，然后关闭并删除该游标。

要求：打开该游标时所生成的结果集包括 pm 数据库的 student 表中的所有男生。

# 第 10 章　事务和锁

事务(Transaction)，一般是指要做的或所做的事情。在计算机术语中是指访问并可能更新数据库中各种数据项的一个程序执行单元(Unit)。事务通常由高级数据库操纵语言或编程语言(如 SQL，C++或 Java)书写的用户程序的执行所引起，并用形如 Begin Transaction 和 End Transaction 语句(或函数调用)来界定。事务由事务开始(Begin Transaction)和事务结束(End Transaction)之间执行的全体操作组成。锁是 SQL Server 数据库引擎用来同步多个用户同时对同一个数据块的访问的一种机制。

# 10.1　事　务

在日常生活中，人们需要一种能保证数据完整性的机制，比如学生父母给孩子通过银行卡打的生活费要么发送成功，要么发送失败(不应该出现一边发送成功，另一边接收不到的情况)，这样才是安全的、可靠的。数据库管理中也需要类似的机制，那就是事务。事务是作为单个逻辑工作单元执行的一系列操作,这一系列操作或者都被执行或者都不被执行。

## 10.1.1　事务特性

事务作为一个逻辑工作单元必须有 4 个属性，称为 ACID(原子性、一致性、隔离性和持久性)属性，只有这样才能成为一个事务。

(1) 原子性：事务必须是原子工作单元，对于其数据修改，要么全都执行，要么全都不执行。

(2) 一致性：事务在完成时，必须使所有的数据都保持一致状态。在相关数据库中，所有规则都必须应用于事务的修改，以保持所有数据的完整性。

(3) 隔离性：由并发事务所作的修改必须与任何其他并发事务所作的修改隔离。事务查看数据时数据所处的状态，要么是另一并发事务修改它之前的状态，要么是另一事务修改它之后的状态，事务不会查看中间状态的数据。这称为可串行性，因为它能够重新装载起始数据，并且重播一系列事务，以使数据结束时的状态与原始事务执行的状态相同。

(4) 持久性：事务完成之后，它对于系统的影响是永久性的。该修改即使出现系统故障也将一直保持。

## 10.1.2　管理事务

应用程序主要通过指定事务启动和结束的时间来控制事务。可以使用 Transact-SQL 语句或数据库应用程序接口(API)函数来指定这些时间。本节只介绍使用 Transact- SQL 语句控制事务。使用 Transact-SQL 语句，可以在 SQL Server 数据库引擎实例中将事务作为显式、自动提交或隐式事务来启动。

- 显式事务：通过发出 BEGIN TRANSACTION 语句来显式启动事务。
- 自动提交事务：数据库引擎的默认模式。每个单独的 Transact-SQL 语句都在其完成后提交。不必指定任何语句来控制事务。
- 隐式事务：通过 SET IMPLICIT_TRANSACTIONS ON 语句，将隐式事务模式设置为打开。下一个语句自动启动一个新事务。当该事务完成时，下一个 Transact-SQL 语句又将启动一个新事务。

在 SQL Server 2019 中，对事务的管理是通过事务控制语句和几个全局变量结合起来实现的。

### 1. 事务控制语句

(1) 开始事务。

开始一个本地事务的语法格式如下：

```
BEGIN {TRAN | TRANSACTION}
   [{transaction_name | @tran_name_variable}
   [WITH MARK ['description']]
   ]
```

其参数说明如下。

- transaction_name：分配给事务的名称。transaction_name 必须符合标识符规则，但标识符所包含的字符数不能大于 32。
- @tran_name_variable：用户定义的、含有有效事务名称的变量的名称。必须用 CHAR、VARCHAR、NCHAR 或 NVARCHAR 数据类型声明变量。如果传递给该变量的字符多于 32 个，则仅使用前面的 32 个字符，其余的字符将被截断。
- WITH MARK [ 'description' ]：指定在日志中标记事务。description 是描述该标记的字符串。如果 description 是 Unicode 字符串，那么在将长于 255 个字符的值存储到 msdb.dbo.logmarkhistory 表之前，先将其截断为 255 个字符。如果 description 为非 Unicode 字符串，则长于 510 个字符的值将被截断为 510 个字符。如果使用了 WITH MARK，则必须指定事务名。WITH MARK 允许将事务日志还原到命名标记。

(2) 提交事务。

当一个成功的隐式事务或显式事务结束时，需要使用 COMMIT TRANSACTION 语句提交事务，其语法格式如下：

```
COMMIT {TRAN | TRANSACTION} [transaction_name | @tran_name_variable]
```

其参数的含义同 BEGIN TRANSACTION。

(3) 设置保存点。

可以使用 SAVE TRANSACTION 语句在事务内部设置保存点，以便在回滚事务时回滚到某个保存点，其语法格式如下：

```
SAVE {TRAN | TRANSACTION} {savepoint_name | @savepoint_variable}
```

其参数说明如下。

- savepoint_name：分配给保存点的名称。保存点名称必须符合标识符规则，但长度不能超过 32 个字符。
- @savepoint_variable：包含有效保存点名称的用户定义变量的名称。必须用 CHAR、VARCHAR、NCHAR 或 NVARCHAR 数据类型声明变量。如果长度超过 32 个字符，也可以传递到变量，但只使用前 32 个字符。

(4) 回滚事务。

当需要将显式事务或隐式事务回滚到事务的起点或事务内的某个保存点时，需要使用 ROLLBACK TRANSACTION 语句回滚事务，其语法格式如下：

```
ROLLBACK {TRAN | TRANSACTION}
[transaction_name|@tran_name_variable|savepoint_name|@savepoint_variable]
```

其中，各参数的含义同上面相关命令。

### 2. 可用于事务管理的全局变量

与事务管理相关的全局变量是@@ERROR 和@@ROWCOUNT。

- @@ERROR：给出最近一次执行的出错语句引发的错误号，返回值为 0 表示未出错。
- @@ROWCOUNT：给出受事务中已执行语句所影响的数据行数。

### 3. 事务控制语句的使用

事务控制语句的使用方法如下：

```
BEGIN TRAN
    A 组语句序列
    SAVE TRAN save_point
    B 组语句序列
    IF @@ERROR <> 0
    ROLLBACK TRAN save_point    /* 仅回滚 B 组语句序列 */
COMMIT TRAN                     /* 提交 A 组语句，且若未回滚 B 组语句，则也提交 B 组语句*/
```

【例 10-1】事务的显示开始和显示回滚，使用事务向 course 表中插入记录。

在查询编辑器窗口输入并执行如下 Transact-SQL 语句：

```
USE pm
GO
PRINT @@TRANCOUNT
BEGIN TRAN tran_insert
PRINT @@TRANCOUNT
INSERT INTO course VALUES('301','高等数学',3,null)
INSERT INTO course VALUES('302','数据结构',2, '303')
INSERT INTO course VALUES('303','离散数学',4, '302')
ROLLBACK TRAN tran_insert
PRINT @@TRANCOUNT
BEGIN TRAN tran_insert
PRINT @@TRANCOUNT
INSERT INTO course VALUES('401','软件工程',2,'101')
IF @@ERROR<>0
    ROLLBACK TRAN tran_insert
ELSE
```

```
    COMMIT TRAN tran_insert
PRINT @@TRANCOUNT
GO
```

事务执行完成后，在查询编辑器窗口输入并执行如下 Transact-SQL 语句：

```
GO
SELECT * FROM course
GO
```

运行结果如图 10-1 所示。从图中可以看到只有一条('401','软件工程',2,'101')记录被插入，这是由于在插入前三条数据之后，执行了回滚操作，使得数据表回到最初状态；再一次执行插入语句后，才真正实现插入操作，实际只插入一条记录。

| | cno | cname | credit | cpno |
|---|---|---|---|---|
| 1 | 101 | C语言 | 3 | NULL |
| 2 | 102 | Java语言 | 4 | 101 |
| 3 | 103 | 操作系统 | 2 | 101 |
| 4 | 104 | 数据库 | 3 | 103 |
| 5 | 201 | 网络 | 3 | 103 |
| 6 | 202 | 信息安全 | 2 | 201 |
| 7 | 401 | 软件工程 | 2 | 101 |

图 10-1   使用事务向 course 表中插入记录的结果

【例 10-2】向 student 表中插入一名学生的信息，并修改其入学成绩，然后再次插入记录，若再次插入记录不成功，则放弃对其入学成绩的修改。

```
USE pm
GO
BEGIN TRANSACTION
INSERT INTO  student VALUES('2015410303','赵明明','男','1997-02-15',480,'计算机科学与技术','团员','吉林','汉族')
SAVE TRANSACTION point1
UPDATE student SET score=500 WHERE sno='2015410303'
INSERT INTO  student VALUES(null,'于兴祥','男','1995-02-15',470,'计算机科学与技术','团员','吉林','汉族')
IF @@ERROR<>0
  ROLLBACK TRANSACTION point1
GO
```

注意：SAVE TRANSACTION 命令后面有一个名字，这就是在事务内设置的保存点的名字，这样在回滚时，就可以回滚到这个保存点，就是 point1，而不是回滚整个事务。

在执行 SELECT * FROM student 时，发现第一个 INSERT 执行成功，由于第二个 INSERT 失败，使得 UPDATE 被回滚了，结果如图 10-2 所示。

| | sno | sname | sex | birthday | score | dept | political | place | nation |
|---|---|---|---|---|---|---|---|---|---|
| 1 | 2015410101 | 刘聪 | 男 | 1996-02-05 | 487 | 计算机科学与技术 | 党员 | 吉林 | 汉族 |
| 2 | 2015410102 | 王腾飞 | 男 | 1997-12-03 | 498 | 计算机科学与技术 | 团员 | 辽宁 | 回族 |
| 3 | 2015410103 | 张丽 | 女 | 1996-03-09 | 482 | 计算机科学与技术 | 团员 | 黑龙江 | 汉族 |
| 4 | 2015410104 | 梁薇 | 女 | 1995-07-02 | 466 | 计算机科学与技术 | 党员 | 吉林 | 汉族 |
| 5 | 2015410105 | 刘浩 | 男 | 1997-12-05 | 479 | 计算机科学与技术 | 团员 | 辽宁 | 汉族 |
| 6 | 2015410201 | 李云霞 | 女 | 1996-06-15 | 456 | 软件工程 | 党员 | 河北 | 汉族 |
| 7 | 2015410202 | 马春雨 | 女 | 1997-12-11 | 487 | 软件工程 | 团员 | 河北 | 汉族 |
| 8 | 2015410203 | 刘亮 | 男 | 1998-01-15 | 490 | 软件工程 | 团员 | 河北 | 朝鲜族 |
| 9 | 2015410204 | 李云 | 男 | 1996-06-15 | 482 | 软件工程 | 党员 | 辽宁 | 回族 |
| 10 | 2015410205 | 刘琳 | 女 | 1997-06-21 | 480 | 软件工程 | 群众 | 黑龙江 | 汉族 |
| 11 | 2015410303 | 赵明明 | 男 | 1997-02-15 | 480 | 计算机科学与技术 | 团员 | 吉林 | 汉族 |

图 10-2   带保存点的事务回滚

### 10.1.3　事务的注意事项

在使用事务时，用户不可以随意定义事务，它有一些考虑和限制。

**1. 事务应该尽可能短**

较长的事务增加了事务占用数据的时间，会使其他必须等待访问相关数据的事务等待时间较长。为了使事务尽可能短，可以考虑采取如下措施。

(1) 事务在使用过程中控制语句改变程序运行顺序，一定要非常小心。例如，当使用循环语句 WHILE 时，一定要事先确认循环的长度和占用的时间，要确保循环尽可能的短。

(2) 在开始事务之前，一定要了解需要用户交互式操作才能得到的信息，以便在事务执行过程中，可以避免进行一些耗费时间的交互式操作，从而缩短事务进程的时间。

(3) 应该尽可能地使用一些数据操纵语言，例如 INSERT、UPDATE 和 DELETE 语句，因为这些语句主要是操纵数据库中的数据。而对于一些数据定义语言，应该尽可能地少用或者不用，因为数据定义语言的操作既占用比较长的时间，又占用比较多的资源，并且数据定义语言的操作通常不涉及数据，所以应该在事务中尽可能地少用或者不用。

(4) 在使用数据操纵语言时，一定要在这些语句中使用条件判断语句，使得数据操纵语言涉及尽可能少的记录，从而缩短事务的处理时间。

**2. 避免事务嵌套**

虽然说，系统允许在事务中间嵌套事务。但实际上，使用嵌套事务，除了把事务搞得更加复杂之外，并没有什么明显的好处。因此，不建议使用嵌套事务。

# 10.2　锁

锁是 SQL Server 数据库引擎用来同步多个用户同时对同一个数据块的访问的一种机制。

### 10.2.1　锁的基础知识

SQL Server 2019 使用锁确保事务完整性和数据库一致性。锁可以防止用户读取正在由其他用户更改的数据，并可以防止多个用户同时更改相同的数据。如果不使用锁，可能产生如下问题。

**1. 丢失或覆盖更新**

当两个或多个事务选择同一行，然后基于最初选定的值更新该行时，会发生丢失更新问题。每个事务都不知道其他事务的存在。最后的更新将重写由其他事务所做的更新，这将导致数据丢失。

如网络数据库管理员 A 和 B 同时对 student 表中 sno 为'2015410101'的学生的政治面貌进行修改，管理员 A 将其政治面貌改成党员，接着管理员 B 将其政治面貌改成团员，结果管理员 A 所做的修改没被保存，管理员 B 所做的修改保存生效。

### 2. 未确认的相关性(脏读)

当第二个事务选择其他事务正在更新的行时，会发生未确认的相关性问题。第二个事务正在读取的数据还没有确认并且可能由更新此行的事务所更改。

如管理人员 A 正在更改电子文档。在更改过程中，另一个管理人员 B 复制了该文档(该副本包含到目前为止所做的全部更改)并将其分发给预期的用户。此后，A 认为目前所做的更改是错误的，于是删除了所做的编辑并保存了文档。分发给用户的文档包含不再存在的编辑内容(脏读)，并且这些编辑内容应认为从未存在过。如果在 A 确定最终更改前任何人都不能读取更改的文档，则可以避免该问题。

### 3. 不一致的分析(非重复读)

当第二个事务多次访问同一行而且每次读取不同的数据时，会发生不一致的分析问题。不一致的分析与未确认的相关性类似，因为其他事务也是正在更改第二个事务正在读取的数据。然而，在不一致的分析中，第二个事务读取的数据是由已进行了更改的事务提交的。而且，不一致的分析涉及多次(两次或更多)读取同一行，而且每次信息都由其他事务更改，因而该行被非重复读取。

如一位管理人员两次读取同一文档，但在两次读取之间，另一位管理人员重写了该文档。当管理人员第二次读取文档时，文档已更改。原始读取不可重复。如果只有在管理员全部完成编写后另外的人员才可以读取文档，则可以避免该问题。

### 4. 幻象读

当对某行执行插入或删除操作，而该行属于某个事务正在读取的行的范围时，会发生幻象读问题。事务第一次读的行范围显示出其中一行已不复存在于第二次读或后续读中，因为该行已被其他事务删除。同样，由于其他事务的插入操作，事务的第二次或后续读显示有一行已不存在于原始读中。

如一位管理人员更改作者提交的文档，但当生产部门将其更改内容合并到该文档的主副本时，发现作者已将未编辑的新材料添加到该文档中。如果在编辑人员和生产部门完成对原始文档的处理之前，任何人都不能将新材料添加到文档中，则可以避免该问题。

## 10.2.2　死锁及其防止

在事务和锁的使用过程中，死锁是一个不可避免的现象。在两个或多个任务中，如果每个任务锁定了其他任务试图锁定的资源，此时会造成这些任务永久阻塞，从而出现死锁。在如下两种情况下，将发生死锁。

(1) 当两个事务分别锁定了两个单独的对象，这时每个事务都要求在另外一个事务锁定的对象上获得一个锁，因此每个事务都必须等待另外一个事务释放占有的锁，这时，就发生了死锁。这种死锁是最典型的死锁形式。例如，同一时间内有两个事务 A 和 B，事务 A 有两个操作，锁定 student 表和请求访问 sc 表；事务 B 也有两个操作，锁定 sc 表和请求访问 student 表。结果, 事务 A 和 B 之间就会发生死锁。

(2) 在一个数据库中, 有若干个长时间运行的事务, 它们执行并行的操作。当查询分析器处理一种非常复杂的查询, 如连接查询时, 就可能由于不能控制处理的顺序, 而发生死锁。

在 SQL Server 2019 中, 解决死锁的方法是: 系统自动进行死锁检测, 终止操作较少的事务以打断死锁, 并向作为死锁牺牲品的事务发送错误信息。处理死锁最好的方法就是防止死锁的发生, 即不让满足死锁的情况发生。为此, 需要遵循以下原则:

- 尽量避免更多地执行涉及修改数据的语句。
- 要求每个事务一次就将所有要使用的数据全部加锁, 否则就不予执行。
- 预先规定一个加锁顺序。所有的事务, 都必须按这个顺序对数据进行加锁。例如, 不同的过程在事务内部对对象的更新执行顺序应尽量保持一致。
- 每个事务的执行时间不可太长, 尽量缩短事务的逻辑处理过程, 及早提交或回滚事务。对程序段长的事务可以考虑将其分割为几个事务。
- 一般不要修改 SQL Server 事务的默认级别, 不推荐强行加锁。

## 10.2.3 锁的模式

SQL Server 数据库引擎使用不同的锁模式锁定资源, 这些锁模式确定了并发事务访问资源的方式。下面介绍 SQL Server 数据库引擎所拥有的锁模式。

### 1. 共享锁

共享锁(S 锁)允许并发事务在封闭式并发控制下读取(SELECT)资源。资源上存在 S 锁时, 任何其他事务都不能修改数据。读取操作一完成, 就立即释放资源上的 S 锁, 除非将事务隔离级别设置为可重复读或更高级别, 或者在事务持续时间内用锁定提示保留 S 锁。

### 2. 更新锁

更新锁(U 锁)可以防止常见的死锁。在可重复读或可序列化事务中, 此事务读取数据, 即获取资源(页或行)的 S 锁; 然后修改数据, 即此操作要求锁转换为排他锁(X 锁)。如果两个事务获得了资源上的共享模式锁, 然后试图同时更新数据, 则一个事务尝试将锁转换为 X 锁。从共享模式到排他锁的转换必须等待一段时间, 因为一个事务的排他锁与其他事务的共享模式锁不兼容; 发生锁等待。第二个事务试图获取 X 锁以进行更新。由于两个事务都要转换为 X 锁, 并且每个事务都等待另一个事务释放共享模式锁, 因此发生死锁。

### 3. 排他锁

排他锁(X 锁)可以防止并发事务对资源进行访问。在使用 X 锁时, 任何其他事务都无法修改数据; 仅在使用 NOLOCK 提示或未提交读隔离级别时才会进行读取操作。

### 4. 意向锁

意向锁主要用来保护 S 锁或 X 锁放置在锁层次结构的底层资源上。可以在较低级别锁前获取它们, 因此会通知意向将锁放置在较低级别上。

意向锁有两种用途：

(1) 防止其他事务以使较低级别的锁无效的方式修改较高级别资源。

(2) 提高数据库在较高的粒度级别检测锁冲突的效率。

意向锁包括意向共享(IS)、意向排他(IX)以及意向排他共享(SIX)。

### 5. 架构锁

数据库引擎在表数据定义语言(DDL)操作(如添加列或删除表)的过程中使用架构修改(Sch-M)锁。保持该锁期间，Sch-M 锁将阻止对表进行并发访问。这意味着 Sch-M 锁在释放前将阻止所有外围操作。

数据库引擎在编译和执行查询时，使用架构稳定性(Sch-S)锁。Sch-S 锁不会阻止某些事务锁，其中包括排他(X)锁。因此，在编译查询的过程中，其他事务(包括那些针对表使用 X 锁的事务)将继续运行。但是，无法针对表执行获取 Sch-M 锁的并发 DDL 操作和并发 DML 操作。

### 6. 大容量更新锁

数据库引擎在将数据大容量复制到表中时，使用了大容量更新(BU)锁，并指定了 TABLOCK 提示或使用 sp_tableoption 设置了 table lock on bulk load 表选项。大容量更新锁(BU 锁)允许多个线程将数据并发地大容量加载到同一表，同时防止其他不进行大容量加载数据的进程访问该表。

### 7. 键范围锁

在使用可序列化事务隔离级别时，对于 Transact-SQL 语句读取的记录集，键范围锁可以隐式保护该记录集中包含的行范围。键范围锁可防止幻读。通过保护行之间键的范围，还防止对事务访问的记录集进行幻象插入或删除。

# 习　题　10

## 一、填空题

1. 一个事务单元必须有的 4 个属性分别是_____、_____、_____、_____。

2. 事务可以使用_____命令回滚。

3. SQL Server 使用不同的锁模式锁定资源，这些模式有_____、_____、_____等。

## 二、单项选择题

1. 事务作为一个逻辑单元，其基本属性中不包括(　　)。

　　A. 原子性　　　　　　B. 一致性　　　　　　C. 隔离性　　　　　　D. 短暂性

2. 并发问题是指由多个用户同时访问同一个资源而产生的意外，其中避免数据的丢失或覆盖更新的是(　　)。

  A. 任何用户不应该访问该资源  B. 同一时刻应该由一个人访问该资源

  C. 不应该考虑那么多     D. 无所谓

3. 以下不是避免死锁的有效措施的是(　　)。

  A. 按同一顺序访问对象   B. 避免事务中的用户交互

  C. 锁定较大粒度的对象   D. 保持事务简短并在一个批处理中

## 三、简答题

1. 简述如何避免事务并发问题。

2. 简述如何合理使用锁技术。

# 第 11 章 数据库安全性管理

对于任何数据库系统而言，保证数据的安全性都是最重要的问题之一。安全性包括什么样的用户能够登录到 SQL Server，以及用户登录后所能进行的操作。维护数据库的安全是数据库管理员的重要职责。在很多小规模的数据库环境中，管理员使用 sa 用户登录管理数据库，这并不是好习惯。特别是在管理员比较多的大型数据库环境中，必须明确每个管理员的职责，为每个管理员分配不同的用户，并定义其权限。这样一方面可以使大家各司其职，不会出现一件事件所有人都可以管，可又谁都不管的情况；另一方面，当出现问题时也可以明确是谁的责任。

SQL Server 的安全管理模型中包括 SQL Server 登录、数据库用户、权限和角色 4 个主要方面，具体如下。

(1) SQL Server 登录：要想连接到 SQL Server 服务器实例，必须拥有相应的登录账户和密码。SQL Server 的身份认证系统验证用户是否拥有有效的登录账户和密码，从而决定是否允许该用户连接到指定的 SQL Server 服务器实例。

(2) 数据库用户：通过身份认证后，用户可以连接到 SQL Server 服务器实例。但是，这并不意味着该用户可以访问到指定服务器上的所有数据库。在每个 SQL Server 数据库中，都存在一组 SQL Server 用户账户。登录账户要访问指定数据库，就要将自身映射到数据库的某个用户账户上，从而获得访问数据库的权限。一个登录账户可以对应多个用户账户。

(3) 权限：权限规定了用户在指定数据库中所能进行的操作。

(4) 角色：类似于 Windows 的用户组，角色可以对用户进行分组管理。可以对角色赋予数据库访问权限，此权限将应用于角色中的每一个用户。

## 11.1 SQL Server 2019 的安全机制

SQL Server 2019 有 5 层安全机制，如果用户要访问数据库中的信息，必须穿越这 5 道门槛。数据库系统的安全性，是每个数据库管理员都必须认真对待的。SQL Server 2019 是大型的关系数据库，它的 5 层(即有 5 个级别)安全机制如下。

### 1. 客户机的安全机制

用户必须能够先登录到客户机，然后才能使用 SQL Server 2019 应用系统或客户机管理工具来访问数据库。对于使用 Windows 系统的客户来说，它主要涉及的是操作系统的安全，主要是 Windows 账号的安全(即保证了计算机系统的安全，也就保证了 SQL Server 2019 的第一道防线)。

### 2. 网络传输的安全机制

网络传输的安全一般采用数据的加密和解密技术来实现，但加密的 SQL Server 会使网络速度变慢，所以对安全性要求不高的网络一般不采用加密技术。

### 3. 服务器级别的安全机制

这个级别的安全性主要通过登录账户(也称为"登录名")进行控制，要想访问一个数据库服务器，必须拥有一个登录账户和密码。登录账户可以是 Windows 账户或组，也可以是 SQL Server 的登录账户。登录账户可以属于相应的服务器角色。至于角色，可以理解为权限的组合。

### 4. 数据库级别的安全机制

这个级别的安全性主要通过用户账户(也称为"数据库用户")进行控制，要想访问一个数据库，必须拥有该数据库的一个用户账户身份。用户账户是通过登录账户进行映射的，可以属于固定的数据库角色或自定义数据库角色。

### 5. 数据对象级别的安全机制

用户通过前四道防线后才能访问数据库中的数据对象，对数据对象能够做什么样的访问被称为访问权限。常见的访问权限包括数据的查询、更新、插入和删除。这个级别的安全性通过设置数据对象的访问权限进行控制。

## 11.2　身 份 验 证

SQL Server 2019 服务器的安全建立在对服务器登录名和密码的控制基础之上，用户在登录服务器时所采用的登录名和密码，决定了用户在成功登录服务器后所拥有的访问权限。

### 11.2.1　身份验证模式

用户要访问 SQL Server 中的数据，首先需要登录 SQL Server 数据库实例。登录时要从系统中获得授权，并通过系统的身份验证。

SQL Server 的身份验证模式如图 11-1 所示。

要登录 SQL Server 访问数据，必须拥有一个 SQL Server 服务器允许登录的账号和密码，只有以该账号和密码通过 SQL Server 服务器验证后，才能访问其中的数据。SQL Server 2019 支持如下两种身份验证模式。

### 1. Windows 身份验证模式

该验证模式是指用户连接 SQL Server 数据库服务器时，使用 Windows 操作系统中的账户名和密码进行验证。也就是说，在 SQL Server 中可以创建与 Windows 用户账号对应的登录名。因为在登录 Windows 操作系统时，必须要输入账号与密码，以验证身份。只要登录了 Windows 操作系统，登录 SQL Server 时就不需要再输入账号和密码了。但这并不意味着所有能登录 Windows 操作系统的账号都能访问 SQL Server，必须由数据库管理员在 SQL Server 中创建与 Windows 账号对应的 SQL Server 账号，然后用该 Windows 账号登录 Windows 操作系统，才能直接访问 SQL Server。SQL Server 2019 默认本地 Windows 组可以不受限制地访问数据库。

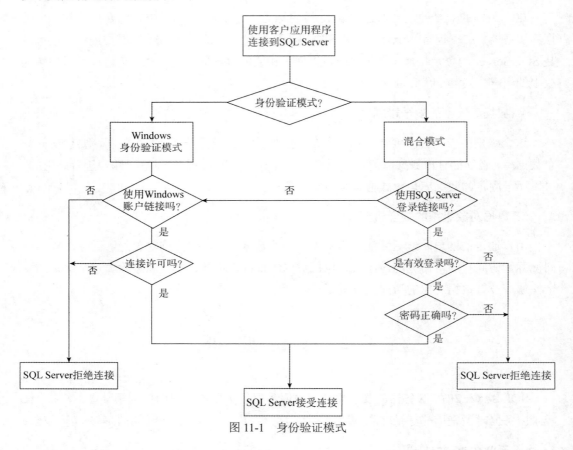

图 11-1　身份验证模式

一般来说，这种方法比 SQL Server 身份验证要更安全，因为 DBA 可以将 SQL Server 配置为不识别任何未经 Windows 身份验证的映射的账户，因此，SQL Server 访问与 Windows 登录验证不是独立的。它也提供单一登录(SSO)支持并与所有 Windows 验证模式集成，包括通过活动目录的 Kerberos 身份验证。

DBA 可以通过以下两种方式来配置验证模式。

(1) 缓和安全：可以是 SQL Server 登录，也可以是 Windows 集成身份登录。

(2) 仅 Windows：SQL Server 不允许非 Windows 身份验证。

### 2. SQL Server 身份验证模式

这是 SQL Server 早期版本身份验证登录的标准机制。使用这种方法，SQL Server 在其主目录中存储一个登录名和加密密码，不考虑用户是如何验证到操作系统的，用户需要由 SQL Server 身份验证才允许访问服务器资源。

使用这种身份验证的好处是：SQL Server 可以验证任何登录者而不管它们是如何登录到 Windows 网络的。当没有身份验证这个选项时，如与非 Windows 客户端工作时，这种验证是较好的。但这种方法的安全性没有另一种方法好，因为它给予任何拥有 SQL Server 密码的用户访问权，而不考虑其 Windows 身份。

【例 11-1】查看学生成绩数据库所在 SQL Server 服务器的身份验证模式。

具体操作步骤如下。

(1) 启动 SQL Server Management Studio 工具，以 sa 登录名或超级用户身份连上数据库服务器实例。

(2) 在"对象资源管理器"窗口，右击服务器实例名，在弹出的快捷菜单里执行"属性"命令，打开"服务器属性"对话框，在"选择页"列表中选择"安全性"选项，如图 11-2 所示。

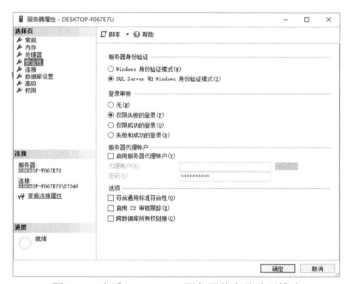

图 11-2　查看 SQL Server 服务器的身份验证模式

(3) 可以看到本服务器的服务器身份验证为"SQL Server 和 Windows 身份验证模式"，即混合身份验证模式。

## 11.2.2　创建登录名

无论使用哪种身份验证模式，要访问数据库服务器必须先具备有效的登录名。管理员可以通过 SQL Server Management Studio 图形界面或 Transact-SQL 语句对 SQL Server 2019 登录名进行创建、修改、删除等操作。

### 1. 使用图形界面工具创建登录名

在 SQL Server Management Studio 中的对象资源管理器窗口，选中"安全性"→"登录名"项，可以在"对象资源管理器"窗口查看 SQL Server 数据库中当前登录名的信息，如图 11-3 所示。

右击"登录名"，在弹出的菜单中选择"新建登录名"命令，打开"登录名·新建"窗口，如图 11-4 所示。

图 11-3　查看当前数据库中的登录名

图 11-4　新建登录名

默认的身份认证方式为"Windows 身份验证"。如果选择"SQL Server 身份验证"，则需要手动设置密码。可以设置密码管理策略，强制实施密码策略、强制密码过期和用户在下次登录时必须更改密码。这些策略可以保证系统的安全性。

用户还可以在此处设置登录到 SQL Server 实例后所连接的默认数据库，以及数据库的默认语言。

## 2. 使用系统存储过程 sp_addlogin 创建 SQL Server 身份验证模式的登录账户

在 SQL Server 中，可以用系统存储过程 sp_addlogin 来创建新的 SQL Server 认证模式的登录名。其语法格式如下：

```
sp_addlogin '登录名称'
[,'登录密码'][,'默认数据库'][,'默认语言']
```

SQL Server 登录名称和密码可以包含 1～128 个字符，包括任何字母、符号和数字。但是，登录名不能出现如下情况：

- 含有反斜线(\)。
- 保留的登录名称，如 sa 或 public，或者已经存在。
- 为 NULL，或为空字符串('')。

【例 11-2】创建具有默认数据库的 SQL Server 登录名，其中，账户名为 jsj，密码为 123，默认数据库为 pm。

在查询编辑器窗口输入并执行如下 Transact-SQL 语句：

```
EXEC sp_addlogin 'jsj','123','pm'
GO
```

## 3. 使用系统存储过程 sp_grantlogin 创建 Windows 身份验证模式登录账户

使用 sp_grantlogin 存储过程可以创建新的 Windows 身份验证模式登录账户，基本语法如下：

```
sp_grantlogin '登录名称'
```

登录名称指要添加的 Windows(包括 WindowsNT/2000/2003 等)用户或组的名称。Windows 组和用户必须用 Windows 域名限定，格式为"域名\用户名"，如 London\Joeb。

只有 sysadmin 或 securityadmin 固定服务器角色的成员可以执行 sp_grantlogin。

【例 11-3】使用 sp_grantlogin 存储过程将用户 LEE\public 映射到 SQL Server 登录账户。

在查询编辑器窗口输入并执行如下 Transact-SQL 语句：

```
EXEC sp_grantlogin 'LEE\public'
GO
```

### 4. 使用 CREATE LOGIN 语句创建登录名

CREATE LOGIN 可以创建 4 种类型的登录名：SQL Server 登录名、Windows 登录名、证书映射登录名和非对称密钥映射登录名。而 sp_addlogin 只能创建 SQL Server 登录名。

其语法格式如下：

```
CREATE LOGIN login_name {WITH <option_list1>|FROM <sources>}
```

其中，login_name 是新建的登录名，option_list 为登录选项设置，source 为新建登录名的来源(例如 Windows 登录、证书或非对称密钥等)。

option_list 的语法如下(此处为 option_list1)：

```
<option_list1>::=
    PASSWORD='password' [HASHED] [MUST_CHANGE]
    [,<option_list2>[,…n]]
```

其参数说明如下。

- PASSWORD = 'password'：指定登录名的密码，仅适用于 SQL Server 登录名。
- HASHED：指定在 PASSWORD 参数后输入的密码已经过哈希运算。如果未选择此选项，则在将作为密码输入的字符串存储到数据库之前，对其进行哈希运算。
- MUSTCHANGE：指定在首次登录时必须修改密码。

option_list2 指定更多选项设置，语法格式如下：

```
<option_list2>::=
    SID=sid
    |DEFAULT_DATABASE=database
    |DEFAULT_LANGUAGE=language
    |CHECK_EXPIRATION={ON|OFF}
    |CHECK_POLICY={ON|OFF}
    [CREDENTIAL=credential_name]
```

其参数说明如下。

- SID=sid：仅适用于 SQL Server 登录名，指定新 SQL Server 登录名的 GUID。如果未选择此选项，则 SQL Server 将自动指派 GUID。GUID 表示全局唯一标识符。
- DEFAULT_DATABASE=database：指定将指派给登录名的默认数据库。如果未包括此选项，则默认数据库将设置为 master。

- DEFAULT_LANGUAGE=language：指定将指派给登录名的默认语言。如果未包括此选项，则默认语言将设置为服务器的当前默认语言。即使将来服务器的默认语言发生更改，登录名的默认语言也仍保持不变。
- CHECK_EXPIRATION={ON|OFF}：仅适用于 SQL Server 登录名。指定是否对此登录名强制实施密码过期策略。默认值为 OFF。
- CHECK_POLICY={ON|OFF}：仅适用于 SQL Server 登录名。指定应对此登录名强制实施运行 SQL Server 的计算机的 Windows 密码策略。默认值为 ON。
- CREDENTIAL=credential_name：将映射到新 SQL Server 登录名的证书名称。该证书必须已存在于服务器中。

CREATE LOGIN 语句中<source>子句的语法结构如下：

```
<sources>::=
    WINDOWS [WITH <windows_options>[,…n]]
    |CERTIFICATE cert_name
    |ASYMMETRIC KEY asym_key_name
```

其参数说明如下。

- WINDOWS：指定将登录名映射到 Windows 登录名。
- CERTIFICATE：指定将与此登录名关联的证书名称。此证书必须已存在于 master 数据库中。
- ASYMMETRIC KEY：指定将与此登录名关联的非对称密钥的名称。此密钥必须已存在于 master 数据库中。

<windows_options>指定 Windows 登录名的更多选项，语法如下：

```
<windows_options>::=
    DEFAULT_DATABASE=database
    |DEFAULT_LANGUAGE=language
```

其参数说明如下。

- DEFAULT_DATABASE=database：指定将指派给登录名的默认数据库。如果未包括此选项，则默认数据库将被设置为 master。
- DEFAULT_LANGUAGE=language：指定将指派给登录名的默认语言。如果未包括此选项，则默认语言将被设置为服务器的当前默认语言。即使将来服务器的默认语言发生更改，登录名的默认语言也仍保持不变。

【例 11-4】创建一个登录名为 my，密码为 123，默认数据库为 pm。

在查询编辑器窗口输入并执行如下 Transact-SQL 语句：

```
CREATE LOGIN my WITH PASSWORD = '123',
DEFAULT_DATABASE = pm
GO
```

## 11.2.3　修改和删除登录名

可以使用图形界面工具或系统存储过程修改和删除登录账户。

### 1. 使用图形界面工具修改账户

在 SQL Server Management Studio 的对象资源管理器中，依次展开指定服务器实例下的"安全性""登录名"文件夹，可以查看已经存在的 SQL Server 登录账户。右击登录名，在弹出的快捷菜单中选择"属性"命令，打开"登录属性"对话框，在该对话框中可以对账户信息进行修改。

(1) 修改 Windows 身份验证模式账户。如果是 Windows 身份验证模式账户，则可以修改该账户的安全性访问方式、默认数据库、默认语言等，如图 11-5 所示。

图 11-5　修改 Windows 身份验证模式账户

(2) 修改 SQL Server 身份验证模式账户。如果是 SQL Server 身份验证模式账户，则可以修改该账户的密码、默认数据库、默认语言等，如图 11-6 所示。

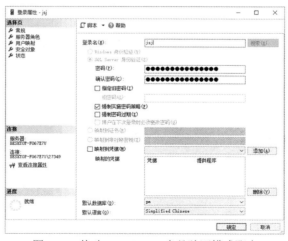

图 11-6　修改 SQL Server 身份验证模式账户

### 2. 使用图形界面工具删除账户

在 SQL Server Management Studio 中，用鼠标右击 SQL Server 账户，在弹出的快捷菜

单中选择"删除"命令,在弹出的确认对话框中单击"是"按钮,即可删除该账户。

### 3. 使用系统存储过程修改和删除账户

具体有以下几种操作方法。

(1) sp_denylogin 存储过程。sp_denylogin 存储过程用于阻止 Windows 用户或用户组连接到 SQL_Server 实例,它的基本语法如下:

```
sp_denylogin '用户或用户组名'
```

sp_denylogin 只能和 Windows 账户一起使用,"用户或用户组名"格式为"域名\用户名"。

sp_denylogin 无法用于通过 sp_addlogin 添加的 SQL Server 登录。

sp_denylogin 和 sp_grantlogin 是对应的两个存储过程,它们可以互相反转对方的效果,允许和拒绝 Windows 用户访问 SQL Server。

【例 11-5】使用 sp_denylogin 存储过程拒绝用户 lee\public 访问 SQL Server 实例。

在查询编辑器窗口输入并执行如下 Transact-SQL 语句:

```
sp_denylogin 'lee\public'
```

执行结果如下:

已拒绝对 'lee\public'的登录访问权。

(2) sp_revokelogin 存储过程。sp_revokelogin 存储过程用于删除 SQL Server 中使用 sp_denylogin 或 sp_grantlogin 创建的 Windows 身份认证模式登录名,它的基本语法如下:

```
sp_revokelogin '用户或用户组名'
```

【例 11-6】使用 sp_revokelogin 存储过程删除用户 lee\public 对应的 SQL Server 登录账户。

在查询编辑器窗口输入并执行如下 Transact-SQL 语句:

```
sp_revokelogin 'LEE\public'
```

执行结果如下:

已废除 'LEE\public' 的登录访问权。

从登录列表中可以看到,LEE\public 已经被删除。

(3) sp_password 存储过程。sp_password 存储过程用于修改 SQL Server 登录的密码,它的基本语法如下:

```
sp_password '旧密码',' 新密码','登录名'
```

【例 11-7】使用 sp_password 存储过程将登录账户 lee 的密码修改为 222222。

在查询编辑器窗口输入并执行如下 Transact-SQL 语句:

```
sp_password '111111','222222','lee'
```

执行结果为密码已更改。

(4) sp_droplogin 存储过程。sp_droplogin 存储过程用于删除 SQL Server 登录账户,以

阻止使用该登录账户访问 SQL Server，它的基本语法如下：

```
sp_droplogin '登录名称'
```

【例 11-8】使用 sp_droplogin 存储过程删除登录账户 lee。

在查询编辑器窗口输入并执行如下 Transact-SQL 语句：

```
sp_droplogin 'lee'
```

执行结果为登录已除去。

# 11.3　用户管理

在 SQL Server 服务器中，用户提出访问数据库的请求时，必须通过 SQL Server 两个阶段的安全审核，即验证和授权。验证阶段是使用登录名来标示用户，而且只验证输入的登录名能否连接至 SQL Server 服务器。如果验证成功，登录名就会连接至 SQL Server 服务器。但仅有登录名用户还不能访问服务器中的数据库。

例如，使用登录名 my 登录到 SQL Server 服务器访问学生成绩数据库时，会出现如图 11-7 所示的无法访问用户默认数据库的提示。

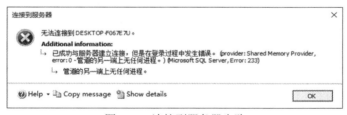

图 11-7　连接到服务器失败

用户登录成功后，服务器会针对这一登录名请求的数据库寻找相对应的用户，即数据库用户，为其提供应有的权限后，用户才能访问服务器上的数据库。

在 SQL Server 中有两种类型的账户：一类是登录服务器的登录账号，称为登录名；另一类是使用数据库的用户账号，称为数据库用户。

- 登录名：指能登录到 SQL Server 服务器的账号，属于服务器的层面，虽然登录名能够登录到 SQL Server 服务器，但是并不表明一定可以访问数据库，登录名只有成为数据库用户后才能访问数据库。
- 数据库用户：在一个数据库中唯一标识一个用户，用户对数据库的访问权限以及对数据库对象的所有关系都是通过数据库用户来控制的。一般来说，登录名和数据库用户是相同的，方便操作，登录名和数据库用户也可以不同名，而且一个登录名可以关联不同数据库的多个数据库用户。但每个登录名在一个数据库中只能有一个数据库用户。

总之，登录名属于服务器的层面，而数据库用户则属于数据库的层面。一般情况下，数据库用户与登录名使用相同的名称。

### 11.3.1 默认用户

在安装 SQL Server 2019 服务器后，每新创建一个数据库，SQL Server 2019 服务器就会自动在新建的数据库中创建 4 个数据库用户，它们的名字是 dbo、guest、INFORMATION_SCHEMA 和 sys。

#### 1. dbo 用户

dbo 用户对应 SQL Server 的登录名为 sa，默认情况下，该登录名是在安装实例时创建的。在 SQL Server 2019 中，登录名 sa 的默认数据库为 master。

#### 2. guest 用户

在创建数据库时，该数据库默认包含 guest 用户。在 SQL Server 2019 中会发现 guest 用户图标上有一个被禁用的图标，guest 用户是不能添加/删除的，删除后一刷新，"用户"又出现了，guest 用户只能启用/禁用。可通过撤销该用户的 CONNECT 权限将其禁用，也可通过授予该用户的 CONNECT 权限将其启用；可以通过在 master 或 tempdb 以外的任何数据库中执行 REVOKE CONNECT FROM GUEST 来撤销其连接(CONNECT)权限，即禁用了 guest 用户，也可以通过在 master 或 tempdb 以外的任何数据库中执行 GRANT CONNECT TO GUEST 来授予其连接(CONNECT)权限，即启用了 guest 用户。

#### 3. INFORMATION_SCHEMA 和 sys

每个数据库都包含这两个实体：INFORMATION_SCHEMA 和 sys。它们都作为用户出现在目录视图中。这两个实体是 SQL Server 所必需的。它们不是主体，不能修改或删除。

### 11.3.2 创建数据库用户

数据库管理员可以通过 SQL Server Management Studio 工具或 Transact-SQL 语句对 SQL Server 2019 中的数据库用户进行创建、修改、删除等操作。

在 SQL Server 2019 中，可用 CREATE USER 语句和系统存储过程 sp_grantdbaccess 来创建数据库用户。其中，sp_grantdbaccess 的功能是将数据库用户添加到当前数据库。

#### 1. 使用 CREATE USER 语句创建用户

CREATE USER 语句创建用户的基本语法结构如下：

```
CREATE USER user_name
    [{{FOR|FROM} {LOGIN login_name}|WITHOUT LOGIN]
     [WITH DEFAULT_SCHEMA=schema_name]
```

其参数说明如下。

- user_name：指定此数据库用户的唯一名称。
- LOGIN login_name：指定要创建数据库用户的 SQL Server 登录名。login_name 必

须是服务器中有效的登录名。当此 SQL Server 登录名进入数据库时，它将获取正
在创建的数据库用户的名称和 ID。

- WITH DEFAULT_SCHEMA=schema_name：指定服务器为此数据库用户解析对象
  名称时将搜索的第一个架构。
- WTTHOUT LOGIN：指定不应将用户映射到现有登录名。如果不使用 LOGIN 子
  句，则创建用户与同名登录名相关联。

【例 11-9】创建登录名 lee，然后创建同名的用户。

在查询编辑器窗口输入并执行如下 Transact-SQL 语句：

```
CREATE LOGIN lee WITH PASSWORD='111'
GO
USE pm
GO
CREATE USER lee
GO
```

【例 11-10】创建具有默认架构的数据库用户。其中，要求先创建名为 jsj_info，且具
有密码 12345 的服务器登录名，然后创建具有默认架构 MY_SCHEMA 的对应 pm 数据库
的用户 wangling。

在查询编辑器窗口输入并执行如下 Transact-SQL 语句：

```
CREATE LOGIN jsj_info
    WITH PASSWORD = '12345'
USE pm
CREATE USER wangling FOR LOGIN jsj_info
    WITH DEFAULT_SCHEMA = MY_SCHEMA
GO
```

### 2. 使用 sp_grantdbaccess 存储过程创建数据库用户

使用 sp_grantdbaccess 存储过程可以将 SQL Server 登录和 Windows 用户(用户组)指定
为当前数据库用户，并使其能够被授予在数据库中执行活动的权限。

sp_grantdbaccess 的基本语法如下：

```
sp_grantdbaccess '登录名'[,'数据库用户名']
```

其中，数据库用户名可以包含 1～128 个字符，包括字母、符号和数字，但不能包含
反斜线符号(\)、不能为 NULL 或空字符串。如果没有指定数据库用户名，则默认与"登录
名"相同。

【例 11-11】使用 sp_grantdbaccess 存储过程为登录账户 lee 创建数据库用户。

在查询编辑器窗口输入并执行如下 Transact-SQL 语句：

```
sp_grantdbaccess 'lee'
```

## 11.3.3　修改和删除数据库用户

可以使用图形界面工具、SQL 语句和系统存储过程来修改和删除数据库用户，使用图
形界面工具的相关操作这里就不叙述了。

### 1. 使用 ALTER USER 语句修改用户信息

使用 ALTER USER 语句只能修改用户名和架构信息，语法如下：

```
ALTER USER user_name
    WITH <set_item>[,…n]
<set_item>::=
    NAME=new_user_name | DEFAULT_SCHEMA=schema_name
```

其参数说明如下。

- user_name：指定要修改的数据库用户的名称。
- NAME=new_user_name：指定此用户的新名称。new_user_name 不能已存在于当前数据库中。
- DEFAULT_SCHEMA=schema_name：指定服务器在解析此用户的对象名称时将搜索的第一个架构。

【例 11-12】将用户 lee 改名为 johney。

在查询编辑器窗口输入并执行如下 Transact-SQL 语句：

```
ALTER USER lee WITH NAME=johney
```

### 2. 使用 sp_revokedbaccess 存储过程删除数据库用户

存储过程 sp_revokedbaccess 的功能是删除指定的数据库用户，它的基本语法如下：

```
Sprevokedbaccess '数据库用户名'
```

【例 11-13】使用 sp_revokedbaccess 存储过程删除数据库用户 johney。

在查询编辑器窗口输入并执行如下 Transact-SQL 语句：

```
sp_revokedbaccess 'johney'
```

### 3. 使用 DROP USER 语句删除数据库用户

DROP USER 语句的语法结构如下：

```
DROP USER '数据库用户名'
```

【例 11-14】要删除用户 johney，可以使用下面的语句。

```
DROP USER johney
```

## 11.4　角 色 管 理

为了保证数据库的安全性，逐个设置用户权限的方法较直观和方便，然而一旦数据库的用户很多，设置权限的工作将变得烦琐复杂。在 SQL Server 中通过角色设置权限可解决此类问题。

角色是用来指定权限的一种数据库对象，每个数据库都有自己的角色对象，可以为每个角色设置不同的权限。角色的概念类似于 Windows 操作系统的"组"。在 SQL Server 2019

中，系统已经创建了多个角色，只要把数据库用户直接设置为某个角色的成员，那么该用户就会继承这个角色的权限。

在 SQL Server 2019 中，角色分为 3 种：服务器角色、数据库角色和应用程序角色。本节主要介绍前两种角色。

## 11.4.1　服务器角色

为了帮助用户管理服务器上的权限，SQL Server 提供了若干角色，这些角色是用于对其他主体进行分组的安全主体。服务器角色的权限作用域为服务器范围。

提供固定服务器角色时为了方便使用和向后兼容，应尽可能分配更具体的权限。SQL Server 提供了 9 种固定服务器角色，无法更改授予固定服务器角色的权限。从 SQL Server 2019 开始，可以创建用户定义的服务器角色，并将服务器级权限添加到用户定义的服务器角色。

用户可以将服务器级主体(SQL Server 登录名、Windows 账户和 Windows 组)添加到服务器级角色。固定服务器角色的每个成员都可以将其他登录名添加到该角色，用户定义的服务器角色的成员则无法将其他服务器主体添加到本角色。如表 11-1 所示为服务器级的固定角色及其权限。

表 11-1　服务器级的固定角色及其权限

| 服务器角色 | 允 许 权 限 |
| --- | --- |
| bulkadmin(大容量插入操作者) | 可以执行 Bulk Insert 语句，以用户指定的格式将数据文件加载到数据表或视图中 |
| dbcreator(数据库创建者) | 可以创建、更改和还原任何数据库 |
| diskadmin(磁盘管理员) | 可以管理数据库在磁盘中的文件 |
| processadmin(进程管理员) | 可以终止在数据库引擎实例中运行的进程 |
| securityadmin(安全管理员) | 可以管理登录名及其属性 |
| serveradmin(服务管理员) | 可以更改服务器范围的配置选项和关闭服务器 |
| setupadmin(安装管理员) | 可以添加和删除链接服务器，并可以执行某些系统存储过程 |
| sysadmin(系统管理员) | 可以在数据库引擎中执行任何活动 |
| public | 拥有服务器中登录名所有默认权限 |

【例 11-15】将 dbcreator 角色的权限分配给登录名 jln。

可以使用系统存储过程 sp_addsrvrolemember 为现有的服务器添加一个登录名，在查询编辑器窗口输入并执行如下 Transact-SQL 语句：

```
EXEC sp_addsrvrolemember 'jln','dbcreator'
```

## 11.4.2　数据库角色

为便于管理数据库中的权限，SQL Server 提供了若干角色，这些角色是指对数据库具有相同访问权限的用户和组的集合。数据库角色的权限作用域为数据库范围。SQL Server 中有两种类型的数据库角色：数据库中预定义的固定数据库角色和用户创建的自定义数据库角色。

### 1. 固定数据库角色

固定数据库角色是由 SQL Server 在数据库级别定义的角色,并且存在于每个数据库中。db_owner 和 db_securityadmin 数据库角色的成员可以管理固定数据库角色身份,但是只有 db_owner 数据库角色的成员能够向 db_owner 固定数据库角色中添加成员。msdb 数据库中还有一些特殊用途的固定数据库角色。

用户可以向数据库级角色中添加任何数据库账户和其他 SQL Server 角色。固定数据库角色的每个成员都可以向同一个角色添加其他登录名。用户不能增加、修改和删除固定数据库角色。

注意,请不要将灵活数据库角色添加为固定数据库角色的成员,这会导致意外的权限升级。如表 11-2 所示列出显示了固定数据库角色及其能够执行的操作,所有数据库中都有这些角色。

表 11-2　数据库级的固定角色及其权限

| 数据库角色 | 允 许 权 限 |
| --- | --- |
| db_accessadmin | 可以为 Windows 登录账户、Windows 组和 SQL Server 登录账户添加或删除数据库访问权限 |
| db_backupoperator | 可以备份该数据库 |
| db_datareader | 可以读取所有用户表中的数据 |
| db_datawriter | 可以在所有用户表中添加、更改或删除数据 |
| db_ddladmin | 可以在数据库中运行任何数据定义语言(DDL)命令 |
| db_denydatawriter | 不能添加、修改或删除数据库内用户表中的任何数据 |
| db_denydatareader | 不能读取数据库内用户表中的任何数据 |
| db_owner | 可以执行数据库的所有配置和维护活动,删除数据库 |
| db_securityadmin | 可以修改角色成员身份和管理权限 |
| public | 拥有数据库中用户的所有默认权限 |

### 2. 自定义数据库角色

如果固定数据库角色不能满足用户特定的需要,还可以创建一个自定义的数据库角色。在创建数据库角色时,需要先给该角色指派权限,然后将用户指派给该角色,用户将继承该角色指派的任何权限。

【例 11-16】为 pm 数据库创建一个数据库角色 info_Role。

```
USE pm
EXEC sp_addrole 'info_Role'
```

对于不再使用的用户自定义角色,用户可以删除。在 SQL Server Management Studio 中,删除自定义角色方法同删除其他数据库对象一样,在此不再赘述。但是 SQL Server 预定义的固定数据库角色不能删除。

# 11.5　权限管理

在 SQL Server 2019 中，不同的数据库用户具有不同的数据库访问权限。用户要对某数据库进行访问操作时，必须获得相应的操作授权，即得到数据库管理系统的操作权限授权。SQL Server 2019 中未被授权的用户将无法访问或存取数据库中的数据。

例如，在例 11-9 中创建了默认数据库为 pm 的登录名 lee，同时为 pm 数据库创建了数据库用户 lee，使用登录名 lee 可以登录到 pm 数据库，但在查询编辑器窗口查询数据时，结果报错，如图 11-8 所示。

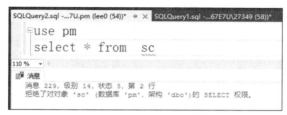

图 11-8　没有授权用户无法访问数据库

## 11.5.1　权限管理的相关概念

### 1. 安全对象

"安全对象"是服务器、数据库和数据库包含的对象。每个安全对象都拥有一组权限，可对这些权限进行配置以减少 SQL Server 外围应用。

安全对象是 SQL Server 数据库引擎授权系统控制对其进行访问的资源。通过创建可以为自己设置安全性的名为"范围"的嵌套层次结构，可以将某些安全对象包含在其他安全对象中。安全对象范围有服务器、数据库和架构。

(1) 服务器。包含以下安全对象：端点、登录名和数据库。

(2) 数据库。包含以下安全对象：数据库用户、角色、应用程序角色、程序集、消息类型、路由、服务、远程服务绑定、全文目录、证书、非对称密钥、对称密钥、约定和架构。

(3) 架构。包含以下安全对象：类型、XML 架构集合和对象。其中，对象类的成员有聚合、约束、函数、过程、队列、统计信息、同义词、表和视图。

### 2. 主体

在 SQL Server 2019 中，"主体"是可以访问受保护资源且能获得访问资源所需权限的任何个人(个体)、组或进程。主体是可以请求 SQL Server 资源的实体。与 SQL Server 授权模型的其他组件一样，主体也可以按层次结构排列。主体的影响范围取决于主体定义的范围(Windows、服务器或数据库)及主体是否不可分或是一个集合(例如，Windows 登录名就是一个不可分主体，而 Windows 组则是一个集合主体)。这样，Windows 级别的主体就比 SQL Server 级别的主体拥有更大的影响范围,而后者的影响范围又大于数据库级别的主体。

每个主体都具有一个安全标识符(Ssno)。SQL Server 2019 主体的层次结构如下，但不包括固定服务器和数据库角色，还显示了将登录和数据库用户映射为安全对象的方法。

(1) Windows 级别的主体：Windows 域登录名、Windows 本地登录名和 Windows 组。

(2) SQL Server 级的主体：SQL Server 登录名(包括映射为 Windows 登录的 SQL Server 登录、映射为证书的 SQL Server 登录和映射为不对称密钥的 SQL Server 登录)。

(3) 数据库级的主体：数据库用户(包括映射为 SQL Server 登录的数据库用户、映射为 Windows 登录的数据库用户、映射为证书的数据库用户和映射为不对称密钥的数据库用户)、数据库角色、应用程序角色和公共角色。

### 3. 架构

在 SQL Server 2005 及更高版本中，架构就是数据库对象(如类型、XML 架构集合、数据表、视图、存储过程、函数、聚合函数、约束、同义词、队列、统计信息)的容器，它是单个主体所拥有的所有数据库对象的集合，而且该主体形成了对象的一个命名空间。它的功能与.NTE Framework 和 XML 中的命名空间函数非常类似，该函数可将对象进行分组，以便数据库能够重用对象名称，如允许在一个数据库中同时存在 dbo.Customer 和 db_owner.Customer 两个表。下面介绍架构的特点。

架构与用户是分离的。作为数据库主体，用户拥有架构，而对象则包含在架构中。

架构也是 SQL Server 安全对象的一部分。数据库对象的引用由 4 部分组成：服务器名.数据库名.架构名.对象名。由此可以看出，数据库从属于 SQL Server 服务器，架构从属于数据库，这些实体是嵌套在一起的。服务器是最外面的框，而架构是最里面的框。架构包含特定的安全对象，但是它不包含其他框。

架构中每个对象的名称都必须是唯一的。

在 SQL Server 2000 和早期版本中，数据库可以包含一个名为"架构"的实体，但此实体实际上是数据库用户。在 SQL Server 2019 中，架构既是一个容器，又是一个命名空间。任何用户都可以拥有架构，并且架构的所有权可以转移。

架构只能有一个所有者，但一个用户可以不拥有架构，也可以拥有多个架构。

从 SQL Server 2005 开始，每个用户都拥有一个默认架构。可以使用 CREATE USER 或 ALTER USER 的 DEFAULT_scHEMA 选项设置和更改默认架构。如果未定义 DEFAULT_scHEMA，则数据库用户将使用 dbo 作为默认架构。该默认架构是服务器解析 DML 或 DDL 语句中指定的未限定的对象名称时搜索的架构。因此，当引用的对象包含在默认架构中时，不需要指定架构名。例如，如果 table_name 包含在默认架构中，则语句 SELECT * FROM table_name 可以成功执行。若要访问非默认架构中的对象，则必须至少指定一个由两部分构成的标识符(schema_name.object_name，即架构名.表名)。引用架构范围内的对象的所有 DDL 和 DML 语句都必须符合此要求。

## 11.5.2　权限的类别

用户登录到 SQL Server 2019 后，角色和用户的许可决定了它们对数据库所能执行的操作。权限分 3 类，分别为对象权限(Object Permission)、语句权限(Statement Permission)
和隐含权限(Implied Permission)。

### 1. 对象权限

对象权限用于决定用户对数据库对象进行数据处理和执行存储过程等操作的权利，数
据库对象包括表、视图、存储过程等。对象权限的具体内容如下。

- 应用于表或视图：是否允许执行 SELECT、DELETE、INSERT、UPDATE 和
  REFERENCES 语句。
- 应用于表或视图的字段：是否允许执行 SELECT 和 UPDATE 语句。
- 应用于存储过程和函数：是否允许执行 EXECUTE 语句。

表 11-3 列出了主要的权限类别以及可应用这些权限的安全对象的种类。

表 11-3　SQL Server 2019 主要对象权限

| 权　限 | 适　用　对　象 |
|---|---|
| SELECT | 同义词、表和列、表值函数和列、视图和列 |
| VIEW CHANGE TRACKING | 表、架构 |
| UPDATE | 同义词、表和列、视图和列 |
| REFERENCES | 标量函数和聚合函数、Service Broker 队列、表和列、表值函数和列、视图和列 |
| INSERT | 同义词、表和列、视图和列 |
| DELETE | 同义词、表和列、视图和列 |
| EXECUTE | 过程、标量函数和聚合函数、同义词 |
| RECEIVE | Service Broker 队列 |
| VIEW DEFINITION | 过程、Service Broker 队列、标量函数和聚合函数、同义词、表、表值函数、视图 |
| ALTER | 过程、标量函数和聚合函数、Service Broker 队列、表、表值函数、视图 |
| TAKE OWNERSHIP | 过程、标量函数和聚合函数、同义词、表、表值函数、视图 |
| CONTROL | 过程、标量函数和聚合函数、Service Broker 队列、同义词、表、表值函数、视图 |

### 2. 语句权限

语句权限(也称为系统权限)用于创建数据库或数据库中对象所涉及的操作权利，其适
用于语句自身，而不适用于数据库中定义的特定对象。

语句权限允许用户在数据库里执行管理操作，如创建数据库、删除数据库、创建用户
账户、删除用户、删除和修改数据库对象、修改对象的状态、修改数据库的状态以及其他
会对数据库造成重要影响的操作。

语句权限在不同关系型数据库中实现差别很大，具体权限及其正确用法请查看实现的
文档。下面是 SQL Server 中一些常见的语句权限。

- BACKUP DATABASE：备份数据库。
- BACKUP LOG：备份数据库日志。
- CREATE DATABASE：创建数据库。
- CREATE TABLE：在数据库中创建表。
- CREATE PROCEDURE：在数据库中创建存储过程。
- CREATE VIEW：在数据库中创建视图。
- CREATE RULE：在数据库中创建规则。
- CREATE DEFAULT：在数据库中创建默认对象。
- CREATE FUNCTION：创建函数。

### 3. 隐含权限

隐含权限是指系统定义而不需要授权就有的权限，例如，sysadmin 固定服务器角色成员自动集成在 SQL Server 2019 安装中进行操作或查看的全部权限。

数据库对象所有者以及服务器固定成员均具有隐含权限，可以对所有者的对象执行一切活动。例如，拥有表的用户可以查看、添加或删除数据，更改表定义，或控制允许其他用户对表进行操作的权限。

## 11.5.3　权限管理的操作

在 3 种权限中，隐含权限是系统定义的，是不能进行设置修改的，因而权限的设置管理实际上是针对对象权限和语句权限而进行的,权限可由数据库所有者和角色来进行管理。权限所涉及的操作如下。

- 授予(GRANT)：允许用户或角色对一个对象实施某种操作或执行某种语句。
- 撤销(REVOKE)：不允许用户或角色对一个对象实施某种操作或执行某种语句，或收回曾经授予的某种权限，这与授予权限正好相反。
- 拒绝(DENY)：拒绝用户访问某个对象，或删除以前授予的权限，停用从其他角色继承的权限，确保不继承更高级别角色的权限。

权限的管理可以使用 SQL Server Management Studio 工具完成，也可以使用 Transact-SQL 语句来实现。

在 SQL Server 2019 中，分别用 GRANT、REVOKE 和 DENY 语句来管理数据库权限。

授予权限的 GRANT 语句，其语法格式如下：

```
GRANT { ALL [ PRIVILEGES ] }
 | permission [ ( column [,…n ] ) ] [,…n ]
 [ ON [ class :: ] securable ] TO principal [,…n ]
 [ WITH GRANT OPTION ] [ AS principal ]
```

GRANT 语法格式比较复杂,有关参数的意义,可以参考"Microsoft SQL Server 联机丛书"。

【例 11-17】指定 pm 数据库中的用户 info 具有查询 course 表的权限。

在查询编辑器窗口输入并执行如下 Transact-SQL 语句：

```
USE pm
```

```
GO
GRANT SELECT ON course TO info
GO
```

撤销权限的 REVOKE 语句，其语法格式如下：

```
REVOKE [ GRANT OPTION FOR ]
{ [ ALL [ PRIVILEGES ] ]
  |permission [ ( column [,…n ] ) ] [,…n ]
}
[ ON [ class :: ] securable ]
{ TO | FROM } principal [,…n ]
[ CASCADE] [ AS principal ]
```

REVOKE 语法格式也比较复杂，有关参数的意义，可以参考"SQL Server 联机丛书"。

【例 11-18】撤销 pm 数据库中的用户 info 对 course 表的查询权限。

在查询编辑器窗口执行如下语句：

```
USE pm
GO
REVOKE SELECT ON course TO info
GO
```

拒绝授权的 DENY 语句，其语法格式如下：

```
DENY { ALL [ PRIVILEGES ] }
| permission [ ( column [,…n ] ) ] [,…n ]
[ ON [ class :: ] securable ] TO principal [,…n ]
[ CASCADE] [ AS principal ]
```

【例 11-19】拒绝 pm 数据库中的用户 info 对 course 表的查询权限。

在查询编辑器窗口执行如下语句：

```
USE pm
GO
DENY SELECT ON course TO info
GO
```

# 习　题　11

## 一、填空题

1. 数据库角色分为_____角色和_____角色两种。

2. SQL Server 的身份验证模式有_____模式和_____模式两种。

3. 给用户或自定义角色授予权限使用_____命令，收回权限使用_____命令，禁止权限使用_____命令。

4. _____用来提供对服务器与数据库的权限进行分组和管理的机制。

## 二、单项选择题

1. 每个登录名在一个指定的数据库中最多有(　　)个用户对应。

　　A. 0　　　　　　　　　B. 2　　　　　　　　　C. 1　　　　　　　　　D. 无数

2. 下列(　　)不是 SQL Server 2019 服务器的角色。

　　A. public　　　　　　B. sysadmin　　　　　C. diskadmin　　　　　　D. admin

3. 下列(　　)不是 SQL Server 2019 数据库的固定角色。

　　A. public　　　　　　B. db_admin　　　　　C. db_datareader　　　　D. db_ddladmin

4. 在 Transact-SQL 中，创建数据库用户的语句是(　　)。

　　A. CREATE LOGIN　　　　　　　　　B. CREATE USER

　　C. DROP USER　　　　　　　　　　　D. CREATE LOGINUSER

5. 在 SQL Server 中，系统管理员登录账户为(　　)。

　　A. root　　　　　　　B. admin　　　　　　C. administrator　　　　D. sa

6. 创建 Windows 身份验证模式登录账户的存储过程是(　　)。

　　A. sp_addlogin　　　B. sp_adduser　　　C. spgrantlogin　　　　D. sp_grantuser

7. 拒绝账户登录到 SQL Server 的存储过程是(　　)。

　　A. sp_addlogin　　　　　　　　　　B. sp_revokelogin

　　C. sp_grantlogin　　　　　　　　　　D. sp_denylogin

8. 在固定数据库角色中，(　　)角色的权限最大。

　　A. dbowner　　　　　　　　　　　　B. dbaccessadmin

　　C. db_securityadmin　　　　　　　　D. dbddladmin

9. 添加角色中成员的存储过程是(　　)。

　　A. sp_addrole　　　　　　　　　　　B. sp_addrolemember

　　C. sp_droprole　　　　　　　　　　　D. sp_droprolemember

10. 授予权限的命令是(　　)。

　　A. REVOKE　　　　　　　　　　　　B. ADDPRIVILEGE

　　C. GRANT　　　　　　　　　　　　　D. DENY

### 三、简答题

1. 简述 SQL Server 2019 服务器的登录名和数据库用户的关系。

2. 如何用 SQL Server Management Studio 创建自定义的数据库角色？

3. SQL Server 2019 所具有的 5 层安全机制的作用是什么？

### 四、上机练习题

本次上机操作将使用数据库 pm。

1. 使用图形界面工具管理安全账户。

(1) 观察你的 SQL Server 服务器的身份验证模式，如果不是混合验证模式，请将其修改为混合验证模式。

(2) 练习使用 SQL Server Management Studio 添加、修改和删除登录账户。

(3) 练习使用 SQL Server Management Studio 添加、修改和删除数据库用户。

2. 使用 Transact-SQL 命令管理登录账户。

(1) 使用 sp_addlogin 存储过程分别建立两个 SQL Server 身份验证模式的登录账户 logl 和 log2，并分别为其设置密码(先不设置其他参数)。然后选择菜单命令"文件"→"连接对象资源管理器"新建立一个连接，这次选择"SQL Server 身份验证"模式，以 logl 账户的身份登录。从工具栏的数据库下拉列表中能否选择数据库 pm，为什么？能否选择 SQL Server 的系统数据库和示例数据库(如 master、msdb)？为什么？使用"文件"→"断开与对象资源管理器的连接"命令断开当前连接。

(2) 选择菜单"文件"→"连接对象资源管理器"命令新建立一个连接，这次选择使用"SQL Server 身份验证"模式，以 sa 账户的身份登录。使用系统存储过程 sp_grantdbaccess 存储过程将登录账户 logl 和 log2 指定为数据库 pm 的用户(注意，先选择数据库 pm，再执行 sp_grantdbaccess)。使用"文件"→"断开与对象资据管理器的连接"命令断开当前连接，再次选择菜单"文件"→"连接对象资源管理器"命令以 logl 账户的身份登录，这时从工具栏的数据库下拉列表中能否选择数据库 pm？为什么？

(3) 在 logl 的查询窗口中执行以下语句：

```
USE pm
SELECT * FROM student
```

观察执行结果并解释出现该结果的原因。

3. 使用 Transact-SQL 命令管理数据库用户的权限

完成以下各题功能，记录或保存实现各功能的 Transact-SQL 命令。

(1) 以 sa 的身份管理用户 logl：用 GRANT 语句授予用户 logl 对表 student 拥有 select、Însert、update 权限，并允许用户 logl 将该权限转移给其他用户。

(2) 以 logl 的身份管理用户 log2：以 log1 的身份连接 SQL Server 服务器，将其对表 student 拥有的 select 权限转移给用户 log2。

(3) 以 sa 的身份管理用户 logl：拒绝用户 logl 对表 student 的 delete 权限。

(4) 以 sa 的身份管理用户 logl：拒绝用户 logl 对表 student 的列 sname 的 update 权限。

(5) 以 sa 的身份管理用户 log2：授予用户 log2 创建表的权限，拒绝其创建视图的权限。

(6) 以 log2 的身份连接服务器，分别执行创建表和创建视图语句，检查第 5 题的权限管理的正确性。当执行创建视图的语句时，给出的提示信息是什么？

(7) 以 sa 的身份管理用户 log2：废除用户 log2 的所有语句权限。

(8) 以 sa 的身份管理用户 logl：废除用户 logl 对表 student 的 select 权限。同时废除 logl 授予 log2 的该权限(在第 2 题实现的授权)。

(9) 以 sa 的身份管理用户 logl：废除用户 logl 对表 student 的所有权限(提示：需要分两步完成)。

(10) 以 sa 的身份管理角色：用系统存储过程在数据库 pm 中创建角色 myrole，并将 logl 和 log2 添加到该角色中。授予角色 myrole 对表 course 的查询权限。

# 第 12 章　维护数据库

维护数据库的正常运行、保证数据安全是 SQL Server 数据库管理员的主要工作。维护数据库的工作很琐碎，多数工作每天重复进行。尽管如此，一旦数据库服务器出现故障，这些工作的意义就突显出来了。本章介绍的维护数据库操作包括导入和导出数据、备份和恢复数据库，以及数据库快照。

## 12.1　导入和导出数据

用户可以使用 SQL Server 工具和 Transact-SQL 语句导入和导出 SQL Server 数据库中的数据，也可以使用 SQL Server 提供的编程模型和应用程序接口(API)，自己编写程序以导入和导出数据。

### 12.1.1　将表中数据导出到文本文件

【例 12-1】参照下面的步骤将表 student 中的数据导出到一个文本文件中。

(1) 在"开始"菜单中依次选择"程序"→Microsoft SQL Server 2019 命令，以管理员的身份运行"导入和导出数据(64 位)"，打开"SQL Server 导入和导出向导"窗口，如图 12-1 所示。

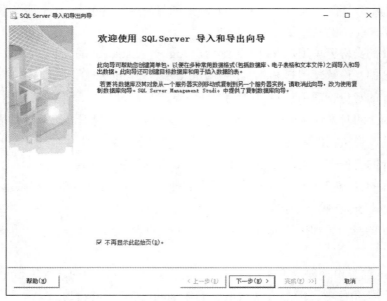

图 12-1　"SQL Server 导入和导出向导"窗口

(2) 在欢迎窗口中单击"下一步"按钮，打开"选择数据源"界面。选择默认数据源

SQL Server Native Client 11.0，数据库选择 pm，如图 12-2 所示。

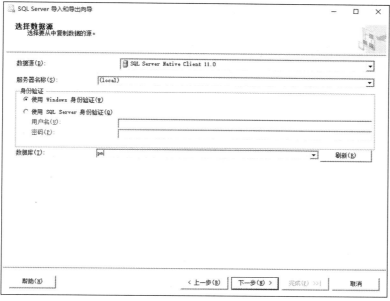

图 12-2　选择数据源

(3) 单击"下一步"按钮，打开"选择目标"界面。"目标"选择"平面文件目标"，"文件名"设置为 D:\bm.txt，如图 12-3 所示。

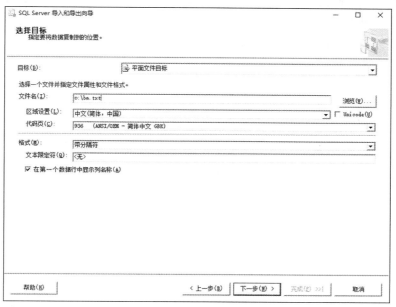

图 12-3　选择导出目标

(4) 单击"下一步"按钮，打开"指定表复制或查询"界面。在此用户要指定是从数据源复制一个或多个表/视图，还是复制查询结果。可以看到界面中有以下两个单选按钮。

● 复制一个或多个表或视图的数据。

● 编写查询以指定要传输的数据。

这里选择第一个单选按钮，如图 12-4 所示。

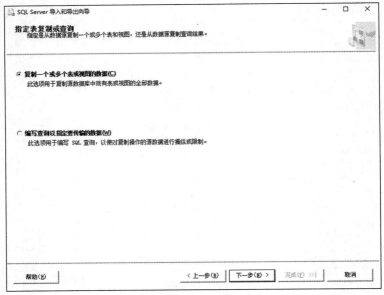

图 12-4　指定表复制或查询

(5) 单击"下一步"按钮，打开"配置平面文件目标"界面，"源表或源视图"选择 [dbo].[student]。可以使用分隔符来区别各列的数据，也可以设置固定字段，使信息以等宽方式按列对齐。可以根据需要设置文件类型、行分隔符、列分隔符，以及文本限定符。如果没有特殊的需要，建议不要改变其他选项，如图 12-5 所示。

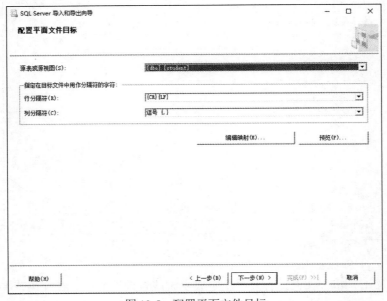

图 12-5　配置平面文件目标

(6) 单击"下一步"按钮，打开"保存并运行包"界面，如图 12-6 所示。

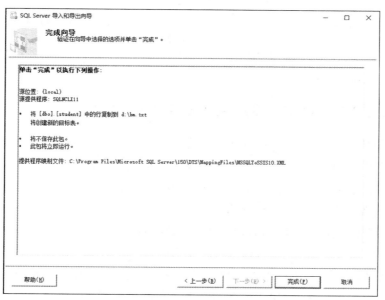

图 12-6　保存并运行包

　　如果选择"立即运行"复选框，则当向导结束后，立即运行转换并创建目的数据，本例选择此项。

　　如果选择"保存 SSIS 包"复选框，则将导出数据的信息保存到 SQL Server 数据库或指定的文件中，以便日后运行。

　　(7) 单击"下一步"按钮，打开"完成向导"界面，如图 12-7 所示。在"摘要"框中列出了当前导出数据的基本情况，单击"完成"按钮结束向导。

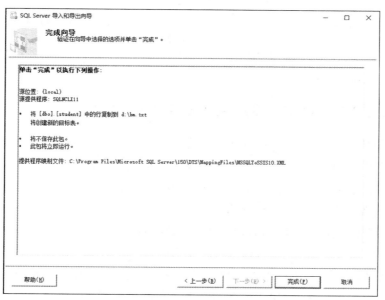

图 12-7　完成向导

　　(8) 因为选择了"立即运行"复选框，向导便立即运行 DTS 包，并显示运行进程和结果，如图 12-8 所示。

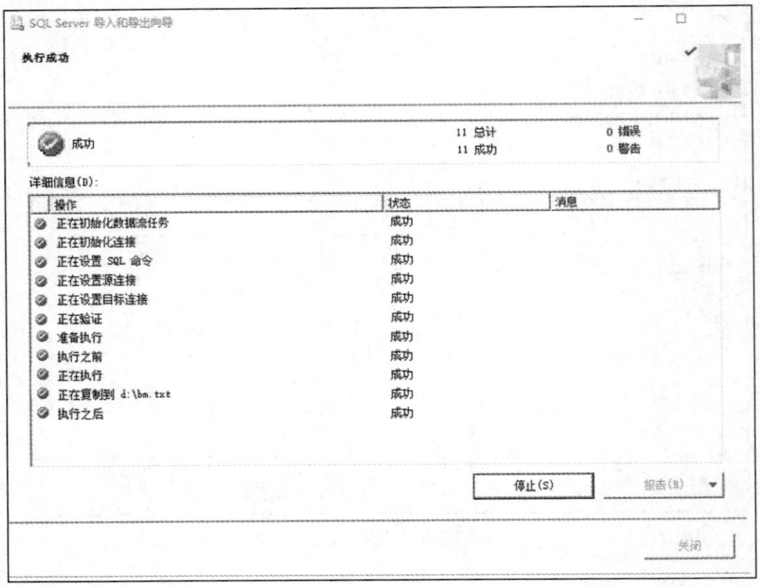

图 12-8　执行导出操作

(9) 单击"关闭"按钮。打开 D:\bm.txt，其内容如下。

```
2015410101, 刘聪  , 男, 1996-02-05, 487, 计算机科学与技术, 党员, 吉林  , 汉族
2015410102, 王腾飞, 男, 1997-12-03, 498, 计算机科学与技术, 团员, 辽宁  , 回族
2015410103, 张丽  , 女, 1996-03-09, 482, 计算机科学与技术, 团员, 黑龙江, 朝鲜族
2015410104, 梁薇  , 女, 1995-07-02, 466, 计算机科学与技术, 党员, 吉林  , 汉族
2015410105, 刘浩  , 男, 1997-12-05, 479, 计算机科学与技术, 团员, 辽宁  , 汉族
2015410201, 李云霞, 女, 1996-06-15, 456, 软件工程          , 党员, 河北  , 汉族
2015410202, 马春雨, 女, 1997-12-11, 487, 软件工程          , 团员, 吉林  , 汉族
2015410203, 刘亮  , 男, 1998-01-15, 490, 软件工程          , 团员, 河北  , 朝鲜族
2015410204, 李云  , 男, 1996-06-15, 482, 软件工程          , 党员, 辽宁  , 回族
2015410205, 刘琳  , 女, 1997-06-21, 480, 软件工程          , 群众, 黑龙江, 汉族
```

这正是表 student 的内容。

## 12.1.2　从文本文件向 SQL Server 数据库中导入数据

在应用系统刚刚上线使用时，数据库中的数据通常是不完备的，需要录入一些基础数据。而这些数据有可能已经保存在文本文件或其他格式的文件中(在没有使用应用系统进行管理时，通常使用电子文件记录数据)，此时可以参照下面介绍的方法，将原始数据导入数据库中，从而省去烦琐的手工录入数据的过程。

【例 12-2】介绍如何将 D:\bm.txt 文件导入数据库 pm 中。

具体步骤如下。

(1) 在"开始"菜单中依次选择"程序"→Microsoft SQL Server 2019→"导入和导出数据(64 位)"命令，打开"SQL Server 导入和导出向导"的欢迎窗口。

(2) 在欢迎窗口中单击"下一步"按钮，打开"选择数据源"窗口。"数据源"选择"平面文件源"，"文件名"设置为 D:\bm.txt，如图 12-9 所示。

图 12-9　选择数据源

(3) 单击"下一步"按钮,打开"选择目标"窗口。"目标"选择 SQL Server Native Client1
1.0,"数据库" 选择 pm,如图 12-10 所示。

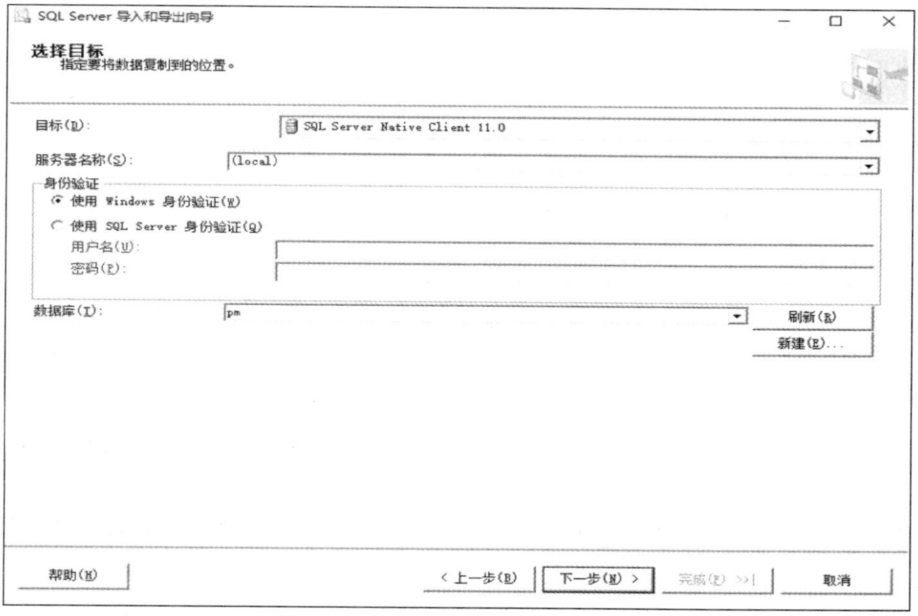

图 12-10　选择目标

(4) 单击"下一步"按钮,打开"选择源表和源视图"窗口。默认的目标为与文本文
件同名的[dbo].[bm],如图 12-11 所示。单击"编辑映射"按钮,打开"列映射"窗口,如
图 12-12 所示。可以在此窗口中设置目标表的列名、列属性以及数据源和目标列的对应关
系。关闭"列映射"窗口,返回"选择源表和源视图"窗口。

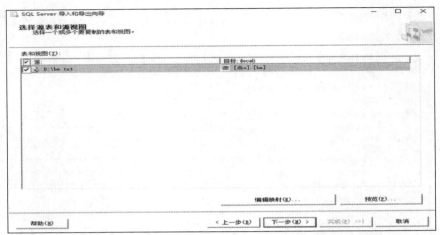

图 12-11　选择导入数据的源表或源视图

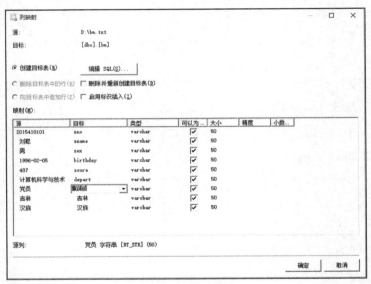

图 12-12　列映射

(5) 单击"下一步"按钮，打开"保存、运行包"窗口。

(6) 单击"完成"按钮，因为选择了"立即运行"复选框，向导将立即执行导入操作，并显示运行进程和结果。

查看表 bm 中的数据。可以看到，如果在向导中指定的目标表在数据库中不存在，则导入数据后将创建此表。

## 12.2　数据库备份

在数据库的使用过程中，难免会由于病毒、人为失误、机器故障等原因造成数据的丢失或损坏。数据对于一个企业或政府部门来说是非常重要的，一旦出现问题，造成的损失是巨大的。为了保证数据库的安全性，防止数据库中数据的意外丢失，应经常对数据库中的数据进行备份，以便在数据库出故障时进行及时有效的恢复。

备份是指数据库管理员定期或不定期地将数据库部分或全部内容复制到磁带或磁盘上进行保存的过程。当遇到介质故障、用户错误、硬件故障、自然灾难等造成数据丢失时，可以利用备份方式进行数据库的恢复。数据库的备份与恢复是数据库文件管理中最常见的操作，备份数据库是可靠地保护 SQL Server 数据的唯一方法。

数据库备份可以在线环境中运行，所以根本不需要数据库离线。使用数据库备份能够将数据恢复到备份时的那一时刻，但是对备份以后的更改，在数据库文件和日志损坏的情况下将无法找回，这是数据库备份的主要缺点。

## 12.2.1　故障概述

数据库的日常维护主要是对数据库进行备份操作。尽管 SQL Server 2019 提供了各种保护措施来保证数据库的安全性和完整性不被破坏，但是计算机系统中硬件的故障、软件的错误、操作员的失误以及恶意的破坏仍然是不可避免的。这些故障轻则造成运行事务非正常中断，影响数据库中数据的正确性，重则破坏数据库，造成数据损失甚至服务器崩溃。数据库系统中发生的故障大致归纳为以下 4 类。

### 1. 事务内部故障

事务内部故障有的是可以通过事务程序本身发现的，但更多的则是非预期的，它们不能由事务处理程序处理，如运算溢出、并发事务发生死锁而被选中撤销该事务、违反了某些完整性限制等。

### 2. 系统故障

系统故障是指造成系统停止运转，必须重新启动的任何事件，包括特定类型的硬件故障(如 CPU 故障)、操作系统故障、DBMS 代码错误、数据库服务器出错以及其他自然原因，如停电等。这类故障影响正在运行的所有事务，但是并不破坏数据库。这时主存内容，尤其是数据库缓冲区中的内容都将丢失，所有事务都非正常终止。

### 3. 计算机病毒

计算机病毒是一种人为的故障或破坏，它是一些人编制的有恶意的计算机程序。这种程序与其他程序不同，它可以像微生物学所称的病毒一样进行繁殖和传播，并造成对计算机系统包括数据库系统的破坏。

### 4. 用户操作错误

在某些情况下，由于用户有意或无意的操作，也可能删除数据库中的有用的数据或加入错误的数据，从而造成一些潜在的故障。

### 12.2.2　备份类型

数据库备份记录了在进行备份操作时数据库中所有数据的状态，以便在数据库遭到破坏时能够及时地将其恢复。另外，也可出于其他目的备份和恢复数据库，如将数据库从一台服务器复制到另一台服务器。通过备份一台计算机上的数据库，再将该数据库还原到另一台计算机上，可以快速地生成数据库的副本。备份包括对 SQL Server 的系统数据库、用户数据库或事务日志进行备份。

系统数据库存储了服务器配置参数、用户登录标识、系统存储过程等重要内容，在执行了任何影响系统数据库的操作之后，都需要备份系统数据库，主要包括备份 master 数据库、msdb 数据库和 model 数据库。在系统或数据库发生故障(如硬盘发生故障)时可以使用系统数据库的备份来重建系统。

用户数据库包含了用户加载的数据信息，在对数据库中的数据进行一定的修改之后，需要备份用户数据库。

事务日志记录了用户对数据库执行的更改操作，平时系统会自动管理和维护所有的数据库事务日志。当数据库遭到破坏时，可以结合使用数据库备份和事务日志备份来有效地恢复数据库。

对于一般应用环境，可以在创建数据库后首先备份数据库，其后通过单独备份事务日志的方法来备份数据库。由于日志的数据量远小于数据库数据量，所以可以更频繁地备份事务日志。

SQL Server 2019 提供了 4 种备份类型：完整备份、差异备份、事务日志备份、文件和文件组备份。

#### 1. 完整备份

完整备份是指备份数据库中的所有数据，包括事务和日志。数据库的第一次备份应该是完整数据库备份，这是任何备份策略中都要求完成的第一种备份类型，其他所有的备份类型都依赖于完整备份。它通常会花费较多的时间，同时也会占用较多的空间。完整备份不需要频繁进行。对于数据量较少或者变动较小不需经常备份的数据库而言，可以选择这种备份方式。

#### 2. 差异备份

顾名思义，差异数据库备份并不对数据库执行完整的备份，它只是对上次备份数据库后所发生变化的部分进行备份。差异数据库备份需要有一个参照的基准，即上一次执行的完整数据库备份。差异数据库备份的速度比较快，在还原差异数据库备份时，需要首先还原基准数据库备份，然后在此基础上再还原差异的部分。

如图 12-13 所示为差异数据库备份的工作原理。图中每个方块表示一个区，假定数据库由 12 个区组成，阴影区表示自上次完整备份后发生变化的区。差异备份就是对 4 个变化的区执行备份操作。

执行差异备份时应注意备份的时间间隔。在执行几次差异备份后，应执行一次完整数据库备份。因为距离基准备份的时间越长，发生变化的区就越多，执行差异备份所需要的时间和空间就越多。

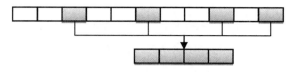

图 12-13　差异数据库备份原理

比较合理的数据库备份计划如图 12-14 所示。

图 12-14　合理的数据库备份计划

从图 12-14 可以看到，在创建原始数据库后，管理员首先创建了一个完整数据库备份，然后以此数据库备份为基准，先后执行了 3 次差异数据库备份，每次备份的空间都会增加(通过圆柱体的大小来表现)。当执行到第 3 次差异数据库备份时，备份数据库所占用的空间已经与完整数据库备份相差无几了，此时应执行第 2 次完整数据库备份。

### 3. 事务日志备份

事务日志备份只备份事务日志里的内容，事务日志记录了上一次完整备份、差异备份或事务日志备份后数据库的所有变动过程。每个事务日志备份包括创建备份时处于活动状态的部分事务日志，已有先前事务日志备份中为备份的所有日志记录。可以使用事务日志备份将数据库恢复到特定的即时点或恢复到故障。与差异备份类似，事务日志备份生成的文件较小，占用时间较短，创建频率较高。

### 4. 文件和文件组备份

在创建数据库时，为数据库创建了多个数据库文件或文件组，可以使用该备份方式。使用文件和文件组备份方式可以只备份数据库中的某些文件，该备份方式在数据库文件非常庞大时十分有效，由于每次只备份一个或几个文件或文件组，所以可分多次来备份数据库，避免大型数据库备份的时间过长。另外，由于文件和文件组只备份其中一个或多个数据文件，当数据库里的某个或某些文件损坏时，只需还原损坏的文件或文件组备份即可。

数据库管理员应该建立严格、规范的数据库备份计划。备份计划需要根据数据库应用系统的具体使用情况和数据库的规模来制订，不能千篇一律。数据库备份应该在不使用数据库应用系统的情况下进行，通常可以安排在凌晨由 SQL Server 自动完成。每周至少应该执行一次完整备份，平时执行差异备份即可。应该使用专用的数据库备份介质，可以利用磁带。如果没有条件，也可以将数据库保存到移动硬盘或网络中专门保存数据库备份文件的服务器上。一定不要只将数据库备份文件保存在数据库服务器的本地磁盘上，因为一旦数据库服务器的磁盘损坏，数据库备份文件也会丢失，起不到备份的作用。

## 12.2.3　创建备份设备

　　备份设备是指备份或还原数据时的存储介质，通常是指磁带或磁盘驱动器或逻辑备份设备。磁盘备份是指磁盘或其他磁盘存储介质上的文件，与常规操作系统文件一样。引用磁盘备份设备与引用任何其他操作系统文件一样。可以在服务器的本地磁盘上或共享网络资源的远程磁盘上定义磁盘备份设备，备份磁盘的大小由磁盘设备上的可用空间决定。在 SQL Server 2019 中，可以使用系统存储过程 sp_addumpedvice 来创建备份设备。

　　sp_addumpedvice 的功能是将备份设备添加到 SQL Server 2019 数据库引擎的实例中。其语法格式如下：

```
sp_addumpdevice [@devtype =] 'device_type',
[@logicalname =] 'logical_name',
[@physicalname =] 'physical_name'
[,{[ @cntrltype = ] controller_type |[@devstatus =] 'device_status'}]
```

　　其参数说明如下。

- [@devtype=] 'device_type'：指备份设备的类型，可以是 disk 或 tape。其中，disk 指硬盘文件作为备份设备；tape 指 Microsoft Windows 支持的任何磁带设备(在 SQL Server 的未来版本中将不再支持磁带备份设备)。
- [@logicalname=] 'logical_name'：指在 BACKUP 和 RESTORE 语句中使用的备份设备的逻辑名称。
- [@physicalname=] 'physical_name'：指备份设备的物理名称。物理名称必须遵循操作系统文件名规则或网络设备的通用命名约定，并且必须包含完整路径。
- [@cntrltype=] controller_type：已过时，如果指定该选项，则忽略此参数。支持它完全是为了向后兼容。新的 sp_addumpdevice 使用应省略此参数。
- [@devstatus=] 'device_status'：已过时，如果指定该选项，则忽略此参数。支持它完全是为了向后兼容。新的 sp_addumpdevice 使用应省略此参数。

【例 12-3】在磁盘上创建一个备份设备 pm_device，其物理名称为 D:\ba\pm.bak。
在查询编辑器窗口输入并执行如下 Transact-SQL 语句：

```
USE master
GO
EXEC sp_addumpdevice 'disk', 'pm_device', 'D:\ba\pm.bak'
--这样写也正确
EXEC master.dbo.sp_addumpdevice @devtype = N'disk',
  @logicalname = N'pm_device', @physicalname = N'D:\ba\pm.bak'
GO
```

## 12.2.4　完整备份数据库

　　创建好备份设备后，就可以对数据库进行备份了。使用 BACKUP DATABASE 命令备份整个数据库，或者备份一个或多个文件或文件组。另外，使用 BACKUP LOG 命令在完整恢复模式或大容量日志模式下备份事务日志。

### 1. 使用 BACKUP 命令备份数据库

下面简单介绍如何使用 BACKUP 命令对数据库进行完整备份。其语法格式如下：

```
BACKUP DATABASE {database_name | @database_name_var }
  TO < backup_device > [ , …n]
  [ MIRROR TO < backup_device > ] [, …n ]]
  [ WITH { DIFFERENTIAL | < general_WITH_options > [ , …n ] } ]
```

其参数说明如下。

- {database_name | @database_name_var}：指定备份事务日志、部分数据库或完整数据库时所用的源数据库。如果作为变量@database_name_var 提供，则可以将该名称指定为字符串常量(@database_name_var=database name)或指定为字符串数据类型(ntext 或 text 数据类型除外)的变量。
- <backup_device>：指定用于备份操作的逻辑备份设备或物理备份设备。
- MIRROR TO < backup_device>[,…n]: 指定将要镜像 TO 子句中指定备份设备的一个或多个备份设备。最多可以使用 3 个 MIRROR TO 子句。
- WITH 选项：指定要用于备份操作的选项。
- DIFFERENTIAL：只能与 BACKUP DATABASE 一起使用，指定数据库备份或文件备份应该只包含上次完整备份后修改的数据库或文件部分。默认情况下，BACKUP DATABASE 创建完整备份。
- <general_WITH_options>：指定一些诸如是否仅复制备份、是否对此备份执行备份压缩、说明备份集的自由格式文本等操作选项。

【例 12-4】先创建备份设备 testxscj，然后将 pm 数据库完整备份到备份设备 testxscj 上。在查询编辑器窗口执行如下 Transact-SQL 语句：

```
USE master
GO
--如果备份设备 testxscj 存在,删除之
IF EXISTS (SELECT name FROM master.dbo.sysdevices WHERE name = N'testxscj')
EXEC master.dbo.sp_dropdevice @logicalname = N'testxscj'
GO
EXEC sp_addumpdevice 'disk', 'testxscj', 'D:\backup\testxscj.bak'
GO
BACKUP DATABASE pm TO testxscj
GO
```

### 2. 备份事务日志

BACKUP LOG 语法格式如下：

```
BACKUP DATABASE {database_name | @database_name_var }
  TO < backup_device > [ , …n]
  [ WITH { DIFFERENTIAL | < general_WITH_options > [ , …n ] } ]
```
参数含义与上述数据库备份相同。

【例 12-5】备份数据库 pm 的日志文件到备份设备 testxscj 上，物理备份为 D:\ba\testxscj.bak，备份集名称为 pmLogBack。

```
USE master
GO
BACKUP LOG pm TO DISK='D:\backup\testxscj.bak' WITH sname='pmLogBack'
```

# 12.3　数据库还原

数据库备份后，一旦系统发生崩溃或者执行了错误的数据库操作，就可以从备份文件中恢复(还原)数据库，让数据库回到备份时的状态。通常在以下情况下需要恢复数据库。

- 媒体故障。
- 用户操作错误。
- 服务器永久丢失。
- 将数据库从一台服务器复制到另一台服务器。

在恢复数据库之前，需要限制其他用户访问数据库。可以在 SQL Server Management Studio 中右击数据库名称，从弹出的快捷菜单中选择"属性"命令，打开"数据库属性"对话框，在该对话框的"选项页"上将"限制访问"选择为 SINGLE_USER，如图 12-15 所示。恢复完毕后，要将"限制访问"改为以前的状态 MULTI_USER。另外，在执行恢复操作之前，应对事务日志进行备份，这样，在数据库恢复之后可以使用备份的事务日志，进一步恢复数据库的最新操作，保证数据的完整性。

图 12-15　还原数据库前将"限制访问"选项设置为 SINGLE_USER

可以恢复整个数据库、恢复部分数据库或恢复事务日志。可以使用图形界面工具恢复数据库，也可以使用 RESTORE DATABASE 语句恢复数据库。

数据库还原是当数据库出现故障时，将备份的数据库加载到系统，使数据库恢复到备份时的状态。

### 1. 使用 RESTORE DATABASE 语句恢复数据库

RESTORE DATABASE 语句非常复杂，常用的简单使用方法语法形式如下。

```
RESTORE DATABASE <数据库名称>
    [FROM <备份设备>[,…n]]
    [WITH
      [[,]FILE=<文件号>]
      [[,]MOVE '逻辑文件名' TO '物理文件名'][,…n]
      [[,]{NORECOVERY|RECOVERY}][[,]REPLACE]
      ]
```

参数说明如下。

- 文件号：表示要还原的备份集。例如，文件号为1表示备份媒体上的第一个备份集，文件号为 2 表示第二个备份集。
- NORECOVERY：指示还原操作不回滚任何未提交的事务。当还原数据库备份和多个事务日志时，或在需要使用多个 RESTORE 语句时(如在完整数据库备份后进行差异数据库备份)，应在除最后的 RESTORE 语句外的所有其他语句上使用 WITH NORECOVERY 选项。
- RECOVERY：指示还原操作回滚任何未提交的事务。在恢复完成后即可随时使用数据库。
- REPLACE：指定如果存在同名数据库，将覆盖现有的数据库。

【例 12-6】从例 12-5 创建的备份设备 testxscj 里恢复 pm 数据库。

在查询编辑器窗口输入并执行如下 Transact-SQL 语句：

```
USE master
GO
RESTORE DATABASE pm FROM testxscj
GO
```

### 2. 使用 RESTORE LOG 语句恢复事务日志

RESTORE LOG 语句的简单语法形式如下。

```
RESTORE LOG <数据库名称>
    [FROM <备份设备>[,…n]]
    [WITH
      [[,]FILE=<文件号>]
      [[,]MOVE '逻辑文件名' TO '物理文件名'][,…n]
      [[,]{NORECOVERY|RECOVERY}]
]
```

【例 12-7】当数据库内容发生变化时，从例 12-6 备份的事务日志，恢复到原来的状态。

在查询编辑器窗口输入并执行如下 Transact-SQL 语句：

```
USE master
GO
RESTORE LOG pm FROM testxscj
GO
```

# 12.4　数据库快照

数据库快照是数据库的只读、静态视图，数据库可以有多个快照。在创建快照时，每个数据库快照在事务上与源数据库一致。在被数据库所有者显式删除之前，快照始终存在。

可以在报表中使用数据库快照。另外，当数据库出现用户错误，还可将数据库恢复到创建快照时的状态。丢失的数据仅限于创建快照后数据库更新的数据。数据库快照必须与数据库在同一服务器实例上。

数据库快照是在数据页级运行的。也就是说，创建数据库快照后，在对源数据库页修改之前，源数据库页中的数据将复制到快照中。快照是一个很形象的名词，就如在你移动之前按下快门，复制了你当时的形象。

为了存储快照中复制的源数据库页，SQL Server 2019 使用了"稀疏文件"。稀疏文件是 NTFS 文件系统的一项功能。将数据写入稀疏文件后，NTFS 将分配磁盘空间以保存该数据。稀疏文件最初是空白文件，不包含用户数据，而且操作系统也没有为其分配存储用户数据的磁盘空间。在创建数据库快照后，SQL Server 将对源数据库的修改都保存在稀疏文件中，随着对源数据库页的不断修改，稀疏文件也变得越来越大。

当然，数据库快照和真正的照片还有所不同。随着源数据库的不断变化，数据库快照占用的磁盘空间会越来越大。当源数据库中的所有数据页都被修改时，数据库快照就和源数据库一样大了。可以在适当的时机创建新快照来替换旧的快照。

## 12.4.1　创建数据库快照

在 CREATE DATABASE 语句中使用 AS SNAPSHOT OF 子句，可以创建指定数据库的快照，基本语法如下。

```
CREATE DATABASE <数据库快照名> ON
    (NAME=<数据库文件的逻辑名称>,FILENAME=<对应的稀疏文件>)[,…n]
    AS SNAPSHOT OF <创建快照的数据库名>
```

首先介绍如何命名数据库快照。数据库快照名称中通常可以包含如下信息：

- 源数据库名称。
- 标识此名称为数据库快照的信息。
- 快照的创建日期或时间、序列号或一些其他的信息。

例如，为 pm 数据库创建快照，创建时间为每天的 6:00、12:00 和 18:00，可以分别为它们做如下命名。

```
pm_snapshot_0600
pm_snapshot_1200
pm_snapshot_1800
```

在创建快照时，需要指定每个数据库文件的逻辑名称和对应的稀疏文件名称。要了解数据库文件的情况，可以在 SQL Server Management Studio 中右击数据库名，在弹出的菜单中选择"属性"命令，打开"数据库属性"窗口。在"选择页"列表中选择"文件"选项，可以查看所有数据库文件的信息，如图 12-16 所示。

图 12-16    查看数据库文件信息

【例 12-8】为数据库 pm 创建数据库快照 pm_snapshot_1200，稀疏文件为 D:\pm_1200.ss
和 D:\pmbak_1200.ss。

在查询编辑器窗口输入并执行如下 Transact-SQL 语句：

```
USE master
GO
CREATE DATABASE pm_snapshot_1200 ON
   (NAME=pm,FILENAME='D:\pm_1200.ss'),
   (NAME=pmbak,FILENAME='D:\pmbak_1200.ss')
   AS SNAPSHOT OF pm
```

## 12.4.2    查看数据库快照

查看数据库快照中的数据可以通过打开数据快照，然后用 SELECT 语句查看内容。

【例 12-9】数据库快照 pm_snapshot_1200 中的 student 表内容。

在查询编辑器窗口输入并执行如下 Transact-SQL 语句：

```
USE pm_snapshot_1200
GO
SELECT *
FROM student
GO
```

执行结果如图 12-17 所示。

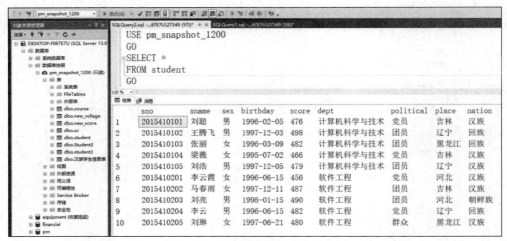

图 12-17　查看数据库快照巾的数据

　　快照中的数据是在创建快照时 pm 数据库中的数据。数据库 pm 中的数据再发生变化时，不会影响到数据库快照。数据库快照中的数据是只读的，不允许修改。

【例 12-10】修改数据库快照 pm_snapshot_1200 中的 student 表的 score 字段值。

在查询编辑器窗口输入并执行如下 Transact-SQL 语句：

```
USE pm_snapshot_1200
GO
UPDATE student
SET score=score+10
GO
```

运行后出现如下提示信息，表示不能修改。

```
消息 3906，级别 16，状态 1，第 6 行
```

无法更新数据库 pm_snapshot_1200，因为数据库是只读的。

## 12.4.3　恢复到数据库快照

　　如果发现数据库中的数据被破坏，或者因为误操作删除了数据库的一些数据，而又没有做数据库备份，则可以将数据库恢复到快照时的状态。

　　可以在 RESTORE DATABASE 语句中使用 FROMD ATABASE_SNAPSHOT 子句将数据库恢复到快照，其语法结构如下。

```
RESTORE DATABASE <数据库名>
FROMD ATABASE_SNAPSHOT=<数据库快照名>
```

【例 12-11】将数据库 pm 恢复到快照 pm_snapshot_1200。

在查询编辑器窗口输入并执行如下 Transact-SQL 语句：

```
USE master
GO
RESTORE DATABASE pm
FROM DATABASE_SNAPSHOT='pm_snapshot_1200'
GO
```

执行恢复到数据库快照的操作时，应该注意以下几点：

- 在执行恢复操作之前，应关闭其他所有与目标数据库的连接。例如，在 SQL Server Management Studio 中与当前数据库有连接的其他窗口。
- 建议对数据库先进行备份操作。
- 删除关于此数据库的其他快照。
- 在创建数据库快照后数据库发生的变化在恢复操作完成后将丢失。

### 12.4.4　删除数据库快照

在 SQL Server Management Studio 的数据库资源管理器中，展开"数据库快照"项，右击要删除的数据库快照，在弹出的菜单中选择"删除"命令。在确认删除后，可以将数据库快照删除。

使用 DROP DATABASE 语句也可以删除数据库快照，其基本语法如下。

```
DROP DATABASE <数据库快照名>
```

【例 12-12】删除数据库快照 pm_snapsbot_1200。

```
USE master
GO
DROP DATABASE pm_snapshot_1200
GO
```

# 习　题　12

**一、填空题**

1. SQL Server 2019 针对不同用户业务需求，提供了_____、_____、_____和_____4 种备份方式供用户选择。

2. 在数据库进行备份之前，必须设置存储备份文件的物理存储介质，即_____。

3. _____备份是进行其他所有备份的基础。

**二、单项选择题**

1. 防止数据库出意外的有效方法是(　　)。

　A. 重建　　　　　　　B. 追加　　　　　　　C. 备份　　　　　　　D. 删除

2. 关于数据库的备份，以下叙述中正确的是(　　)。

　A. 数据库应该每天或定时地进行完整备份

　B. 第一次完整备份之后就不用再做完整备份，根据需要做差异备份或其他备份即可

　C. 事务日志备份是指完整备份的备份

　D. 文件和文件组备份任意时刻可进行

3. BACKUP 语句中 DIFFERENTIAL 子句的作用是(　　)。

　　A. 可以指定只对在创建最新的数据库备份后数据库中发生变化的部分进行备份

　　B. 覆盖之前所做过的备份

　　C. 只备份日志文件

　　D. 只备份文件和文件组文件

4. SQL Server 的数据导入、导出操作中，以下不可执行的操作是(　　)。

　　A. 将 Access 数据导出到 SQL Server

　　B. 将 Word 中的表格导出到 SQL Server

　　C. 将 FoxPro 数据导出到 SQL Server

　　D. 将 Excel 数据导出到 SQL Server

### 三、简答题

1. 数据库系统故障可以分为哪几类？

2. 数据库备份有哪几种方式？各有什么特点？

3. 什么是备份设备？备份设备的作用是什么？

### 四、上机练习题

使用数据库 pm，完成以下功能。

1. 将数据库 pm 的表 student 和 course 分别导出到自定义目录下的两个文本文件中，文本文件分别取名为 s.txt 和 c.txt。字段之间用逗号隔开，字符型数据用单引号括起来。

2. 练习使用数据库快照。

(1) 创建数据库 pm 的快照。注意，创建前记录表 student 和 course 的内容。

(2) 打开 SQL Server Management Studio，展开"数据库快照"项，确认可以看到新建的数据库快照。展开新建的数据库快照，确认可以看到表 student 和 course。查看表的内容，确认与创建快照前的数据库 pm 中的内容相同。删除表 student 的一条记录，然后恢复到之前创建的快照，成功后确认数据库 pm 的表 student 中删除的记录已经恢复了。

3. 数据库的完全备份和还原。

假设数据库 mydb2 和备份设备 mycopy2 已经创建。

(1) 使用图形界面工具将数据库 mydb2 完全备份到设备 mycopy2 中。

(2) 用图形界面工具将 mycopy2 中的数据库还原为另一个数据库，命名为 mydb1。(注意修改数据库的物理文件名为新的文件名)

(3) 用 BACKUP DATABASE 语句将数据库 mydbl 完全备份到设备 mycopyl 中。

(4) 用 RESTORE DATABASE 语句将 mycopyl 中的数据还原为另一数据库 mydb3。(注意修改数据库的物理文件名为新的文件名)

(5) 用 DROP DATABASE 删除数据库 mydb2 和 mydb3。

(6) 使用图形界面工具删除数据库 mydbl。